本丛书由《数学文化》编委会、宁德时代共同推出

数学文化

第一辑

汤　涛　刘建亚　主编

Mathematical Culture

SPM 南方传媒　广东人民出版社

·广 州·

图书在版编目（CIP）数据

数学文化. 第一辑 / 汤涛，刘建亚主编 . — 广州：广东人民出版社，
2022.11（2024.4 重印）

ISBN 978-7-218-15967-6

Ⅰ . ①数… Ⅱ . ①汤… ②刘… Ⅲ . ①数学—文化 Ⅳ . ① O1- 05

中国版本图书馆 CIP 数据核字（2022）第 168287 号

SHUXUE WENHUA · DI-YI JI

数学文化·第一辑

汤　涛　刘建亚　主编

出 版 人：肖风华

责任编辑：王庆芳　欧阳杰康
责任技编：吴彦斌　周星奎
封面题字：刘建亚
封面画像：徐克舰

出版发行：广东人民出版社
地　　址：广州市越秀区大沙头四马路 10 号（邮政编码：510199）
电　　话：（020）85716809（总编室）
传　　真：（020）83289585
网　　址：http://www.gdpph.com
印　　刷：广东鹏腾宇文化创新有限公司
开　　本：787 毫米 × 1092 毫米　1/16
印　　张：25.5　字　　数：340 千
版　　次：2022 年 11 月第 1 版
印　　次：2024 年 4 月第 2 次印刷
定　　价：88.00 元

如发现印装质量问题，影响阅读，请与出版社（020-85716849）联系调换。
售书热线：（020）85716864

▌序 一

　　时光的流逝，总是比想象的快很多；忽然之间，《数学文化》杂志创刊已经十多年了。在此期间，诸多同仁希望我们把杂志上的美文结集出版。现在呈现给大家的这套书籍，就是杂志按栏目结集出版的作品。

　　筹划《数学文化》杂志，是在 2009 年的一个夏夜，当时我们两人并肩坐在山东大学学人大厦餐厅的一角，心潮澎湃，把酒长谈。创办这本期刊的初心，其实非常简单：我们想强调数学作为科学女王的哲学意义与文化意义。这一点，十多年前我们在发刊词《数学与我们的世界》中已经明确表达，不再重复。编委罗懋康教授曾撰联"造化经纬，筹量古今"以阐述杂志宗旨。《数学文化》杂志致力于第一手的数学思想传播，即由生产数学思想的数学家群体来阐述数学的文化意义与价值，所以杂志与其他刊物相比，自有其特色。特别地，杂志与以下两类研究保持了一定距离：第一类，是将数学中简单的术与文化强拉在一起，比如研究如何用杜诗理解欧氏几何里面有关对等角相等的定理。第二类，是"万物皆哲学"的宏大论述，这样的论述相对空洞且比比皆是，故不需特别举例说明。

　　2009 年筹划杂志的那个夏夜，我们其实并不知道有多少数学家愿意加入编委会，又有多少数学家愿意为杂志赐稿，更不知道有多少读者会喜欢这样一本期刊。我们曾经预想过最极端的情况：若杂志没有什么读者，到年终我们就把杂志合订本寄赠亲朋，聊作贺年卡片。当然，这种极端情况根本没有发生，而且恰恰相反，十多年来杂志的影响力不断增强。十几年后的现在，杂志终于结集出版，但有趣的是，其原因并不是读者过少，而是为了回应广大读者的鼓励与要求。我们与广大同仁一样，对十几年来我国数学文化事业的蓬勃发展，深感欣慰。

我们非常荣幸，有一批无私奉献、仰望星空的文化人，他们怀有同样强烈的使命感，与我们一起组成了《数学文化》杂志编委会；有一批优秀的作者，他们热心数学文化的传播，其大作给杂志带来耀眼光芒；更有一大批高品位的机构与读者，他们以各自的方式，积极支持杂志的发展。这套结集出版的书籍，尤其得到了广东人民出版社和宁德时代的大力支持。在此，我们谨致以最诚挚的敬意。

汤　涛　刘建亚

2022 年 9 月

序 二

中国古代对"数"是非常重视的。从封建王朝皇帝常说的天数，没有天数、天命就没有"天子"的执政合法性，所以政治上"数"是很重要的。同时由于《易经》的文化影响，卦数、占卦都是上至王侯将相，下至平头百姓耳熟能详的"数"。甚至于民间问"说话算不算数"，更体现了说话不能随便，"数"是很严肃的。

可是中国历史上的"数"有很多神秘感和很多的模糊，因为有很多"变数"。有时"数"是很严肃的，比如"庙算"多者"胜"，有时却是神秘的，比如易经上的术数。究其原因可能是象形文字和数学的"数"之间的天然影响，以及互相渗透，使得我们中国没有发展出基于更加严谨定义、逻辑推理的现代数学定理。

以西方哲学认识世界的方法论，世界是运动的，运动是有规律的，规律是可以被认识的。而表达规律，最严谨就是以数学公式来表达。我们中国更要加强数学公式的表达，以减少我们的象形文化模糊的误区，才能在科学上更有作为。

有当代著名科学家论断"计算决定一切"。我深表赞同，让我们以学习真正的数学文化为开始吧！

宁德时代新能源科技股份有限公司董事长　曾毓群（Robin Zeng）

2022 年 8 月

3

数学与我们的世界 [1]

1. 数学

数学是研究数量、结构、空间、变化的学问。数学的研究方法是从少许自明的公理出发，用逻辑演绎的方法，推导出新的结论。这些新的结论被称为定理。关于这句话，有三件事情需要特别说明。

首先，上述少许自明的公理，被称为公理体系，是数学论证的出发点。这个体系显然应该具备一个基本性质，即其中的公理不能相互矛盾；也就是说一个公理体系应该是相容的。至于某条公理是否自明，实际上是一个相当深刻又相当主观的问题。对欧几里得来说自明的公理，对高斯、黎曼、罗巴切夫斯基等就没有那么自明；事实上，后三者认为，与欧几里得的某条公理相矛盾的结论是自明的，从而可以作为公理。如此，后三者的公理体系就与欧几里得不同。特别值得强调的是，这种不同导致了健康的结果，不同的学派在不同的公理体系之上建立了不同的几何学。这些不同的几何学相互之间有矛盾，但是每个个体之内都没有矛盾。之所以说这是健康的结果，是因为欧几里得从来没有试图把后三者送上火刑柱，而后三者的传人也从未去刨欧几里得的祖坟。从这点上说，数学文化是一种温和、健康的文化。一个受这种文化熏陶的人，在身处人类社会之时，会易于理解不同立场人的不同视角与结论。

其次需要说明的是，数学所承认的推理方法只有逻辑演绎，即三段论；其他论证方法都是不允许的。也就是说，数学定理必须是其前提的逻辑结

---

[1]　本文为《数学文化》创刊号发刊词。

果。思辨、臆测、《易经》、跳大神等论证方法在数学中没有地位。几十年来，不断有人声称用辩证法证明了费马大定理，更有人声称用气功证明了哥德巴赫猜想；他们所用的方法不是三段论，因此，这种所谓的证明在数学中无效。当然，这种无效丝毫没有消减这些作者本人对其作品的信念。

最后还需要说明的是，逻辑演绎所得到的结论必须是新的，即前人所不知道的。用不同的方法证明一个已知的结论，其哲学意义通常大于数学意义。数学的首创是指在全人类中首创，新定理是指在人类历史中是新的。数学中不存在省内首创、填补国内空白一说；数学与工程的评价标准有很大不同。

2. 数学文化

上节的论述，将数学与其他学问区别开来。因此，数学是一种独特的文化存在。所谓文化，就是人类在社会历史发展过程中所创造的物质财富与精神财富的总和。狭义的数学文化，包含数学的思想、精神、方法、观点、语言，以及它们的形成和发展；广义的数学文化，更包含数学家、数学史、数学发展中的人文成分、数学与各种文化的关系，等等。数学文化是人类文明的重要组成部分。

然而近年来，数学越来越被工具化了。对当今世界的很多人而言，数学的重要性已经沦落为有用性，而有用性实际上就是"对我有用"。从这种观点看来，数学就是一门手艺，而数学家仿佛就是"老圃"。比如，在我们身边不少人真诚地认为，数学重要是因为不学数学就不知道怎么算账，或者不用数学就生产不出合格的冰箱，而没有合格的冰箱就不能保证天天有肉吃。

数学不但有用，而且非常有用；其作用不仅仅在于算账与冰箱，更在于她是所有科学的基础与语言。在这个意义上说，数学是所有科学的女佣。然而，这只是问题的一个方面。我们更要看到另一个方面，即高斯所指出的：

"数学是所有科学的女王。"数学在人类文明中占有独特的地位，数学的思想性、科学性、艺术性都是独有的，是独立于应用而存在的。一套数学理论，即使完全没有用，其思想性、科学性、艺术性丝毫不会改变或褪色。

子曰："君子不器。"数学恰是一门不器之学，堪比孔子意义下的君子。这个君子固然对社会有用；但是他更坚信，即使他无用，即使他"不如老圃"，他在人类文明史上的地位仍然是无可替代、光辉灿烂的。我们不反对樊迟把数学仅仅作为工具，我们只是想强调，数学也有权申明自己超乎工具之外的哲学意义以及文化意义。

3. 《数学文化》杂志

本刊的目的是将数学展示给我们的世界，在文化层面上阐释数学的思想、方法、意义。杂志的对象是对数学有兴趣的读者。当代的数学知识高速膨胀，像欧拉那样的数学通才越来越少。因此，在文化层面上阐释数学，对数学工作者及数学爱好与应用者之间的理解沟通也是必要的。

初步设想，《数学文化》为双月刊或季刊。杂志将涵盖数学人物、数学历史、数学教育、数学趣谈以及数学烟云等等。后一栏目将涉及数学在各方面的应用和重大数学方向的进展。我们也希望通过本期刊提高大家对数学整体的认识，并展开对数学教育的探讨。

再次重申本刊面向海内外所有的数学爱好者。我们欢迎海内外同好不吝指教、慷慨赐稿。

主编　刘建亚
　　　汤　涛

目 录
CONTENTS

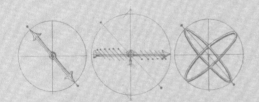

Affertiones Meæ
De miranda Magnetica Virtute.

Experimentum unicum

数学人物

华罗庚与陈省身

——纪念两位数学大师诞生 100 周年

蔡天新

华罗庚与陈省身

太湖的西北和东南

在 19 世纪后期和 20 世纪初期，中国东部的太湖流域人才辈出，诞生了许多位大师级的人物，犹如两宋时期的鄱阳湖流域。可以毫不夸张地说，近现代中国半数以上的文坛巨子和科学巨匠皆出自这个地区。今天，我们习惯把这片土地称为长江三角洲，那更多的是从经济学的角度考量，以对应改革开放的前沿阵地——珠江三角洲。但从历史和文化渊源来看，这个地区与太湖的关系比之与长江的关系无疑更为密切，太湖的北岸和南岸分别是江苏的苏锡常和浙江的杭嘉湖，这 6 座城市可谓中国百姓口中传诵的"鱼米之乡"，也是文人墨客诗词里所赞美的秀丽"江南"。

1910 年 11 月 12 日，数学奇才华罗庚出生在常州市金坛县的一个小商人家庭。他的父亲出身学徒，经过多年艰苦努力，拥有了三家规模不等的商店，并曾一度担任县商业丝会的董事。不料后来一场大火把大店烧个精光，接着中店也倒闭了。等到华罗庚出世时，华家只剩下一爿经营棉花的小店，且以委托代销为主。9 天以后，也即 1910 年 11 月 21 日，在离金坛县几十里远的无锡市，一个瘦弱的男婴在一户诗书人家呱呱坠地，那便是日后以小说《围城》名闻遐迩的大才子钱钟书。这两个苏南人一文一理，在 20 世纪的中国历史上各自书写了光辉夺目的篇章，他们的人生轨迹也不时相交。

1931 年，华罗庚因为发表了一篇题为《苏家驹之代数的五次方程式解法不能成立之理由》的文章，被独具慧眼的数学家熊庆来识中，破格邀请到清华大学算学系担任助理员。这项职务介乎于工友和文书之间，华罗庚可以利用业余时间听课、自修并做研究。其时，钱钟书正在清华就读外语系，那时中国大学的规模都比较小，想必他已听说这位患有严重腿疾、自学成才的同乡的大名。1936 年，华罗庚被官费公派至剑桥大学访问时，钱钟书已经在牛津大学留学。他们在英国各自停留了两年，其中有一年是重叠的，但这两位清华校友兼江苏同乡却似乎未曾有过交往。

江南可谓人杰地灵，尽管华罗庚与钱钟书没有相遇（至少没有相知），但在太湖另一头的浙北，一个叫秀水（嘉兴）的县城里，在华、钱两人出世后不到一年，又诞生了一位非凡的天才，日后注定要成为华罗庚的室友、同行和竞争对手。此人姓陈，名省身。与华罗庚的家庭背景不同，陈省身的父亲是个读书人，中过秀才，这从他给儿子起的名字里也可以看出。他的母亲出身于商人之家，但一生朴实无华。有了儿子以后，陈省身父亲只身去了杭州，考入浙江法政学校。在辛亥革命之初，这样的选择是要有眼光和卓见的。

陈省身父亲毕业后，进入司法界工作，很少回家。陈省身跟着疼爱他的祖母和小姑识字读文。有一次父亲回嘉兴过年，教会了他阿拉伯数字和四则运算，并留下了一套三本的《笔算数学》。此书由传教士和中国人合编，没想到小小年纪的陈省身竟然能做出书中的大部分习题，并由此对数学产生了兴趣。8 岁那年，即 1919 年，他终于被家人送入当地的一所县立小学，插班读四年级。可是上学第一天，小陈省身就目睹了老师用戒尺挨个责打同学，幼小的心灵受到刺激，从此不肯再去学校，以致他的小学只读了一天。

陈省身全家福

一年以后，陈省身进了秀州中学高小部。这是一所教会学校，他的大姑父在学校里担任语文老师，因此他在学习、生活方面都得到了很好的照顾。毫无疑问，教会学校的学习对陈省身后来长年的异国生活应是有益的。据张奠宙、王善平合著的《陈省身传》（南开大学出版社，2004，本文有许多素材取自该书和王元的《华罗庚》）记载，除了能做相当复杂的数学题以外，陈省身也非常喜欢语文，课余还能读些《封神榜》等闲书，文学气质在这类消遣性的阅读中获得熏陶，他甚至在校刊上发表了两首诗作。1921 年夏天，当参加中共一大的张国焘、毛泽东等 13 人从上海秘密转移到嘉兴南湖的一条游船上时，陈省身正好也在故乡。第二年，他的父亲转到天津法院任职，全家从此离开了嘉兴。

就在陈家北上的那一年，华罗庚在金坛进入了刚成立的县立初级中学。说实话，他在小学时因为淘气成绩有点糟糕，只拿到一张修业证书，但做父亲的却重男轻女，让成绩好的姐姐辍了学。那时候金坛中学总共只有 8 个学生，却有专任的数学和语文老师，从第二年开始，数学老师便对华罗庚另眼相看了，经常把他拉到一边，悄悄地跟他说："今天的题目太容易，你上街去玩吧。"三年级时，华罗庚已着力简化书中的习题解法，他在语文方面同样有自己的想法，曾发现并指出胡适《尝试集》中一首诗的逻辑错误，结果却遭到老师的痛斥。

可是，等到华罗庚初中毕业，做父亲的却又犯了难。一方面，他希望儿子"学而优则仕"；另一方面，他又有所顾虑，如果送儿子去省城读高中，经济负担是否会太重。此时有一位亲戚提供了一个信息，教育家黄炎培等人在上海创办的中华职业学校学费全免，只需付食宿和杂费，且初中毕业即可报考。结果华罗庚被录取了，进入该校商科就读，相当于今天的中专吧。那一年是 1926 年，小他一岁的陈省身在天津刚好从詹天佑任董事的扶轮中学毕业，他跳过大学预科，直接进入了南开大学。而华罗庚即将面临的则是辍学回家、结婚生育，以及一场几乎使他丧命的疾病。

选择数学作为职业

虽然中华职业学校的数学老师水平不高，但华罗庚已经学会了自己寻找和总结方法，并在上海市珠算比赛中获得了第一名。那并非他打算盘的本领有多高，而是事先动了脑子，悄悄地把乘法运算作了简化，结果击败了众多参赛的银行职员和钱庄伙计。可是，华罗庚才读了一年书，家里便再也无法负担他在上海的生活费用。于是，他没有毕业就回到了家乡，帮助父亲在棉花店里站柜台，同时，业余依然保持着对数学的浓郁兴趣。

那一年，16 岁的华罗庚与同城的一位吴姓姑娘成了亲，而陈省身完成自己的人生大事时已经 28 岁，早已经获得洋博士并荣任西南联大教授了。年轻时的华罗庚相貌周正、身材魁梧（华老女儿华苏亲口告诉笔者华罗庚身高一米八），且性格活跃、喜欢玩耍，他酷爱地方上流动的戏班子，有时甚至跟着到别处看演出。他的夫人秀丽端庄，出身军人世家，岳父毕业于保定军官学校，却在她 5 岁时不幸离世。因此，华夫人只有小学毕业，出嫁时家境

少年华罗庚　　　　　　少年陈省身

甚至还不如华家。据说在华罗庚纪念馆里，还保留着他们结婚时的全部家当。如同华罗庚后来调侃时所说的，他们比较"门当户对"。

婚后第二年，妻子生下一个女儿。可是，华罗庚依然喜欢看数学书和演算习题。此时，他已经自学了高等数学的基础内容，有时看书入了迷，竟然忘了接待顾客，老父亲知道后不由得怒火中烧，责骂儿子，甚至把他的演算草稿撕碎，往街上或火炉里扔。直到有一天，老父亲在茶馆喝茶时掉下一颗牙，而"牙齿"在当地土语里和"儿子"谐音。迷信的他忽然害怕起来，担心独生子华罗庚保不住，这才不再干涉他对数学的迷恋，心想有个傻儿子总比没有强。后来有一次，华罗庚纠正了账房先生的一处严重错误，做父亲的终于有了欣慰感。

又过了一年，以前赏识华罗庚的初中老师王维克从巴黎大学留学归来，担任金坛中学校长，他看到华罗庚家庭困难同时又好学，便聘请华罗庚担任学校会计兼庶务。这位王校长虽然学理，曾在巴黎大学听过居里夫人的课，却也是个有成就的翻译家，是意大利诗人但丁的《神曲》和印度史诗《沙恭达罗》的第一个中文译者。金坛中学的老师不仅学识高，且对学生有一颗真诚的爱心。此前的校长韩大受也出版过《训诂学概要》等多部著作，在做人、学习等方面循循教导华罗庚，同时免去他的学费。华罗庚向来被认为是自学成才的典范，其实是他从初中阶段的学习中受益匪浅，不仅在知识方面，这一点非常重要。

正当王校长准备提拔华罗庚，让他担任初一补习班的数学教员时，不幸却接踵而至。先是华罗庚母亲得了子宫癌去世，接着华罗庚患上伤寒症，卧病在床半年，医生都认为高烧不退、昏迷不醒的他没必要治了。最后死马当活马医，华罗庚在喝了一帖中药以后竟然奇迹般地得救。当时虽有妻子精心护理，可是由于缺乏医学知识，没能经常替他翻身，华罗庚的左腿落下了残疾，从此走路需要左腿先画个圆圈后，右腿才能跟上一小步，有人因此戏称他的步履为"圆规与直尺"。

那时候华罗庚尚不满20岁，而19岁的陈省身那年刚从南开大学毕业，获得理学学士学位，进入清华大学算学系，成为我国历史上第一个自己培养的数学硕士研究生。在入读南开之前，15岁的陈省身便因为同乡老师、数学史家钱宝琮的缘故，与数学更为亲近了。说到钱宝琮，他和陈省身的父亲是嘉兴时的同学，后来留学英国，获得土木工程学位后回国，却钟情于数学，并潜心于中国古代数学史的研究。离开南开后，钱宝琮长期执教于浙江大学，并在陈建功回国以前担任数学系主任。那时因为铁路线经常中断，到外地上学不便，陈省身便与南开有缘了，但他并非一开始就选择数学，毕竟他的父亲在司法界工作。

那时的南开理学院一年级不分系，有一次上化学课，老师要求吹玻璃管。陈省身面对手中的玻璃片和炽热的火焰一筹莫展，后来在别人的帮助下，总算勉强吹成了，但他觉得玻璃管太热，就用冷水去冲，结果玻璃管当即粉碎。这件事对陈省身触动很大，他发现自己动手能力差，于是决心放弃物理和化学，这成了他终身献身数学的起点。事实上，心理学上有这样的解释："有些理论型人才，脑子思考快，手却跟不上，所以往往出错。"物理学

姜立夫，陈省身在南
开大学的恩师。其子
是姜伯驹院士

熊庆来，华罗庚的伯
乐。时任清华大学算学
系系主任

家杨振宁也是因为在实验中屡遭失败而转攻理论物理，在他早年求学的芝加哥大学就流传着这么一句笑话："哪里有爆炸，哪里就有杨振宁。"

　　提到南开大学，它的前身是 1904 年创办的南开学校。1919 年的五四运动以后，中国社会开始崇尚科学和民主，青年人热衷于新文化，接受高等教育遂成为一种时尚。南开大学应运而生，其主要创办人张伯苓十分重视学术水准，延聘了多位著名学者担任教授。南开从一开始就成立了数学系，这可能与蔡元培在北大推崇数学不无关系，而第一个受聘南开的数学教授则是那年刚获得哈佛大学博士学位的温州平阳人姜立夫（从浙南的这个小县城里走出的数学名家还有苏步青，他比姜立夫刚好小了一轮）。很快，陈省身便得到了姜立夫的赏识，受其影响，他对几何学萌生了兴趣。

　　再来看华罗庚，他因为腿的残疾更坚定了攻读数学的决心。否则，聪明的华罗庚对自己的人生之路也许将另作抉择。1930 年 12 月，上海《科学》杂志以读者来信的方式发表了华罗庚的第二篇论文《苏家驹之代数的五次方程式解法不能成立之理由》，由此改变了他的命运。说起《科学》杂志，它创刊于 1915 年，今天依然存在，虽然每期都有一两位院士为它撰稿，却主要刊登综述和科普性质的文章。但在20世纪二三十年代，它经常发表研究性质的科学论文。

除了《科学》外，当时的上海还有一本综合性中文杂志《学艺》，1926年，它刊登了一篇苏家驹撰写的《代数的五次方程式之解法》。这与一个世纪前挪威数学天才阿贝尔建立的理论恰好相悖，包括清华大学算学系主任熊庆来在内的行家一看就知道是不可能成立的，但却没人去挑毛病（也可能是无暇）。年轻无名的华罗庚就不一样了，他很认真地拜读并琢磨"苏文"，随后将苏家驹的方法推广到六次方程的求解。欣喜之余认真查对，华罗庚终于发现有一个12阶的行列式计算有误，遂撰文陈述理由并否定了"苏文"的结论。

清华订有《科学》，读到华罗庚的文章，熊庆来和同事杨武之等人暗自高兴，尤其是看了文章的序言更加赏识，作者诚实地说明了自己对"苏文"从相信到模仿再到否定的过程。可是，这个华罗庚究竟是何人呢？（今天这个问题转变成，这个苏家驹究竟是何人呢？）巧合的是，当时的清华教员（总共七八个）里恰好有个金坛人叫唐培经，在韩大受之后、王维克之前担任过金坛中学校长，不过那时华罗庚正辍学在家。唐培经曾收到过华罗庚的来信并有回复，遂向主任作了汇报，告之华罗庚通过自学，数学钻研已经很深。熊庆来得知后经与系里同事商议，并在理学院院长叶企孙同意后，即邀请华罗庚来清华算学系担任助理员。华罗庚终于迈出了成为一名数学家的关键一步。在清华，他将结识先期抵达的陈省身，共同翻开中国数学史的崭新一页。

孙光远是浙江余杭（杭州）人，与陈省身算是半个同乡。陈省身从南开大学毕业那年，清华大学刚好成立了中国第一个研究院，他遂成为孙光远的研究生。不过，这位学问出色的孙教授个性也比较特别，没过多久，他便因为与学校领导闹矛盾，竟然撒手不管自己的研究生，奉行"凡清华的事我一概不管"。2 年后，孙光远应母校南京"中央大学"之聘离开了清华。不过，孙教授后来在中央大学（南京大学）也曾长期担任数学系系主任和理学院院长。1978 年，陈省身回国时到访南大，专程看望了孙先生，一年后孙先生就去世了，此乃后话。1933 年，陈省身成为我国历史上第一个自己培养的数学研究生硕士，答辩委员会的三位成员是叶企孙、熊庆来和杨武之。

回到 1930 年，由于清华算学系只录取了陈省身和他的同班同学吴大任两个人，而后者因为父亲失业不得不到广州中山大学先做了一名助教，系里因此决定缓招研究生，这样陈省身就在清华做了一年的助教。次年 8 月，正当陈省身开始读研究生之际，华罗庚来到了清华大学。作为一名助理员，华罗庚的办公室就在系主任熊庆来的办公室外面，无论谁来找主任，都会见到他。如前文所言，华罗庚性格外向，说话风趣，很快他便与大家熟悉了，包括陈省身。华罗庚甚至自嘲是"半时助理"，因为按照清华的规定，高中毕业的人才能当助理，而他只是初中毕业。

事实上，当时华罗庚的薪水只有助教的一半，约为 40 元，略高于工友，与做研究生的陈省身所获的生活津贴（30 元）相差不多。华罗庚因为家里贫困，只身在清华园，他的家属仍留在老家金坛。那年夫人又生了一个孩子，这回是个儿子，在清华任职五年，他只有在寒暑假才回到老家。王元在《华罗庚》里，记载了恩师晚年一次甜蜜的回忆："每当我寒暑假回家乡探亲时，熊庆来先生总是依依不舍，他生怕我嫌钱少不肯再回来了。他哪里知道，清华给我的钱比金坛中学给我的钱优厚多了，清华对我来说是求之不得的。"

虽然华罗庚来清华那年，借着成名作的光在《科学》上一口气发表了 4 篇论文，但那些工作都是原来在家乡完成的，属于低水平的初等数学。到清华以后，他如饥似渴地钻研高等数学，接下来的 2 年里没有发表论文，而是埋头自学和听课。据前任四川大学校长、数学家柯召回忆："（当时）陈省身与吴大任是研究生，我与许宝騄是转学的高年级学生，华罗庚是助理员。我们

5个人在一个班里，教员就是熊庆来、杨武之与孙光远先生。由他们3个人给我们5个人上课。"陈省身也曾写道："这个时期是华罗庚自学最主要和最成功的一段。在那几年里，他把大学的功课学完了，并开始做文章。"

在华罗庚听的课中，有杨武之先生开设的群论课，同时华罗庚还随他研习数论。杨武之在芝加哥大学的博士论文题目是《华林问题的各种推广》，其中最好的结果是证明了"每个正整数都可以表示成9个棱锥数之和"，此结果在世界上领先了20多年。虽然杨武之回国后学问做得少了，但却培养了华罗庚在数论方面的兴趣，晚年的华罗庚怀着感激之心回忆道，"引我走上数论道路的是杨武之教授"，"从英国回国，未经讲师、副教授，直接提升我为正教授的又是杨武之教授"。

从1934年开始，华罗庚的数学潜能得到了充分的发挥，他每年都发表6—8篇论文，其中大多是在国外刊物，包括德国的权威杂志《数学年刊》，一时声誉鹊起。这些论文大多是数论方面的，也有的是代数和分析，显示了他多方面的兴趣和才华，这大大超出了包括熊庆来在内的同事们的期望。来清华之前，华罗庚的英语尚未过关，凭着他自己独创的"猜想法"，很快做到不仅可以用英文撰写数学论文，还能借助字典阅读德文和法文文献。他的方法是这样的，遇到不认识的单词时，先根据上下文猜测其意义，再查字典验证。这样一来，就会记忆深刻。

正当华罗庚在清华开始大显身手的时候，自小目标远大的陈省身也已通过硕士学位答辩，准备出国留学了。1934年7月，清华大学的教授评议会通过了派遣陈省身去德国留学的议案，所用的款项来自那笔"庚子赔款"。参加会议的教授中既有他未来的岳父郑桐荪和"媒人"杨武之，也有校长梅贻琦、文学家朱自清等。当月月底，陈省身在上海坐船去欧洲，再从意大利北部的里雅斯特坐火车到汉堡，开始随先前在北京认识的汉堡大学布拉施克教授研究几何。

　　说到这位德国导师，陈省身与他的结识要归功于同城的北京大学。就在财源充足的清华修筑大楼、广招贤能的时候，历史悠久的北大却人心涣散、纪律松弛，经常拖欠教授薪水。待到文学院院长、国学大师胡适（此时校长是蒋梦麟）出任掌管"庚子赔款"退款的中华教育文化基金会董事之后，力促其通过了资助北大的"特款办法"，情况才有了好转。北大研究院也在清华研究院成立2年之后挂牌，同时开始邀请外国专家来校讲学。布拉施克便是最早来到北大的数学家之一，他的系列讲座题目是"微分几何的拓扑问题"。在南开读书时，陈省身就随姜立夫先生学习过布拉施克的几何著作，因此很容易跟上，每次听课都没有落下，得以结缘这位数学大家。

易北河与剑河之水

　　汉堡是德国的一座名城，也是德国最重要的水上交通枢纽，从大西洋来的万吨级巨轮可以沿着易北河直达此城。城内河道纵横，有1500多座大大小小的桥梁。可是，汉堡大学却非常年轻，年轻得令人几乎难以置信，它与南开大学同一年（1919）创办。而在科学文化事业发达的德国有的是历史悠久的学府，比如洪堡大学（1810）、哥廷根大学（1737）、图宾根大学（1477）、海德堡

汉堡大学的圆形主楼（蔡天新摄）

大学（1386），尤其是哥廷根大学，因为希尔伯特的出现成为世界的数学中心。可是，陈省身首先考虑的是导师，那时假如他愿意，他还可以选择英国、法国或美国的名校，就像其他留学生那样。

晚年的陈老谈到自己成功的秘诀时，认为一半是天分，一半是运气。可以说，陈省身最初的运气便是结识汉堡大学这位喜欢云游的布拉施克先生。他抵达汉堡是在1934年秋天，此时希特勒已经上台，所谓的"公务员法"也已颁发，规定犹太人不能当大学教授，哥廷根大学这类名校首当其冲。汉堡这所新大学因为没有犹太教授而逃过一劫，可以继续做学问。等到1937年，"新公务员法"颁布，连犹太人的配偶也不能当教授，汉堡大学3位数学教授中才有一人被迫移居美国。那时，陈省身早已获得博士学位，被导师推荐到塞纳河畔的巴黎跟大数学家嘉当深造去了。

陈老之所以没有像其他数学家（包括华老在内）那样，把勤奋视作取得成功的一个主要手段，是有他的原因的。他的小学只读了一天，中学又少读了两年，便以第二名的成绩按同等学力考取南开大学，拿到硕士学位的当年即出国留学，可谓是个天才和幸运儿。由于中华教育文化基金会给的奖学金比较高（即便四分之三个世纪后的今天仍无法相比），陈省身始终自信满满，他经常下高级餐馆，邀请同乡吃饭，即使如此仍有许多积余，自费到巴黎继续深造（基金会自然又给予追加资助）。唯一辛苦的可能是过语言这一关，那时的欧洲大学不像现在通用英语，好在他在南开便上过德语和法语课，有一定的基础，到汉堡以后去补习班恶补一下也就成了。

陈省身在汉堡并没有埋头写论文，而是把重点放在学习和掌握最前沿、最先进的几何学进展和方法上，同时与一些大家建立起比较广泛的联系。除了布拉施克和嘉当以外，陈省身还与法国布尔巴基学派的代表人物韦伊、美国普林斯顿的维布伦等有了交流。这就像长距离的跑步或划船比赛，必须紧紧跟上第一梯队，才能伺机突破并超越。必须提及的是，陈省身为人真诚，很善于交朋友，这里以他与嘉当的友谊为例。虽然陈省身的法语水平不高，与不会任何外语的嘉当无法进行思想上的交流，但在二战最困难的时期，他却从美国源源不断地给嘉当寄去食品和包裹。

相比之下，自小苦出身又缺乏家长和名师指点的华罗庚更多的是依靠个人奋斗和自学，因此也特别刻苦。即使辍学在家替父亲小店做伙计，他也是起早贪黑地看书，甚至比开豆腐店的邻居起床还早。因此，当华罗庚后来被清华破格聘为职位低下的助理员时，他特别珍惜也更加努力地钻研学问，在短时期里便在国内外发表了数量可观的研究论文，这与"名门出身"的陈省身风格自然不同。在布拉施克访问北大三年之后，清华也邀请到了两位级别更高的大数学家，那便是法国数学家阿达玛和美国数学家维纳，他们在北京停留的时间也更久些。

阿达玛在数学的许多领域都有开创性的工作，其中在解析数论方面尤为出色，他率先证明了素数定理，那是"数学王子"高斯梦寐以求的结果。那项工作是在 19 世纪末完成的，即使半个世纪以后，因为这个定理的一个初等证明，阿达玛又获得了菲尔兹奖和沃尔夫奖。遗憾的是，阿达玛来中国时年事已高，已不在前沿做学问了。而维纳那时刚过 40 岁，可谓年富力强。作为控制论的发明人，维纳为数学史书写了光辉的一页。虽然研究方向不同，但维纳的函数论功底很好。维纳对华罗庚十分欣赏，便推荐华罗庚去了他年轻时求学过的剑桥大学，跟随当年的老师哈代。华罗庚赴欧洲的旅途是选择陆路，即沿着西伯利亚铁路。当华罗庚与物理学家周培源做伴，经由莫斯科抵达柏林时，陈省身也从汉堡赶来相聚。那会儿正逢夏季奥运会在柏林举行，陈省身陪华罗庚兴致盎然地一起观看比赛。

这不是华罗庚和陈省身在欧洲的唯一一次晤面，同年秋天，陈省身离开汉堡转道伦敦去巴黎时，也曾特意到剑桥看望了华罗庚。当然，从陈省身轻松面对学问这一点来看，他到柏林和剑桥并非单纯去见华罗庚，而是与他比较贪玩有关系。毕竟，奥运会和剑桥大学对每一个青年学子都有吸引力。这里需要提一下，据中华教育文化基金会的档案记载，在华罗庚到剑桥访学之前，曾两度获得该基金会资助，让他到汉堡大学研修，但不知何故，都没有成行。倘若那时华罗庚来汉堡，可能会随赫克或较为年轻的阿廷研究前途无量的代数数论，那样的话，之后中国数学的面貌将会有较大的不同。

当然，历史是无法改变的。华罗庚抵达剑河之滨时，哈代正在美国旅行讲学，行前他看过维纳的推荐信和华罗庚的论文，留了一封短函请系里同事转达。哈代在信中告诉华罗庚，他可以在两年之内拿到博士学位。可是，华罗庚为了节省学费和时间，放弃了攻读学位，他在剑桥期间，专心于听课、参加讨论班和写论文。不难想象，像华罗庚那样的初中毕业生要获得申请博士的资格，需要补考多少门课，那无疑会成为他心理上的一种折磨。而假如华罗庚真的读了博士，那今天剑桥的某所学院倒是会多一位来自中国的著名校友，就像钱钟书就读的牛津埃克塞特学院一样。

哈代那时已经年过花甲，当他一年后旅行归来，似乎也没有给华罗庚以指导。可以说，华罗庚又一次依靠自学，只不过这回从中国的最高学府转移到了世界一流的大学。他在剑桥的两年时间里，写出了10多篇堪称一流的论文，大大超出了以前的水准。用王元的话讲，就是"已经脱胎换骨，成为一个成熟的数学家了"。当然，这与剑桥拥有非常强的解析数论研究团队不无关系，这支团队以哈代为核心，他们与当时最顶尖的数论学家、苏联的维诺格拉朵夫联系密切。有时维诺格拉朵夫会把一篇新获得结果的文章一页页地传真过来，剑桥这边随即加以讨论和研究。

两年以后，华罗庚启程回国，当他向哈代辞行时，大师问他在剑桥都做了哪些工作，华罗庚一一道来。惊讶之余，哈代告诉华罗庚自己正在写一本书，会把他的一些结果收录其中。这本书便是剑桥大学出版社出版的《数论导引》(1938)，华罗庚的那些结果可能是近代中国数学家最早被外国名家引用的。华罗庚在剑桥取得的主要成就表现在完整三角和的估计、圆法和华林问题、布劳赫－塔内问题，以及哥德巴赫猜想等方面。与此同时，华罗庚有了后来成为他代表作的《堆垒素数论》的腹稿，而他的另一部相对通俗的数论名著与哈代的著作恰好同名。

值得一提的是，华罗庚在剑桥期间，并没有在美丽的剑河上学会传统的撑篙，或到苏格兰等地游览，却以不懈的毅力学会了骑自行车，这对患有腿疾的人可不容易。帮助华罗庚学车的中国同学中，有当时攻读文学硕士、后来成为戏剧和电影导演的黄佐临，而华罗庚学车自然是为了节省时间，因为在剑桥这座大学城里，租住的房子、办公室和图书馆通常离得比较远。华罗庚在剑桥的另一大收获是，他与苏联数学家维诺格拉朵夫建立了学术联系和友谊，这对他回国以后的研究尤其重要。

从昆明到普林斯顿

1937 年，即华罗庚从英国回国的前一年，陈省身便准备从巴黎启程了，那时他已经在欧洲居留了三年，母校清华大学聘他为教授。没想到就在启程前三天，爆发了七七事变，日本军队占领了北京城。虽然前途未卜，可是陈省身却不顾危险，说到原因，他的个人问题没有解决应该也是一个实在的因素。早在汉堡时期，陈省身的老师杨武之教授就亲自写信，把另一位教授郑桐荪的千金介绍给他，陈省身在清华读书时见过郑小姐，印象还不错，于是两人便开始通信了。在那个年代，这也就算是名义上的男女朋友了。虽然有急于赶回去的心情，但贪玩的陈省身还是先坐船横渡大西洋，去了纽约。

陈省身的第一次美国之行历时一个月，玩过纽约看过百老汇的大腿舞之后，便乘火车到新泽西的普林斯顿朝圣。遗憾的是，时值炎炎夏日，多数人避暑去了，他既没有遇着通过信的维布伦，也没有见到仰慕已久的爱因斯坦、冯·诺伊曼、外尔等大学者，唯一有过交谈的是维布伦的一位合作者。接下来，陈省身穿越美洲大陆来到加利福尼亚，最后北上到达加拿大的温哥华，从那里搭乘"伊丽莎白女王号"邮轮回上海。这次美国之行给陈省身留下了美好印象，6年以后，他重返美国，在那里度过了大半生，包括学术生涯的黄金时期。可是，当邮轮抵达长江口时，陈省身却发现岸上火光冲天，原来上海刚被日本人占领。

不得已，邮轮掉头向南去了香港。陈省身无法与在上海的女友见面，到达香港后又滞留了一个多月，方才得知清华大学、北京大学与南开大学已搬到湖南，组成了长沙联合大学。陈省身赶在11月开学之前抵达，可是，战火迅速向南蔓延，陈省身在长沙只待了两个多月，便又随学校南迁至昆明。那年岁末，陈省身在长沙完成了一桩人生大事——订婚。虽然是战时，仪式却相当隆重，证婚人之一正是介绍人杨武之，另一位则是理学院院长、后来担任中国科学院副院长的吴有训。值得一提的是，郑小姐那会儿还是燕京大学生物系二年级的学生。而两人的婚礼，则要等到一年半后，才在昆明举行。

说到这次从长沙到昆明的南迁，西南联大兵分两路，大部分老师和同学一起，有时步行，有时坐一段烧煤的汽车，足足花了68天；而陈省身和杨武之等多名教授及家眷则经香港坐船到越南海防，再乘坐火车北上，只用了13天。有意思的是，那时昆明与邻省四川、贵州不通火车，反而与越南有窄轨连接，那是法国殖民者修筑的。这里笔者想插一句，陈省身他们抵达昆明6年以后，先父为了到西南联大求学，也沿陆路从浙江去了昆明。当时迁往大西南的名校还有浙江大学（贵州湄潭）、中央大学（陪都重庆），不过在它们的校史里这叫西迁。据先父回忆，在联大时他和同乡曾拜访过华先生。

就在陈省身抵达昆明的那一年，华罗庚从英国回来了，他也被破格聘请为西南联大的教授，两人当时年纪只有二十六七岁。在华罗庚辗转从香港、西贡和河内抵达之前，他的夫人和孩子已先期来到，一家团聚之后住在郊区，以避开日军飞机的轰炸。联大也坐落在郊区，但离华家比较远，华罗庚每次坐着颠簸的牛车去上课。后来，在有课的时候华罗庚就住到学校里，和另外两个单身汉同居一室，其中就有陈省身。原来，陈省身婚后不久，夫人有了身孕，便送她回到上海随其父母生活了。令人难以置信的是，由于战乱分离，加上后来去美国访学，陈省身夫妻再次相聚时，儿子已经满 6 岁了。

在西南联大的那些年里，华罗庚和陈省身的数学研究都取得了新的突破。两人有一年时间住在同一个房间里，每人一张床、一张书桌和一把椅子，屋子里就没有多少空地了。那时联大的教授尽管生活清贫、工作条件艰苦，教书和研究热情却异常高涨，还有许多出类拔萃的学生，如杨振宁、邓稼先、李政道等。一段时间里，华罗庚和陈省身一早起来有说有笑的，然后便沉浸在各自的数学空间里，直到深夜。虽然两人从未合作写过论文，但他们在联大联合举办过"李群"讨论班，这在当时全世界都十分先进。值得一提的是，也是在那个时候（约 1939 年），华罗庚的父亲在金坛老家去世。那会儿正值战乱，加上路途遥远，华罗庚无法赶回家送别父亲。

在西南联大期间，华罗庚在数论方面的研究主要与获得牛津大学博士并在普林斯顿做过博士后的闵嗣鹤合作（后者也曾担任过陈省身的助教），同时努力完成自己的第一本专著《堆垒素数论》。其时华罗庚已是这个领域的领袖级人物了，但他并不满足于此，而是另辟蹊径。例如，他在自守函数和

沉迷于数学王国的华罗庚

矩阵几何领域均做出了出色的工作，前者至今仍是研究热点，后者与陈省身老师嘉当的工作有关。华罗庚在一篇论文的末尾还提到陈省身，感谢他提供嘉当论文的抽印本。此外，他还研究了代数学中的若干问题，如有限群、辛群的自同构性质，后者在不久的将来引导他深入研究典型群论。

与此同时，陈省身的学术研究也取得了新的进展。回国后第二年，他便在美国的《数学年刊》上发表了一篇论文，这家由普林斯顿大学与高等研究院联合主办的刊物，今天仍是全世界数学领域里最重要的刊物。几年以后，陈省身又两度在《数学年刊》上露面，他在克莱因空间的积分几何等领域做出了出色的工作。后来成为陈省身终身好友的法国数学家韦伊在《数学评论》上撰写长文，予以高度评价，他认为，此文超越了布拉施克学派原有的成就。这些工作为陈省身后来进入并立足美国铺平了道路，也正是在那段时间，他对高斯－博内公式开始产生了浓厚的兴趣。

1943 年夏天，陈省身由昆明启程去美国，那时还没有飞越大洋的民航班机，由于太平洋战事吃紧，他也无法搭乘远洋轮船，那样的话他本可以途经上海探视久别的妻子和从未见过的儿子。结果陈省身往另一个方向绕了地球一圈，他先是搭乘空载返回的美国军用飞机，到印度的加尔各答和卡拉奇（今属巴基斯坦），接着经非洲中部的某个国家飞越南大西洋，到巴西以后再北上佛罗里达，最后才抵达普林斯顿。陈省身在普林斯顿逗留了两年半，完成了一生中最出色的工作，包括给出高斯－博内公式的内蕴证明，这标志着整体微分几何新时代的来临。值得一提的是，这项工作是陈省身抵达美国最初的 3 个月内完成的，足见他在昆明时已经做了充分的准备。整整 2 年以后，就在陈省身接获母亲病危消息准备回国前夕，他又提出了现在被称为"陈示性类"的不变量理论。那时抗战已经取得胜利，华罗庚在中国如鱼得水，以他的个人成就和交游能力，与国民党军政要员和苏联方面也联系密切。华罗庚先是应邀访苏 3 个月，接着又被选入赴美考察团，同行的有李政道等 8 位科学家。

1946 年 4 月，正当华罗庚准备出发去美国时，陈省身回国了，两人在上海得以晤面。按照陈省身的回忆："他（华罗庚）负有使命，但我们仍谈了不少数学，我们的数学兴趣逐渐接近。"

天各一方瑜亮无争

说到华罗庚访苏，那是当年中国知识界无人不晓的事件，因为他撰写的 3 万字日记在《时与文》杂志上连载了四期。这是一家由热衷参政议政的知识分子在上海创办的周刊，在 20 世纪 40 年代中后期十分红火。由此可见，在中国近现代的各个时期，像华罗庚那样的传奇人物都是受大众关注的。在苏联，华罗庚见到神交已久的维诺格拉朵夫及其他数学家。笔者对他的旅行路线颇感兴趣，他从昆明出发，乘坐飞机和汽车，经过印度、巴基斯坦、伊拉克、伊朗、阿塞拜疆、格鲁吉亚，最后飞抵莫斯科和列宁格勒。当然，这比起陈省身的赴美旅途还是要更简捷和安全。

数年以前，华罗庚和陈省身早年的得意门生、数学家徐利治谈到两位恩师时认为，他们都是入世的。也就是说，他们都比较关心政治，或者说是，都对政治比较感兴趣。相比之下，徐利治认为西南联大"三杰"之一的许宝騄是观世或出世的。许与华同年，月份还大了 2 个月。他祖籍杭州，出生在北京，系名门世家，祖父曾任苏州知府，父亲是两浙盐运使，姐夫俞平伯是著名的红学家。许宝騄从清华大学数学系毕业以后，通过了留英资格考试，却因为体重太轻未能成行，结果等了三年才动身赴伦敦大学，获博士学位后回国担任西南联大教授。

许宝騄被公认是在数理统计和概率论方面第一个取得国际声望的中国数学家，可惜在"文革"期间英年早逝。徐利治回忆说："许宝騄淡泊名利，凡是权位、官职一概都不放在心上。这个人专搞学问，是很清高的，但也喜欢议论政治。"以笔者之见，许宝騄的这一个性与他的出身、学识和身体状况等都有关系。假如社会风气和经济基础允许，每个成年人应该都有依照自己的意愿，选择生活道路和与世界相处方式的自由。值得一提的是，许宝騄终生未娶，这与陈省身尤其是儿女成群的华罗庚截然不同。

华罗庚在普林斯顿期间，在代数学尤其是典型群论和体（无限维代数）方面做了很多出色的工作，特别是得到了被阿廷称为"华氏定理"的半自同构方面的重要结果，并给出了被后人称为"嘉当－布劳韦尔－华定理"的一个直接简单的证明，这个定理说的是：体的每一个正规子体均包含在它的中心之中。一位美国同行说过："华罗庚有抓住别人最好的工作的不可思议的能力，并能准确地指出这些结果可以改进的地方。"陈省身的好友韦伊这样评价："华玩弄矩阵就像玩弄整数一样。"除了学术研究以外，华罗庚到巴尔的摩霍普金斯大学医院做了腿部手术，使得延续了 18 年的痼疾得到了减缓，至少左足也能像右足那样伸直了。

1948 年，华罗庚被伊利诺伊大学聘为教授，年薪达到了 1 万多美元，还配了 4 名助教。他把妻子和 3 个儿子接到美国，但已上大学且政治上要求进步的大女儿和刚出生不久的小女儿则留在中国。小女儿被外婆接回到金坛老家去了，从未见过她的华罗庚直到回国才得以见到。那年"中央研究院"公布了首批院士，华罗庚和陈省身榜上有名，另外三位当选的数学家是姜立夫、许宝騄、苏步青。伊利诺伊大学以数论见长，华罗庚指导了两位数论方向的博士生，其中一位叫埃尤伯，撰写过一部有影响的数论教程。1985 年，即华罗庚去世那年，埃尤伯曾宣布证明欧拉常数的无理性，结果被发现有错。这个难题渊源已久，哈代当年曾表示，谁要是能证明它，他愿意让出剑桥大学的教授职位。

就在华罗庚抵达伊利诺伊那年，即 1948 年的最后一天，陈省身率领全家离开了上海，搭乘泛美航空公司的班机，经东京、关岛、中途岛，抵达旧金山。此前一年多，陈省身在国内忙于筹备成立"中央研究院"数学研究所。该所成立前后，作为实际主持人的代理主任（所长），陈省身广泛吸纳年轻人，他网罗的人才包括吴文俊、廖山涛、周毓麟、曹锡华、杨忠道等。陈省身每周花12小时亲自讲授拓扑学，其间女儿在上海降生了。陈省身曾先后婉拒普林斯顿、哥伦比亚等大学和印度塔塔研究所的正式聘请，直到此前一个多月，陈省身接到普林斯顿高等研究院院长奥本海默的电邀，在获悉南京国民党政府即将垮台以后，才做出了携家赴美的决定。陈省身抵达普林斯顿以后，主持了一个讨论班，撰写了一本几何学讲义。当年夏天，他受聘芝加哥大学数学系教授，这与他的好友韦伊在那里不无关系。有意思的是，陈省身接替的莱恩教授恰好是其硕士生导师孙光远当年的博士生导师。那时这座日后以经济学家辈出而闻名的大学里还有两位初出茅庐的中国物理学家，即刚博士毕业留校的杨振宁和正在攻博的李政道，后者是两年前与华罗庚一起来美国的。华罗庚和陈省身同在伊利诺伊州执教，本应该有许多机会谋面，但陈省身的回忆里只提到芝加哥大学邀请华罗庚来讲学时，两人见了一次面，再就是华罗庚临走时的话别。

笔者注意到，在《华罗庚》里有这样的记载，赋闲在美的清华老校长梅贻琦（西南联合大学期间也以校务委员会主席身份实际主持联大）来华罗庚家里住了一个月，两人每天谈笑风生。毕竟，华罗庚和陈省身这对昔日的室友是同行，同行未必是冤家，但必定是竞争对手，而梅校长对华罗庚是有知遇之恩的。当后来华罗庚决定回国途经芝加哥时，梅贻琦又坦诚地给予了忠告。值得一提的是，1955年，梅先生回台湾，在新竹开办台湾"清华大学"。

秋天来临，随着中华人民共和国的成立并定都北京，中国数学界面临同时失去两位领军人物的危险。庆幸的是，一年以后，华罗庚决定放弃美国的高薪，率领全家返回中国。他满怀报效祖国的热情，他的行动对中国数学界显然是个福音。多年以后，在挪威出生的美国数论学家、菲尔兹奖得主塞尔贝格这样评价说："很难想象，如果他（华罗庚）不曾回国，中国数学会怎么样？"而陈省身则选择留在美国生活，成为中国数学家在美国的标志性人物，他对中国数学更多的帮助和贡献，要等到退休以后。

虽说讲究中庸之道的中国人的哲学里也有"瑜亮之争"和"一山容不下二虎"之说，但华罗庚与陈省身还是终生维系了友谊。尽管他们的友谊并不是非常亲密，却经受住了时间的考验。无论早年的"中央研究院"，还是后来的中国科学院，都会遇到所长的人选问题，陈省身和华罗庚都是最值得考虑的人选，而所长只能由一个人担任。幸运的是，"中央研究院"数学研究所成立时，华罗庚正在美国访问或筹备出国之中，而中国科学院数学研究所成立时，陈省身已经定居美国。

如果一定要在他们中间选择一人留在美国，以笔者之见，陈省身更为合适。一来在他的研究领域美国处于最前沿，也最活跃，二来他与国外同行之间的合作和交游更为广泛和密切。而华罗庚可能运气不是太好，一直以来单打独斗，较少获得过外国同行的帮助或提携。而就在中国生活的适应能力来说，底层出身的华罗庚可能更胜一筹，事实证明，历次政治运动对他的冲击在知识分子中相对较轻，甚至在学术研究方面，华罗庚的生存能力也极强，他在严重缺乏资料和交流的情况下，仍在多个领域取得世界性的成就。还有一点是，华罗庚的传奇经历很早就在中国百姓中广为人知，而陈省身当时的知名度却只限于学术圈。

这里要提一下陈省身的双亲，他的母亲好不容易熬过抗日战争，却在儿子普林斯顿访问归来前夕病故，他的父亲随后去了台湾。原来，陈省身有一个小他 6 岁的弟弟，毕业于西南联大物理系，抗战胜利后被派到台湾接手高雄的铝厂，父亲与从美国访学归来的陈省身匆匆见面以后，便随小儿子一家迁往台湾。因此，陈省身后来牵挂更多的应是在台湾方面。当其父于 1967 年去世时，正在荷兰的陈省身中断了阿姆斯特丹大学的讲学，立即赶往台湾。而在那以前的 20 多年里，陈省身仅在 1958 年和 1964 年两度前往台湾，看望父亲和弟妹，对此他的内心应是有歉疚的。

太平洋西岸的所长

说到华罗庚回国，他首先抵达的是香港，在那里发表了《致中国全体留美学生的公开信》，号召留美中国人回国参与建设，引起了轰动。回到北京以后，华罗庚先是在清华大学任教，直到第二年，政务院会议决定，华罗庚担任新成立的中国科学院数学研究所所长。值得一提的是，数

华罗庚在伏案工作

学所筹备处的主任委员原是苏步青，华罗庚是四位副主任委员之一。

接下来的几年，华罗庚在数学研究所大展宏图。在组织工作方面，华罗庚从全国各地广罗人才，调集了数十位有成就或年轻有为的数学工作者，既重视基础理论，又注重应用数学，并成立了微分方程和数论两个专门组，同时鼓励其他人员钻研自己的方向。与此同时，华罗庚主持召开了（新中国成立以后）中国数学会第一次代表大会（他当选为理事长）、全国数学论文报告会和中学生数学竞赛，并创办了《数学学报》（他任总编辑）。此外，华罗庚还随中国科学院代表团访问了苏联，如果不是斯大林突然去世，他在数论方向的研究结晶——《堆垒素数论》有望获得那年的斯大林奖金。

1955 年，中国科学院建立学部，华罗庚成为首批学部委员，滞留美国尚未加入美籍的陈省身并未入选。这与 7 年前"中央研究院"首批院士的遴选不同，不仅仅改了称谓，那时华罗庚虽已被聘为伊利诺伊大学教授，仍缺

席当选。在学术研究和教学上，华罗庚和数学研究所也卓有成效。他亲自组织"数论导引"和"哥德巴赫猜想"两个讨论班，第一个讨论班形成了后来的数学名著《数论导引》，第二个讨论班的成就之一是王元证明了"3+4"和"2+3"。这里所谓"a+b"是指每个充分大偶数都可以表示成两个奇数之和，它们的素因子分别不超过 a 个和 b 个。如果能证明"1+1"，那就几乎等同于原始的哥德巴赫猜想了，即每个大于或等于 6 的偶数均可以表示成两个奇素数之和。

值得一提的是，第二个讨论班吸引了北大数学力学系闵嗣鹤教授的研究生，其中就有笔者的导师潘承洞。那时清华数学系因为"院系调整"被解散，精华部分都到了北大，包括在昆明与华罗庚合作过的闵先生。几年以后，已是山东大学讲师的潘承洞证明了"1+5"和"1+4"。而证明"1+2"的陈景润是由华罗庚亲自出面从厦门大学调来的，之前，他写信把自己取得的一些成果告诉心中无比敬仰的华罗庚，其间和后来发生的一些事情被徐迟写进了那篇著名的报告文学。直到今天，哥德巴赫猜想依然悬而未决，换句话说，陈氏定理依然无人超越。

除了数论以外，华罗庚还在代数和函数论领域取得重要成就，尤其在典型群和多复变函数论方面，这两个领域培养出的人才和主要助手有万哲先、陆启铿和龚昇等，其中"典型域上的多元复变数函数论"让华罗庚获得了以郭沫若院长名义颁发的 1956 年度自然科学一等奖，这一奖项后来被认为等同于国家自然科学奖。26 年以后，华罗庚的弟子陈景润、王元和潘承洞也因为哥德巴赫猜想研究获得了同一殊荣。华罗庚发现了一组与调和算子有类似性质的微分算子，后来被国际上称为"华氏算子"。必须指出的是，华罗庚和他的学生的这些成就是在严重缺乏学术资料的情况下取得的，当时仅凭借他从美国带回来的部分书籍和文献，加上他离开美国前夕自掏腰包订阅的两份杂志。

中国科学院数学与系统科学研究院大楼；华罗庚将大半生的心血奉献给数学院的创建与发展

在华罗庚领导下的中科院数学研究所，还有一批数学工作者从事其他方向的研究领域，其中成绩最为突出的要数吴文俊和冯康，他们分别在拓扑学和计算数学方向取得了世人瞩目的成就。早在陈省身领导中研院数学研究所期间，吴文俊的工作便已十分优异，后来赴巴黎留学，取得博士学位后回到北京。他在拓扑学示性类和示嵌类方面的出色工作，使其与华罗庚同年获得自然科学一等奖。相比之下，作为有限元方法创立者之一的冯康除了在苏联斯捷克洛夫数学研究所进修 2 年以外，一直在国内从事研究。正是在华罗庚的建议下，他从纯粹数学转向计算数学研究，后来成为这个领域当之无愧的学术带头人，并在去世 4 年后因为"哈密尔顿系统的辛几何算法"被追授自然科学一等奖。

在 20 世纪五六十年代的中国，不可能不卷入政治活动，何况华罗庚是个有热情，喜欢和需要交际的人。早在金坛中学工作时，华罗庚就加入了国民党，清华时期他积极投身"一二·九"运动，到了西南联大，他又成了文学院教授闻一多的密友。华罗庚的长女认闻夫人为干妈，导致她后来积极靠近中共，留在国内而不愿意随母亲和兄弟去美国。1952 年秋天，华罗庚加入了中国民主同盟，那时各级人大代表或政协委员，要么是中共党员，要么就是某个民主党派成员，他选择民盟或许是受闻一多的影响。后来，华罗庚先后担任民盟的中央常委和副主席，当选全国人大常委会委员和全国政协副主席。

1954 年、1958 年和 1974 年，华罗庚均接到国际数学家大会作 45 分钟报告的邀请，但因为未获得政府批准而作罢。可能是迫于形势，加上年龄的增大不再适合纯粹数学的研究，华罗庚在"文革"前夕开始转向应用数学，这导致他晚年主要致力于推广统筹法和优选法，并取得了不俗的成绩，这也让他相对安全地度过了"十年内乱"。

"文革"期间，华罗庚在普及黄金分割率

华罗庚和他的小分队先后到上海、山西、陕西、四川、黑龙江等省（市），直接把数学知识服务于生产建设。

华罗庚从事数学普及，凭着的是一个数学家的良心，并全心全意地投入其中。甚至当"文革"结束后，年轻数学家陈景润和杨乐、张广厚因为纯粹数学方面取得的成绩而受到表彰和广泛宣传时，他仍然毫不动摇地埋头于数学普及，王元因此认为，"他的确已把普及数学方法作为他晚年的事业了"。可是，当华罗庚因为心肌梗死初犯而不得不回北京住院时，又悄悄地思考起"哥德巴赫猜想"，他提出了自己的一个想法和思路，希望王元和潘承洞与之合作，却未得到响应，因为他俩暗地里都做过尝试，知道那个方法不可能导出猜想的最终解决。

太平洋东岸的所长

就在华罗庚在中国领导数学事业、历经磨难而生命力依然旺盛的时候，陈省身却在美国一心一意地研究几何学，并渐入佳境。

1950 年夏天，国际数学家大会（因为二战暂停）相隔 14 年以后在哈佛大学召开，虽说 39 岁的陈省身错过了获得菲尔兹奖的最后机会，但被邀请作了一小时的报告，那是中国数学家第一次得到这样的殊荣，他演讲的题目是"纤维丛的微分几何"。那年作一小时报告的共有 10 人，担任大会主席的正是陈省身在美国最早的知音维布伦。1970 年，国际数学家大会在法国尼斯召开时，陈省身再度获得邀请作一小时大会报告，演讲的题目是"微分几何的过去和未来"。可以说，在这 20 年里，陈省身是风光无限的现代微分几何的代言人。

不过，陈省身初到美国时，情况却并非如此。那时这门学科被认为已进入死胡同，它甚至不出现在大学课程里，即使是堂堂的哈佛大学，也很少有几何学的博士论文。同时，19 世纪后期诞生的拓扑学却方兴未艾，而陈省身早在北京听布拉施克讲学时就学到了拓扑学的精髓，从临界点、不动点理论到纤维丛、示性类，他都熟练掌握并纳入自己的研究范围，当把这些工具应用到微分几何中去，就形成了所谓的大范围微分几何或整体微分几何。在芝加哥的 10 年，陈省身可谓"复兴了美国的微分几何，形成了美国的微分几何学派"。

接下来，陈省身移师西海岸气候宜人的加州大学伯克利分校，帮助这所公立大学的数学学科从全美排名第四跃居到第一，他在几何学和拓扑学两个方面都提升了该校的学术地位。在伯克利，陈省身与不少同行合作过，尤其是那些慕名前来的年轻人，其中特别值得一提的有两位，一位是后来担任普林斯顿高等研究院第

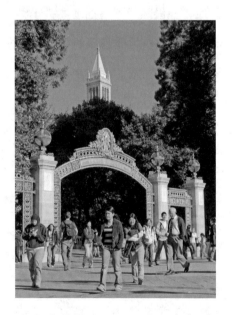

陈省身学术生涯的大部分时间在
加州大学伯克利分校

7 任院长的格里菲斯，另一位是堪称传奇人物的西蒙斯。陈省身和格里菲斯的合作主要表现在两个方面，即网几何和外微分几何。因为陈省身的原因，格里菲斯后来多次造访中国，他还一度担任国际数学联盟的秘书长，正是在他任职期间，联盟属下的国际数学家大会 2002 年在北京顺利召开。

陈省身与西蒙斯则合作完成了"陈－西蒙斯不变量"，它至今仍是理论物理的研究热点，曾被物理学家、菲尔兹奖得主威腾应用到他的量子场论研究中去。后来西蒙斯当了纽约大学石溪分校数学系主任，与物理学家杨振宁共事，结果在一次演讲之后使杨先生终于明白，原来他和合作者米尔斯当年建立起来的规范场理论的数学对应物正好是陈省身建立的纤维丛理论，只不过后者比前者早 10 年出现罢了。这样一来，现代几何和现代物理就广泛密切地联系在一起，这同时也提高了纤维丛和规范场理论的学术地位。

之所以称西蒙斯为传奇人物，是因为他赢得数学盛名以后放弃了教授职位，转向金融投资并大获成功。2003 年春天，西蒙斯曾租用私人包机来南开大学看望陈省身，着陆申请是由杨振宁出面向北京方面提交的。值得一提的是，在眼下这场席卷全球的金融危机中，作为文艺复兴公司总裁，西蒙斯的年收入一举超越金融大鳄索罗斯，连续几年高居全球"对冲基金"经理之榜首，同时进入福布斯全球富豪榜的前 100 位，他曾为庆祝陈省身 80 大寿召开的几何学会议等数学活动注入资金。晚年的杨振宁在一次电视访谈中声称，规范场理论远比他和李政道合作完成的宇称不守恒理论重要，虽然后一项成果使他们两个获得 1957 年的诺贝尔物理学奖。

陈省身在伯克利不仅与年轻同行广泛合作，还亲自培养了 31 名博士，其中最负盛名、最有成就的当数后来获得菲尔兹奖的丘成桐，他解决了包括卡拉比猜想和正质量猜想等多项世界难题。这里需要提及的是，陈省身在芝加哥培养的 10 名博士中，有来自中国的廖山涛，他毕业后回到北京大学任教，因微分动力系统的稳定性研究也曾获得过国家自然科学一等奖。在伯克

陈省身从以色列总统手中接过沃尔夫奖

利期间，陈省身还当选为美国科学院院士，为此只得在那之前一个月加入美国籍；获得象征终身成就的沃尔夫奖，这也是首位获此殊荣的华人数学家（2010年丘成桐也获得此奖），获奖理由是："对整体微分几何的卓越贡献，影响了整个数学。"沃尔夫奖由以色列总统贺索亲自颁发，陈省身获得的另一项荣誉——美国国家科学奖则由福特总统在白宫授予。

在行政事务方面，自从陈省身离开中国，卸下"中央研究院"数学研究所代埋所长一职之后，就没再担任任何职务。但陈省身在与人交往，包括学术合作和指导方面表现出的大气和组织才能，又给美国同行以深刻的印象。在美国数学会的一次换届选举之前，陈省身曾被探询愿否担任会长之职，但他坚定谢绝，于是担任了两年的副会长之职。而当进入花甲之年，对故乡的怀念之情油然而生，他携带妻女回到了阔别已久的祖国，受到了高规格的接待，也见到了华罗庚。那时华罗庚正在外地推广"双法"，一纸电报把他召回了北京。那该是怎样一幕场景呢，在"文革"的悠悠岁月里，两家人一起吃了一顿烤鸭，谈数学但估计不会谈到太多，因为有家眷在，且各自的兴趣点也与以前不同。

无论如何，陈省身应该感谢华罗庚一件事。1963年，陈省身的岳父郑桐荪老先生病危，这位从前的清华算学系主任、教务长、柳亚子先生的内兄孤苦伶仃地躺在北京一家医院的大病房里，与其他7个病友住在一起，非常之吵闹。华罗庚去看望昔日的老师，见此情景赶忙与医院方面交涉，把他换到了单人房间。这虽然没能挽救或延缓郑老先生的生命，但陈省身应是心存感激。他和夫人都没能为老人家送终，甚至在老人家生命的最后 15 年里，都无法见上一面。郑老夫人早逝，儿女都在国外，郑老先生晚年身边竟然没有一个亲人可以相伴和照顾。

古稀之年，已经从加州大学教授职位退休的陈省身又到了人生的转折点。那年春天，他与母校南开大学的领导和老友商议，

华陈夫妇（拍摄于 1972 年）

准备建立南开数学研究所（2005 年更名为"陈省身数学研究所"），为自己的回归做好准备。可是秋天，美国国家数学研究所却在伯克利成立，发起人之一的陈省身被任命为首任所长，回国定居的日期只得向后推延。直到 3 年后他任期届满，才接受邀请担任南开数学研究所所长。值得一提的是，由于陈省身的国籍，这样的任命需要获得高层批准。而以笔者之见，当初陈省身之所以没有与另一所母校清华合作恐怕在于，他不愿意与仍然担任中科院数学研究所所长职位的华罗庚同城竞争。

陈省身与邓小平等国家领导人多次会面，利用自己的个人影响力，为提高中国数学的水准做出努力。比如，他倡导的"双微（微分方程和微分几何）国际讨论会"，连续举办了 7 年。在陈省身的建议之下，举办了"暑假研究生讲习班"，他本人亲自授课，在北京大学开设"微分几何"研究生课程，第一次在中国普及整体微分几何，使"流形""联络""纤维丛"这些词汇在中国流行起来。用陈省身自己的话说，"未来数学研究的对象，必然是流形"。

待到南开数学研究所进入筹备和开张，陈省身倾注了更多的心血。幸

母校南开大学的陈省身数学研究所；陈省身为其建立倾注了心血

好，无论何时何地，陈省身都有贵人和朋友相助。中研院数学研究所有老师姜立夫挂帅，南开数学研究所则有后生胡国定协助。南开数学研究所的办所方针是："立足南开，面向全国，放眼世界"。有关研究所大楼的建设，从筹集经费、结构设计到督促施工，陈省身都亲自操劳，使得工程如期完工。

南开的学术年连续举办了 11 年，每年都有一个主题。在收留人才方面，陈省身更是不遗余力，其中包括龙以明和张伟平，前者在 2008 年—2012 年任南开数学研究所所长，他们的成长和成功之路上都有陈省身的关爱。在陈老先生去世之后，他俩双双当选为中国科学院院士，成为最近一次院士增选中仅有的两位数学家，一时传为佳话。

尾声：纪念与祈愿

在陈省身受命尚未揭牌的南开数学研究所所长的第二年，即 1985 年初夏，华罗庚应邀访问日本。他在东京大学发表演讲，回顾了 20 世纪 50 年代回国以后所做的工作，按年代分成四个部分，其中 20 世纪七八十年代主要做数学普及工作。或许是因为回顾往事，华罗庚头天晚上兴奋过度，靠吃安眠药勉强得以休息片刻，第二天他坚持要求脱离轮椅，站着作完一个多小时的报告。而当他在暴风雨般的掌声中坐下来，准备接受一位女士的鲜花时，却突然从椅子上滑了下来。几个小时以后，东大附属医院宣布华老的心脏停止了跳动，他死于心肌梗死，享年75岁。

华罗庚纪念邮票

此时，陈省身正在天津，为即将成立的南开数学研究所忙碌操心着。当他得知华罗庚逝世的噩耗，随即致电北京有关方面，要求参加骨灰安放仪式（华罗庚的遗体已在东京火化），但却被告知，外地来宾一概不邀请来京。华罗庚生前是全国政协副主席，其仪式规格自然非常之高。但笔者相信，作为一个数学家，假如华罗庚灵魂有知，他必定希望陈省身这位相知半个世纪的同行和老友能来送行。就在此前两年，华罗庚到洛杉矶加州理工学院访问，陈省身从400多公里以外的伯克利驱车前往相聚，那是他们的最后一面。正是在那一年，在菲利克斯·白劳德（他的父亲曾担任美国共产党总书记，他和弟弟威廉都曾担任美国数学会主席，华罗庚访问普林斯顿时他正在那里读博）和陈省身等人的联合提名和推荐下，华罗庚当选为美国科学院的外籍院士，陈省身为这份提名撰写了学术介绍。

在华罗庚去世以后，陈省身依然活了将近20年。虽然他仍在思考微分几何领域的重大问题，例如六维球上复结构的存在性。但更多的时候，陈省身是在享受数学人生，利用自己的影响力和号召力推动中国数学，特别值得一提的是，他帮助申办和主办了2002年北京国际数学家大会（陈省身是大会名誉主席）。随着暮年的来临，陈省身收获了各种各样的荣誉，包括100万美元的首届邵逸夫科学奖，俄罗斯颁发的以非欧几何学创始人命名的罗巴切夫斯基奖章，当选法国科学院和中国科学院外籍院士，中国数学会设立陈省身数学奖（华罗庚奖已先期设立），美国数学研究所新建主楼命名为"陈楼"，而在印度海德拉巴举行的2010年国际数学家大会上，设立并颁发了一个世界性的"陈省身奖"，此奖将与菲尔兹奖同时颁发。与此同时，

33

陈省身获得首届邵逸夫科学奖

陈省身也多次被最高领导人接见。

在中国历史上，数学家的政治地位向来比较低微。在20世纪以前，能被最高统治者接见的实属罕见，13世纪的李冶便是其中之一。他出身书香门第，本名李治，后来被发现与唐高宗同名，不得不去掉一点。李冶考中词赋科进士后，蒙古大军侵入，历经磨难的他最后并没有逃往南方，而是留在蒙古人统治下的北方（元朝）。元世祖忽必烈礼遇他，曾三度召见他，并封其为翰林学士，但那是看中他的人文领域的才学。李冶推辞不过，勉强到京城就职，可是不到一年，他便辞官返回河北老家，著书讲学。李冶虽著有诗文无数，并有《文集》40卷，最有价值的却是一部冠名《测圆海镜》的数学著作。此书在中国数学史上占有非常重要的地位，他也因此被尊列为"宋元四大家"之一。

相比之下，20世纪的华罗庚和陈省身处境大为不同。华罗庚曾先后受到蒋介石、毛泽东、华国锋、胡耀邦等人礼遇，而陈省身接受的荣誉则超出了国界，除了邓小平、江泽民多次单独会面以外，还被美国总统和以色列总统授过勋。说实话，如此"殊荣"在世界数学史上也只有18世纪的欧拉等极少数人才享受过。以笔者之见，他俩面对政治领袖的心态有所不同。华罗庚更像是旧时代过来的人，有着诚惶诚恐的一面，而陈省身则身处任何场合都比较自如。这从陈省身少年时写下的自由诗和华罗庚后来与毛泽东交流的古体诗词中也可以看出，这种差别应与两个人的出身、经历、环境和所受的教育有关，也造成了他们数学之路和研究风格的差异。

遗憾的是，即便是接受过东西方名校熏陶的陈省身，也只是忙忙碌碌地度过一生，未能像他当年师从嘉当时逗留的城市巴黎所熏陶出来的那些伟大的数学先辈那样，在研究之余做一些哲学方面的深入思考。从笛卡尔到庞加莱，法国数学的人文主义传统绵延不绝，这两位几何学和拓扑学的开拓者本身也是哲学家。其结果是，几乎每隔十年八载，法国都会产生一位享誉世界的数学大师。相比之下，我们更多地依赖天才人物的出现，这一点在华罗庚身上尤为明显，而陈省身的教育并非都在国内完成。在华罗庚和陈省身（还有许宝騄）诞生100周年之际，我们在缅怀和纪念他们的同时，也由衷地祈愿，下一个或更多的华罗庚、陈省身早日出现。

令人欣慰的是，与个别华人物理学家之间难解的恩怨相比，华罗庚和陈省身相安无事地度过了一生，他们之间的友谊始终或多或少存在着，这是他们两个人的幸运，更是中国数学的幸事。正是由于他们的出现，中国数学终于迈出了追赶潮流的有力步伐。与此同时，也使我们得以增强必要的信心，如同拉曼纽扬的出现提高了印度人的自信力。当然，陈省身和华罗庚的成功有赖于姜立夫、熊庆来等前辈数学家和教育家的先驱性工作。随着国民经济实力的不断提升，中国赶超世界数学强国的努力有了基本的物质保障。如果我们的科技政策能够不断完善，使之更有利于人才的脱颖而出，则前景会更加光明。总之，每一个数学工作者都肩负重任，如同屈原在《离骚》中所写的："路漫漫其修远兮，吾将上下而求索。"

作者简介

蔡天新，山东大学数学博士，浙江大学数学科学学院教授，《数学文化》期刊编委。

冯·诺伊曼

——因为他，世界更加美好

蔡天新

冯·诺伊曼

从爪子判断，这是一头狮子。

——约翰·伯努利

一颗匪夷所思的大脑

他本是东欧一位富有的银行家的公子，放浪不羁，喜欢逛夜总会，却成了 20 世纪举足轻重的人物。二战以前他是一位杰出的数学家和物理学家，是美国普林斯顿高等研究院首批聘请的 5 位终身教授中最年轻的一位（29岁，最年长的爱因斯坦 54 岁）。二战期间盟军离不开他，无论是陆军还是海军，美国还是英国，因为他是最好的爆炸理论专家，也是第一颗原子弹的设计师和助推人。二战以后，他创立的博弈论极大地开拓了数理经济学的研究，至少影响了11位诺贝尔经济学奖得主的工作。而他最大的贡献则可能是在计算机理论和实践方面，被誉为"电子计算机之父"。简而言之，他是20世纪美国引进的最有用的人才。此人不是别人，正是本文的主人公，匈牙利出生的美国犹太人约翰·冯·诺伊曼。

冯·诺伊曼身材敦实，有一双明亮的棕色眼睛和一张随时可以咧嘴一笑的脸。这些都寻常可见，可是，要取得如此丰富伟大的成就，必然有一颗奇异的大脑。首先，他对自己专注的事情有着惊人的记忆力，能够整页背诵15年前读过的英国作家狄更斯的小说《双城记》和《大英百科全书》中有启示性的条目。至于数学常数和公式，更是塞满他的大脑，且随时可以提取出来。其次，他的阅读速度和计算能力也同样惊人。据说在少年时代，他有时上厕所也要带着两本书，成名后他的助手或研究生经常会觉得自己像是"骑着一辆自行车在追赶载着冯·诺伊曼博士的快速列车"。当他计算时，样子有些古怪，往往眼睛盯着天花板，面无表情，此时他的大脑在高速运转着。如果是在快速运行的火车上，他的思想和计算速度也会加快。

如果说上述几种能力显示了他神奇的一面，那么下面一种能力并非那么高不可攀，那就是不断学习新事物的愿望和行动。在柏林大学求学期间的一个暑假，化学系本科生冯·诺伊曼返回布达佩斯家中，结识了一位准备去剑桥读经济学的小老乡，立刻向他咨询并要求推荐经济学的入门书籍，从此开始牵挂这门对他来说是全新的学科。还有一次，他被邀请到伦敦，指导英国海军如何引爆德国人布下的水雷，却在那里学到了空气动力学的知识，同时对计算技术发生了浓厚的兴趣。前者使他成为研究斜冲击波的先驱，后者让他开数值分析研究的先河。而他对电子计算机的直接介入，则起因于月台上的一次邂逅，他在旅行途中尤其多产。让人惊叹的是，他的所有成就几乎都是在他主要从事别的工作时取得的。

对一个经常需要与各种各样出类拔萃的科学家合作，有时甚至要与政治家、军事家打交道的人来说（从美国数学会主席到总统特别顾问他都担任过），还需要具备敏锐的政治嗅觉和平衡能力。二战以前冯·诺伊曼就曾预言，德国将会征服孱弱的法国，犹太人会惨遭种族灭绝，如同一战期间土耳其的亚美尼亚人所遭受的屠杀一样；之后，乘着两个劲敌（德国和苏联）鹬蚌相争，美国会坐收渔利。他还认定，苏联人迟早会发明核武器，因为"原子弹的秘密很简单，受过教育的人都会研制"。至于平衡能力，对他来说可能是与生俱来的，而非雄心所致，他不需要花钱去改善公共关系。他还有一个显著的特点，不喜张扬，也不喜欢与人辩论，遇到紧张的气氛时善于利用讲段子和逸闻将其化解。

当然，冯·诺伊曼天才的大脑也存在着不足。最主要的是，他不像同事爱因斯坦和牛顿那样有独创性。但他却能抓住别人原创的思想火花或概念，迅速进行深入细致的拓展，使其丰满、可操作，并为学术界和人类所利用。爱因斯坦来到美国之后，只是个象征性甚或装饰性的人物，没有发挥多大的作用，而冯·诺伊曼的所作所为却是无可替代的。鹰派成员、海军上将斯特劳斯认为："他有一种非常宝贵的能力，能够抓住问题的要害，把它分解开来，最困难的问题也会一下子变得简单明了。我们都奇怪怎么自己没能如此清晰地看穿问题得到答案。"诺贝尔物理学奖得主维格纳在被问及冯·诺伊曼对美国政府制定科学和核政策的影响力时也曾谈道："一旦冯·诺伊曼博士分析了一个问题，该怎么办就一清二楚了。"

贝特（1906—2005），因在1938年解释了为什么恒星能够长时间向外释放如此之多的能量而获得1967年诺贝尔物理学奖。贝特对冯·诺伊曼极为佩服

当所有这些素质都加在一起，集中到一个人身上，他的优势便显得非常突出了。维格纳从小与冯·诺伊曼在布达佩斯一起长大，他承认在这位比自己低一届的中学校友面前怀有自卑情结，他在获得诺贝尔奖后接受了著名的科学史家、《科学革命的结构》一书作者库恩的采访。"您的记忆力很好，是吗？""没有冯·诺伊曼好。不管一个人多么聪明，和他一起长大就一定有挫折感。"另一位诺贝尔奖得主、德裔美国物理学家贝特和维格纳一样，都是冯·诺伊曼在洛斯阿拉莫斯实验室的老同事，他曾经发出这样的感叹："冯·诺伊曼这样的大脑是否意味着存在比人类更高一级的生物物种？"在人类历史上，他属于那种在黑板上写几个公式就能改变世界的少数几个人之一。法国数学家、布尔巴基成员迪厄多内甚至相信，冯·诺伊曼是"最后一个伟大的数学家"。

午餐时分的家庭聚会

1903 年 12 月 28 日，冯·诺伊曼出生在多瑙河畔的匈牙利首都布达佩斯，原名诺伊曼·亚诺什（Neumann Janos）。其时匈牙利和奥地利虽然组成了奥匈帝国，但那只是外交和军事上的联合，内政和经济各自独立，且有自己的国名、国王和语言。与绝大多数欧洲人不同而与中国人一样，匈牙利人的姓在前名在后，这成了学者考证他们的祖先来自中亚或蒙古草原的重要依据。需要说明的是，亚诺什相当于英文里

匈牙利首都布达佩斯：冯·诺伊曼度过青少年的地方

布达佩斯自由广场

多瑙河上的大桥

的约翰，它们的昵称分别是扬奇和约翰尼。冯·诺伊曼10岁那年，做银行家的父亲因为担任政府经济顾问有功，被授予贵族头衔，从此家族姓氏前面多了一个von，变成了冯·诺伊曼。而在他移居到美国以后，全名就成了约翰·冯·诺伊曼。

在冯·诺伊曼出生前的35年里，布达佩斯一直是欧洲发展最快的城市，如同纽约和芝加哥（内战战胜方）是美洲发展最快的城市，人口从全欧第17名一举跃为第6名，仅次于伦敦、巴黎、柏林、维也纳和圣彼得堡。布达佩斯率先实现了电气化，铺设了欧洲第一条电力地铁，并用电车取代了公共马车（彻底清除了散布病菌的马粪）。就在冯·诺伊曼出生那年，横跨多瑙河的伊丽莎白大桥建成，那是当时世界上最长的单孔桥。那会儿匈牙利正处于黄金时代，布达佩斯颇有些巴黎的情调和氛围，仅咖啡馆就有600多家，歌剧院的音响效果甚至超过了维也纳，来自世界各地可供挑选的保姆不计其数，夜总会里迷人的女郎耐心地倾听客人们的政治主张。

在一战爆发前的半个世纪里，布达佩斯和纽约是世界各国聪敏的犹太人优先考虑移民的城市。在这两处人间天堂里，他们迅速成为医生、律师那样的专业人士或成功的商人。相比之下，移民到纽约的犹太人大部分出身较为低下。这是由于当时交通工具的限制，横渡大西洋的船票唯下层的统舱比较低廉，能够乘坐豪华客轮的只有极少数的富豪，且漂洋过海生命无法保障。布达佩斯更为那些中产阶级和上层社会的犹太人向往和喜爱，那里还有理想的中学教育环境。尤其重要的是，在中欧其他国家犹太人仍低人一等的时候，在匈牙利已经有所改变。主要原因是当一些少数民族酝酿暴动的时候，犹太人坚定地站在主要民族马扎尔族一边，他们的先见之明后来得到了回报，歧视性的法令被逐一废除。值得一提的是，出生在布达佩斯的犹太人中，还包括犹太复国主义的创始人赫茨尔。

冯·诺伊曼的祖上来自俄罗斯，他的父亲出生于紧邻塞尔维亚的匈牙利南方小镇，他在故乡接受了良好的乡村教育，中学毕业后来到首都布达佩斯，通过律师资格考试后进入银行，开始了兴旺发达的事业。他广泛交际的朋友中有一位法学博士，后来成为上诉法庭的大法官。有趣的是，他们两人成了连襟，并通过联姻成为殷实的犹太家族成员。冯·诺伊曼的外祖父与人合伙经营农业设备，成功借鉴了美国西尔斯公司的销售经验，4个千金全部招了入赘女婿，一家占据了布达佩斯一条繁华商业大街的两侧，底层是商铺，上面是住宅。冯·诺伊曼在店铺的楼上长大，比他晚20多年出生的英国政治家撒切尔夫人也是这样。

在冯·诺伊曼10岁以前，他接受的是典型的犹太式教育，也就是请家庭教师授课。在那个年代，家庭教师和保姆也是中上层阶层的组成部分。外语学习特别受重视，不少家长认为，只会说马扎尔语的孩子将来连生存都成问题。先是德语，然后是法语和英语。年龄稍长以后，还要学拉丁语和希腊语。说到拉丁语，它在匈牙利已经被教授了几百年。这是一种公理化的语言，会使

冯·诺伊曼的少年时代

人头脑条理化，逻辑性增强。可以说，正是早年的拉丁语训练，帮助冯·诺伊曼后来创造出计算机语言。当然，数学也至关重要。从小他就表现出计算方面的天赋，可以快速心算两个四位数或五位数的乘积，这方面的遗传来自他的外祖父。冯·诺伊曼注意到，数学并非抽象枯燥，而是有一定的规律可循。母亲的艺术素养帮助他发现数字的优雅，后来这成为他对学问境界的一个要求。

冯·诺伊曼也酷爱历史，据说他曾在极短的时间里啃完一套44卷的《世界史》，且书中夹满了小字条。当然，冯·诺伊曼并非万能，比如他在击剑和音乐方面才华平平，甚至因为击剑教练称谓的缘故，他后来一直反感被人家叫"教授"。虽然家里请来出色的大提琴教师，但他似乎永远处于指法练习阶段。不过，匈牙利犹太人中不乏伟大的指挥家和钢琴家，移居美国的就有芝加哥的索尔蒂、费城的奥曼迪、克里夫兰的塞尔、达拉斯的多拉蒂。至于美语里的电影一词movie，很有可能从匈牙利语mozi演变而来，后者是匈牙利第一家电影制片厂。正是移居美国的匈牙利人创造了好莱坞，其中包括福克斯和祖可，后者是派拉蒙公司的奠基人。而当老冯·诺伊曼的银行业取得成功以后，他也开始投资电影业和戏剧。

必须提及的是，冯·诺伊曼家有一个很好的传统，那就是午餐时分的家庭聚会。孩子们争相提出一个个问题供大伙讨论，比如海涅的某一首诗、反犹主义的危害性、"泰坦尼克号"的沉没、外祖父的成就，等等。在那个时候，大人不会把自己的观点强加给孩子。有一天，小冯·诺伊曼提出，眼睛的视网膜成像原理不同于照相负片上的小颗粒，应该是多通道或多区域输入，而耳朵可能是单道或线性输入。综观他的一生，都对中枢神经系统的运转技术和人工输入机器或机器人的技术之间的区别感兴趣。当他第一次见到有声电影时，惊讶于声音明明是从银幕上看不到的扬声器里发出，看起来却好像是从演员的嘴巴里说出。冯·诺伊曼度过了幸福的童年，他后来娶到的两任夫人都是昔日一起玩耍的邻家女孩。

10 岁那年，冯·诺伊曼上了中学，在英语和法语里一般叫公学或文法学校，在德语里叫 gymnasium。那些视德国为精神领袖的国家，包括奥匈帝国也用这个词，本意是体育馆或健身房。自古希腊以来，那里便是年轻人"赤身裸体"参与竞争的地方。那时候匈牙利采用精英教育，引入激烈的竞争机制，对十分之一高智商的学生精心培养，对其余的孩子听之任之。这项政策有利于犹太人的脱颖而出，对他们来说，研究理性的数据比与人打交道更容

Dennis Gabor　　　　Georg von Békésy　　　　Theodore von Kármán

John von Neumann　　Leo Szilard　　Edward Teller　　Eugene Wigner

二战前从匈牙利走出的精英：1971 年诺贝尔物理学奖得主伽柏（Dennis Gabor）；1961 年诺贝尔医学奖得主贝凯希（Georg von Békésy）；超音速飞机之父、钱学森的导师冯·卡门（Theodore von Kármán）；冯·诺伊曼；原子弹先驱齐拉特（Leo Szilard）；氢弹之父、杨振宁的导师特勒（Edward Teller）；1963 年诺贝尔物理学奖得主维格纳（Eugene Wigner）

易。连爱因斯坦也承认，"自己喜欢从你我的世界逃脱，去物的世界"。二战结束后，日本模仿了匈牙利的精英教育模式，以考取东京大学学生的多少来衡量一所中学的水准，这不仅迅速提升了经济实力，还培养出10多位诺贝尔奖和菲尔兹奖得主。

冯·诺伊曼进了用德语授课的路德教会学校，在那前后，共有四位年龄相仿的犹太男孩进入布达佩斯三所最顶尖的学校，他们后来全部移居美国。除了冯·诺伊曼以外，还有齐拉特、维格纳和特勒，主要是依靠这四个匈牙利人，美国研制成功了原子弹和氢弹。正是后面这三位物理学家在1939年夏天说服爱因斯坦给福兰克林·罗斯福总统写信（实为齐拉特执笔），建议发展原子弹，才有了"曼哈顿计划"。齐拉特的贡献在于率先提出了链式反应的理念，维格纳建立了中子吸收理论，并协助费米建成首座核反应堆，而特勒（杨振宁的博士生导师）则被誉为"氢弹之父"。作为犹太人，这四位科学家对纳粹德国和昔日的沙皇帝国有一种恐惧和厌恶感，这促使他们奋不顾身地投身核武器的研制。

1914年也是一战爆发的年份，奥匈帝国因奥地利王储遇刺向塞尔维亚宣战，俄罗斯和德国迅速被卷了进来。冯·诺伊曼家族因为地位高无人服兵役，战时仍可到威尼斯等地旅行。俄罗斯末代沙皇尼古拉二世被列宁的红色政权取代，匈牙利也被邻国瓜分走三分之二的土地。可是，精英教育并未受影响，中学校长十分赏识冯·诺伊曼的数学才华，把他推荐给布达佩斯大学的教授。17岁那年，他与一位教授合作研究切比雪夫多项式根的求解，在一家德国杂志发表了处女作。1921年，冯·诺伊曼以获得厄特沃什奖圆满地结束

《天才的拓荒者：冯·诺伊曼传》封面

了自己的中学时代，这个奖的得主还有齐拉特、特勒，以及工程学家、超音速飞机之父——冯·卡门，后者是中国核工业奠基人钱学森的博士生导师。

辗转在欧罗巴的土地上

中学的最后一年，老冯·诺伊曼便开始为儿子的前途操心。他征询过许多朋友的意见，包括当时担任共产党－社会民主党联合政府教育部次长的冯·卡门。最后决定，儿子要学化学工程。这就像新千年之交的中国，很多家长希望孩子读计算机和生物学一样，长辈的意志强加在了后辈身上。小冯·诺伊曼要去柏林大学和苏黎世联邦理工学院（ETH）学习化学工程，但他真正感兴趣的却是数学，而数学家在匈牙利的前景并不被看好。结果，他一边在柏林和苏黎世学化工，一边在布达佩斯大学注册成为数学博士候选人。也就是说，尚不满 18 岁的年轻人要在相距遥远的三座城市兼读跨专业的本科生和研究生。由此可见，冯·诺伊曼父子是多么的自信和坚毅。

1921 年秋天，冯·诺伊曼来到德国首都柏林。原先以为，他要拜著名的犹太化学家哈伯为师。这个哈伯非常了得，他在 1915 年发明了毒气，极大地帮助一战时期四面受敌的德国。1918 年德国战败，同年哈伯却因另一项发明——用氢和氮合成氨，获得诺贝尔化学奖（物理学奖的得主也是德国人、量子力学的开创者普朗克），他成了一战期间唯一的化学奖得主。可是，冯·诺伊曼到柏林以后，却意外地"失踪了两年"。他不仅没有去拜访哈伯，还时常在上化学课时逃学。

事实上，对于生性活跃而又有远大理想的冯·诺伊曼来说，既不会满足于一个专业方向，更不会沉湎于一种娱乐或游戏。那时他的主要兴趣在集合论方面，虽然他在柏林大学听过爱因斯坦关于统计力学的讲座，但更多的是受到数学老师施密特教授的影响。施密特是希尔伯特早年的学生，也是策梅洛（Zermelo）的朋友。后者为消除著名的罗素悖论率先提出了一个公理化的集合论，可惜在明确性方面存在歧义。几年以后，另一位德国数学家弗兰克尔（Fraenkel）提出了替代公理，这个集合论因此被称为 ZF 集合论或 ZF 系统。当 1931 年哥德尔证明了不完备性定理以后，ZF 系统成为康托尔连续统假设成立的唯一希望。直到 1963 年，这一希望才被美国数学家柯恩摧毁，后者因此得到了菲尔兹奖。

1923 年，冯·诺伊曼终于完成了他的长篇论文，投给施密特担任编委的德国《数学杂志》，后者把它交给弗兰克尔审阅。弗兰克尔读后深感震惊，随即邀请 20 岁的冯·诺伊曼到德国中西部的马伯里做客，最后建议他以《集合论的一种公理化》为题发表。冯·诺伊曼所建立的公理体系后经瑞士数学家贝尔纳斯（Bernays）和奥地利数学家哥德尔（Godel）的完善，形成了集合论中一个新的系统——NBG 系统。现已证明，NBG 系统是 ZF 系统的扩充，至今它仍是集合论最值得信赖的基础之一。值得一提的是，在文章的最后冯·诺伊曼写道："没有一种已知的方法可以避开所有的困难。"换句话说，他已经隐约预见哥德尔革命性成果的出现。

多年以后，已经移居以色列的弗兰克尔回忆起这段往事，说他自己当时就断定这是一篇了不起的文章。他还引用 18 世纪瑞士数学家约翰·伯努利读到牛顿匿名论文时说过的一句话："从爪子判断，这是一头狮子。"这篇论文尚未发表，已经在重量级人物中间传阅，从那时起，这位化学系的本科生便时常受邀到哥廷根，成为数学大师希尔伯特家的常客。两位相差 40 多岁的一老一少常在书房或花园里一待就是几个小时，弄得哥廷根一些教授心里不是滋味。可以说，冯·诺伊曼"失踪的两年"与 17 世纪牛顿返回故乡躲避鼠疫的两年颇为相似，后者借机发明了近代科学。不同的是，牛顿是在静谧的农庄，而冯·诺伊曼却是在繁华的都市。值得一提的是，也是在那两年里，现代主义文学的代表作——艾略特的《荒原》和乔伊斯的《尤利西斯》得以问世。

现在，让我们把目光转向苏黎世。冯·诺伊曼在柏林的两年，只是修了化学的一些基础课程，拿学位却要到苏黎世。1923年秋天，他在苏黎世联邦理工学院轻松通过了一年一度的入学考试（爱因斯坦考了两次），开始了第二阶段的学习。第一学期他的功课全优，包括有机化学、无机化学和分析化学，有意思的是，在数学方面成就斐然的他不得不修最基础的高等数学。两年以后，他勉强读完了化学工程的全部课程，摔破的实验室玻璃容器难以计数。其时，他早已经与这所大学两位最好的数学家——外尔和波利亚建立了密切的关系。外尔去外地讲学开会的时候，身为化学系本科生的冯·诺伊曼会替他代课。匈牙利老乡兼师兄波利亚回忆过一件往事，有一次他在课堂上提起一个悬而未决的数学问题，没想到下课时已经被冯·诺伊曼解决了。

1925年夏天，冯·诺伊曼在苏黎世联邦理工学院获得化学工程学士学位。

次年春天，他在布达佩斯大学通过数学博士论文答辩，年仅22岁。他名义上的博士生导师是布大数学系主任费耶，师兄弟中除了波利亚外还有爱多士和图拉。在希尔伯特的安排下，他来到哥廷根做访问学者，此时他已经被量子力学迷住了。在那以后，他被柏林大学聘为无薪讲师（privatdozent）。这是19世纪德国为那些有意走学术之路的年轻人设置的岗位，也是取得教授席位的必由之路。不仅没有编制，连薪水也不发，所得酬劳全部来自修课学生的学费，这迫使年轻人发愤图强。对冯·诺伊曼那样有钱人家的公子这不成问题，对家境贫寒的爱因斯坦来说无疑是一种折磨了，这应是他一直躲在伯尔尼做小小的专利员，迟迟未去大学工作的原因。

冯·诺伊曼在柏林大学待了两年以后，又转到了汉堡大学。在担任无薪讲师期间，他在集合论、代数学和量子理论方面取得了一系列重要的研究成果，受到了数学界的瞩目。例如，在测度论方面，冯·诺伊曼发表了《一般的测度理论》，把测度问题从欧氏空间推广到一般的非阿贝尔群，证明了所有可解群都是可测度的。可是，这项工作并不像他早先发表的《集合论的一种公理化》那样，在集合论中处于中心地位。在算子理论方面，冯·诺伊曼首先给出了希尔伯特空间的抽象定义；然后，把这个空间上的自共轭算子谱理论从有界推广到无界，从而建立起了自己的谱理论，这是"抽象数学之花"——泛函分析诞生的必要条件。相比之下，那段时间里冯·诺伊曼在量子理论方面的工作最出色也最重要。

迄今为止，牛顿力学仍统治着这个世界的大部分领域，适用于我们肉眼所能看见的一切事物。只有当物体运动速度太快时，爱因斯坦相对论的某些定律才开始起作用。而当物体太小时，量子力学起了支配作用，它使得我们能够描述分子、原子和电子的状态。"量子"一词的拉丁文含义是"多少"，如同普朗克所发现的，光、X 射线以及其他的波只能一份份地发出，每一份称为"一个量子"。量子力学是理论物理学和现代技术的基础，它直接导致了电子革命和原子弹的诞生。量子力学的一个基本点是原子状态的数学描述，冯·诺伊曼赋予它全新的形式：原子的状态是由希尔伯特空间中的单位向量来表示，这就使得量子力学的两种表示方式——海森堡的矩阵力学和薛定谔的波动力学相互统一。

在大萧条时期的美利坚

冯·诺伊曼之所以愿意接受汉堡大学无薪讲师的职位，是因为那里比柏林有更多升迁的机会（那年春天他的父亲去世了）。如果他真的做上汉堡大学的教授，那么几年以后中国留学生陈省身有可能成为他的学生。没想到当年秋天（1929），美国的普林斯顿大学便向他抛出橄榄枝，邀请他担任客座讲师。原来此前，他在苏黎世的老师外尔到普林斯顿做了一年的访问教授，适逢希尔伯特退休。外尔奉命返回哥廷根接替老师的职位，尽管师生两人的哲学观点相互背离。于是，外尔向美国人推荐了冯·诺伊曼。显而易见，客座讲师只是一个过渡职位。可以说，因为德国教授位置的稀缺，也因为战争的逼近，让美国获得一个不可多得的人才。冯·诺伊曼先是回了趟布达佩斯，完成了一桩人生大事——结婚。随后，他便携带着新婚妻子，在法国的瑟堡乘船渡过了大西洋。

虽然那会儿美国正处经济大萧条，但冯·诺伊曼第一眼就爱上了这个移民国家。这里的人讲究实效、言之有物，不墨守成规。果然第二年，他便顺利晋升教授。又过了两年，雄心勃勃的普林斯顿高等研究院成立，冯·诺伊曼成了首批被聘请的终身教授。

不过，这得感谢外尔的临时退出，虽然冯·诺伊曼原本就是考虑的对象，但由于年纪太轻，加上普林斯顿大学舍不得，一直没有敲定。外尔最终还是接受了高等研究院的邀请，那是在获知希特勒当上德国总理以后。加上爱因斯坦，普林斯顿高等研究院首批聘请的5位教授中，有3位来自德国。这3个人当中，只有外尔不是犹太人，但他是犹太人的女婿。有人做过统计，1933年及以后从德国移民到美国的科学家中，有11人已获得或后来获得诺贝尔奖，10人参与"曼哈顿计划"。

普林斯顿高等研究院大楼；研究院首批聘请的5位终身教授中有爱因斯坦和冯·诺伊曼。冯·诺伊曼是最年轻的终身教授，年仅29岁；当时常被误认为是研究生（刘建亚摄）

说到普林斯顿高等研究院，人们的印象似乎只有羡慕和崇拜了。即便在大萧条时期，教授们仍拿着高薪，而不用承担任何义务。那里还有一些奇怪的规则，比如，从不招收研究生，只吸纳优秀的博士做博士后研究，为他们日后寻找工作提供跳板；又比如，虽然有物理学家，但不设任何实验室。对此，有不少人不以为然。"曼哈顿计划"的领导人奥本海默就不愿意当那里的教授（后来他不仅当了而且还做了院长），认为那是"一个疯人院：在那里，唯我独尊的星星们孤独、绝望地发着各自的光"。数学家柯朗（希尔伯特的另一个学生）和物理学家费恩曼（诺贝尔奖得主）都认为，在自己缺少灵感时，学生"提出的相关问题"会刺激他们，"教学和学生使得生活有意义"。

即便是爱因斯坦，也在普林斯顿高等研究院感受到了压抑的气氛。他在给爱丁堡的物理学家玻恩的信中写道："我觉得自己像是在穴中冬眠的熊。"当初他从欧洲抵达美国，纽约市长带着一支乐队到码头恭候，结果却吃了闭

普林斯顿高等研究院用冯·诺伊曼命名了宿舍区的一条环形小径，叫作 von Neumann Drive。图为 von Neumann Drive 宿舍的秋景（刘建亚摄）

门羹，一艘汽艇直接把客人接到了新泽西海岸，甚至罗斯福总统夫妇邀请爱因斯坦共进晚餐时，也被高等研究院方面婉言谢绝。有些人以为，顶尖科学家都不食人间烟火，伟大的思想都出自真空。爱因斯坦依然勤奋，他试图找出量子理论中矛盾的地方（的确存在），却劳而无获。他在给比利时女王的信中写道，"一座古怪而死板的村庄，住着一群盛名之下其实难副的人"，落款地是"集中营，普林斯顿"。

即便是冯·诺伊曼，在普林斯顿高等研究院过得也不开心，每当夏天来临，他都携带妻女迫不及待地返回欧洲。3 年以后的那个夏天，他的妻子没有跟他回来，此前她在普林斯顿因为生活习惯不同频出洋相。他们唯一的女儿跟妈妈走了，直到上中学后才回到爸爸身边，那时冯·诺伊曼早已娶了另一位儿时伙伴。不过，他的学术研究从来没有停止过，且总是成绩卓著。20 世纪 90 年代，当高等研究院快要迎来 60 华诞时，院方认真总结了三个标志性的成果，分别是：哥德尔对连续统问题的研究，杨振宁和李政道推翻宇称守恒定律，冯·诺伊曼的工作。当然，现在必须加上怀尔斯对费马大定理的证明。

在普林斯顿大学期间，冯·诺伊曼从数学意义上总结了量子力学的发展，出版了《量子力学的数学基础》，至今依然是一部经典著作。此外，他还推出统计学中著名的弱遍历定理。受

普林斯顿高等研究院的 von Neumann Drive 大雪街景（刘建亚摄）

聘高等研究院的当年，他在群论方面的研究取得了突破，在紧致集情况下解决了希尔伯特第五问题。在年轻数学家默里的协助下，冯·诺伊曼写出了"算子环"的系列论文。算子环是有限维矩阵代数的自然推广，后来成为量子物理学的强有力武器，并催生出连续几何学这一副产品。人们为了纪念他，将其命名为冯·诺伊曼代数。在格论方面他率先发现了布尔代数中交与并的运算必然是无穷分配的，这种分配性又等价于连续性。这一切，应归功于他的年轻和持续的创造力，他是一个懂得如何放松思考的人。

水雷和"曼哈顿计划"

1937 年，冯·诺伊曼宣誓加入了美国籍。同年，日本发动全面侵华战争。接下来的两年里，德国吞并了奥地利和捷克斯洛伐克，意大利吞并了阿尔巴尼亚。可是，在西方史学家看来，1939 年 9 月才意味着第二次世界大战的开始，其标志是希特勒军队侵入波兰，英国和法国对德宣战。不过此前，马里兰州东北部一个叫阿伯丁的滨海小镇早已经开始忙碌了，冯·诺伊曼被邀请来这里担任陆军机械部所属的弹道试验场实验室顾问（后来又成为科学咨询委员会委员）。迎接他的是一门新的学问——火炮弹道学，科学家们早就发现，炮弹穿越浓度变化的空气的运动阻力和轨迹是非线性方程，这类方程的求解并不容易。于是，冯·诺伊曼成了前计算机时代冲击波和弹道轨迹的计算者。

不过，直到 1941 年底日本偷袭珍珠港，冯·诺伊曼也一直没有在阿伯丁花费太多的精力，他相信英国能够暂时抵御德国的入侵，美国不会太早宣战。他与普林斯顿高等研究院的助手继续合作，撰写有关"算子环"的论文。其间他还涉猎天体物理学，与物理学家钱德拉塞卡（1983 年诺贝尔奖得主）联名发表了一篇题为《恒星的无规则分布引起的引力场统计》的论文。闲暇时，冯·诺伊曼开始革新经济学，不过这得等战后才能发挥更大的作用。当然，冯·诺伊曼也与人合作写下诸如《从逐次差分估计可能误差》的研究报告，并对这篇报告作了三次增补。看得出来，他的合作意愿越来越明显，这对他未来的工作将很有帮助。

冯·诺伊曼和美国海军军官在一起；左一是 IBM 的总裁托马斯·沃森（Thomas J. Watson）

冯·诺伊曼撰写的那些报告使他成为美国最重量级的爆炸理论专家，待到美国参战几个月以后，他更是声誉鹊起，成为复杂爆破（如碰撞爆破）的计算大师，阿伯丁实验室的指挥官西蒙上校（后为西蒙将军）对其尤为崇拜。在陆军机械部名声大振后，海军机械部很快盯上他了。相比陆军上将，冯·诺伊曼更喜欢海军上将，因为陆军将军午餐时只喝冰水，海军将军一上岸就喝酒，而他本人喝起酒来从不上头。后来，冯·诺伊曼果然被转到水雷作战处工作。起初的三个月，他在华盛顿的海军部上班，那里离普林斯顿不远。接下来的半年，他被派到英国工作，他的第二任妻子与之同行，两人乘坐轰炸机飞越了大西洋。

英国之所以需要冯·诺伊曼，是因为德国人在英吉利海峡上布下了大量的磁性水雷。起初，这些水雷一感应到金属就被吸收，随即爆炸销毁。这样，利用金属拖网很容易发现它们的位置并将其引爆。后来，德国人在水雷中设置了机关，不在第一次感应，而是在感应若干次以后才爆炸，每只水雷都不一样，其中的模式无法破解，于是英国人不得不请求盟军帮助。这对冯·诺伊曼来说可谓小菜一碟，他运用数学技巧轻而易举地完成了这项任务，避免了无数海军官兵的无谓牺牲。除此以外，他还根据自己对空气中和水下破坏性最强的斜击波反射的了解，为英国海军设计了锥形爆炸的方程。

到了 1943 年 5 月，华盛顿方面就要求伦敦送他们最好的爆炸理论专家回国。冯·诺伊曼却希望在英国再待上一段时间，他在这里学到了许多空气动力学方面的知识，正与一些他认为有趣的实验物理学家合作，甚至觉得"我还对计算技术也有了不同寻常的兴趣"，最后一句话很可能意味着他已经见过图灵了。说到图灵这位确立了数字计算机基本模式的英国人，几年前在普林斯顿大学攻读数学博士时，就成为冯·诺伊曼挑中的助手之一。可是，等到年中的某个时候，美国还是强行召回了冯·诺伊曼。他的下一个任务令其无法抗拒，那牵涉人类发明的分量最重的一个词——核。可是，返回美国之初，他仍沉浸在英国刚学到的知识中，帮助陆军改善了防空系统，扩展了高空爆炸理论，不久又将其应用到水下。接下来，情况发生了变化。

冯·诺伊曼被任命为新墨西哥州的洛斯阿拉莫斯实验室顾问，这个头衔看起来并不起眼，取得的成果却极其辉煌。从那以后，他分别在以下这四个地方任职（几乎每一项都是全职）：普林斯顿高等研究院、陆军机械局、海军机械局、洛斯阿拉莫斯实验室。更有甚者，那时他在英国还留有一些未完成的工作。因此，他的某一位朋友或同行读到下面这封发信地址不详的短函也就不足为怪了："自从我从英国回来，每个星期都要辗转三四个不同的地方。现在我在西南部（指洛斯阿拉莫斯）……圣诞节前可能还要去一趟英国……何时去、待多久我也不清楚……没办法及时回信实在失礼。"可是，冯·诺伊曼对投放日本的两颗原子弹的贡献究竟有多大呢？众所周知，核武器的研制要依靠集体的智慧和力量，第一个取得成功的美国人更不可能例外。先是冯·诺伊曼的布达佩斯老乡齐拉特在 1933 年"灵光乍现"，想到了链式反应。按照他的设想，以等比级数的数量形式释放中子，可以在几百万分之一秒内，在狭小的空间里释放出超出人类想象的巨大能量。可是当时，包括爱因斯坦、卢瑟福、玻尔在内的资深物理学家都轻视他的发现，爱因斯坦甚至开玩笑说："原子能研究就如同在黑夜里开枪射中一只体形娇小且珍稀的鸟。"当在伦敦一家医学院工作的齐拉特要求到英国海军部任职时，同样也遭到了拒绝。其时，意大利物理学家费米在罗马正以中子轰击一切可能的物质，包括铝、铁、铜、银等金属和硅、碳、磷、碘等非金属，甚至水。

自从17世纪伽利略被迫在宗教裁判所上认罪，意大利的科学事业便走下坡路了，直到马可尼（发明无线电）和费米的出现才有了转机。1934年秋天，费米轰击铀时，中子穿过了原子核并开始改变原子。4年以后，费米"因认证出由中子轰击产生新的放射性元素以及他在这一研究中发现由慢中子引起的反应"而荣获诺贝尔奖，墨索里尼政府居然同意他去瑞典。结果，他在斯德哥尔摩领完奖后，携带着犹太妻子、一对儿女和奖金直接乘船去了纽约。有趣的是，当年晚些时候柏林威廉皇帝研究所的三位科学家用慢中子轰击铀，却发现所谓的新元素其实是已知的56号元素钡。也就是说，诺贝尔奖可能发错了。幸好费米还作出了其他重要的贡献，例如他发现，用降低速度的中子容易引起被辐射物质的核反应。这一点正如速度太快的篮球容易从框上弹出，速度慢的较容易进篮一样，这种方法很快被各国同行采用了。

柏林的那三位科学家中，有德国化学家哈恩和斯特拉斯曼，最年长的是奥地利犹太物理学家迈特纳，她是居里夫人之后又一位巾帼英雄，正是她命名了"裂变"。倘若不是希特勒种族歧视，蔑视犹太人，讨厌核物理学，认为那是一种"犹太物理"，德国有可能先于美国制造出原子弹。事实上，在那个微妙的时刻，物理学家海森堡曾经向希特勒政府装备部长的同僚郑重汇报过，但希特勒知道后却不为所动。当匈牙利被德国占领，迈特纳从外籍犹太人变成了德国犹太人，她时刻担心自己遭到清洗，于是被迫出逃丹麦。留在柏林的两位同事完成了后续工作，并赢得了大部分荣誉（1944年诺贝尔化学奖）。虽然终生未嫁的迈特纳没有移居美国，但她和同事们的研究成果后来通过哥本哈根学派的领袖、海森堡从前的导师玻尔带到了美国。

此时洛斯阿拉莫斯人才济济，除了"匈牙利四人帮"以外，还有玻尔、费米，以及实验室主任、土生土长的美国物理学家奥本海默，等等。在一堆顶尖的物理学家队伍里，一个数学家能做什么呢？虽然冯·诺伊曼非常重视数学与物理学之间的内在关系，他本人也是出色的物理学家，但主要成就是在理论物理方面，确切地说，是对量子力学的数学化作出了贡献，冯·诺伊曼却通过自己的努力，成为物理学家们最尊敬的数学家。他指导了原子弹最佳结构的设计，确保其体积不大可以装进一架轰炸机，同时，他还探讨了实现大规模热核反应的方案。依照他的观念，炸药和其他事物一样，可以用数字代表实验中的物理元素，只要处理得当，这些数字就可以构成整个实验。这样一来，不仅节约了时间，也节约了财力和物力。据说，每次他来到实验室，都会被同行们团团围住，向他讨教某些计算中出现的问题。

经过一段时间的协作努力，科学家们确认，铀-235 和钚-239 是裂变的最佳材料，投放广岛和长崎的两颗原子弹分别由这两种材料制成。两者的区别在于，钚可以通过化学方法分离获取，而铀因其同位素有着相同的

后立左起第三位是美国原子弹之父奥本海默，第五位是冯·诺伊曼

化学性质，只能一个原子、一个原子地分离。这就是为何广岛原子弹投放三天以后，日本仍然没有投降的意思，因为次日有科学家报告，要制作另一颗同样的原子弹需要花费一年时间。可是，当三天后长崎也落下原子弹，天皇不得不宣布无条件投降了。钚弹的优越性在于，一个月就可以制作两枚到三枚。不过，当初曾遇到无法解决的难题，适用于铀弹的炮击法（用一块铀射击另一块铀）不适用于钚弹。冯·诺伊曼发挥了聚爆专家的作用，他亲自设计了一枚棱镜构成内爆装置，在第一次核试验中获得了成功（铀弹并未试爆）。

值得一提的是，当初美国计划投放原子弹的六个候选地点是：京都、广岛、横滨、东京皇宫、小仓军械库和新潟。冯·诺伊曼是决定投放地点的委员会成员，他圈出的四座城市与委员会的选择一致，没有皇宫和新潟。陆军部长对京都提出了异议，理由显而易见，京都既是故都，又是佛教和神道教圣地，摧毁它会引起公愤，而且战后的政治格局和经济形势恐会改变。接着横滨也被排除了，因为以往轰炸得够多了，且离东京太近，改由九州的长崎代替。美国人意识到，投降的决定将在首都作出。1945 年 8 月 6 日，铀弹"小男孩"投放广岛，三天以后，钚弹"胖子"投放长崎，第二次世界大战由此结束。

商人如何赢取最大利润

原子弹在日本投放后，奥本海默引用了印度史诗《薄伽梵歌》里的诗句自我忏悔："现在我成了死神，世界的毁灭者。"爱因斯坦也深感痛悔，他认为给罗斯福总统寄出的那封信，是自己一生所犯的最大的错误（由于那年 4 月罗斯福突然去世，投放原子弹的命令由继任的杜鲁门签署）。1954 年，核反应堆的设计师费米因患癌症去世，冯·诺伊曼也因参与比基尼岛上的核试验遭受核辐射。稍后，苏联的马雷舍夫和中国的邓稼先也没有逃脱厄运，即便是寿命较长的奥本海默，也只活到了62岁。冯·诺伊曼认为，既然原子弹可以制造出来，那么，寄希望于独裁者的良心发现是不可取的。冯·诺伊曼的亲人中有不少死于对纳粹的恐惧，有些是在他们移居美国以后。人类许多科学进步，从蒸汽机船到飞行器，从工业化到医药试验，从枪支弹药到坦克，都会有死亡事件的发生，然而这些进步却帮助人类提高生产率、延长寿命、节约时间或摆脱专制，赋予生命更多的意义。

《囚徒的困境：冯·诺伊曼、博弈论和原子弹之谜》封面

对冯·诺伊曼那样曾服务于三届美国政府的实干家来说，有太多有关民生和建设的事情要做。即便在1944年，洛斯阿拉莫斯的同僚们最忙碌的时候，他也抽空对经济学作了全面的思考，那一年，他与经济学家摩根斯坦合著的《博弈论与经济行为》正式出版，立刻获得凯恩斯母校剑桥大学的经济学家斯通（1984年诺贝尔奖得主）的赞誉，称其为凯恩斯的《就业、利息和货币通论》之后最重要的经济学教科书。说到博弈论（Game Theory，又译对策论），它本是应用数学的一个分支，后来在经济

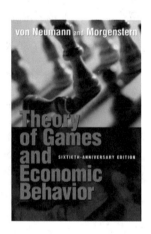

冯·诺伊曼与摩根斯坦合著的《博弈论与经济行为》

理论和应用中发挥了重要作用，并广泛深入政治、军事、商业、法律、体育、生物学等领域。博弈论对于扩展和精炼战略思想具有较大的影响和指导意义，而对于商人来说，则教导他们如何运作以赢取最大利润。

最早提出博弈问题的是法国数学家波莱尔，他以创建实变函数论里的波

莱尔集闻名，同时也是一位著名的政治家和教育家，曾担任巴黎高等师范学校的领导人、市长、议员和海军部长。20世纪20年代，波莱尔首先定义了策略的应对，考虑了最优策略、混合策略、均衡策略和无限对策，同时提出了解决个人对策与零和两人对策的数学方案。所谓两人对策是与多人对策相对应的，前者是完全对抗的，后者必须考虑结盟的可能性和稳定性。零和对策是与非零和对策相对应的，前者每次结局给竞争者（局中人）的支付总和为零或常数，而后者的支付总和是可变的。前者一个竞争者的所得恰好是另一个竞争者的所失，后者竞争者可以同时有所得或有所失。

1928年，还在柏林大学任无薪讲师的冯·诺伊曼发表了第一篇重要的博弈论文章《关于伙伴游戏理论》，利用一个表示讨价还价能力的矩阵建立了关于零和两人对策的极大极小定理，后来成为博弈论的基石和中心定理。作为一个应用，冯·诺伊曼讨论了合作对策问题，特别考虑了零和三人对策中有两方联合的情形。为此他引入了数学中的特征函数概念，明确给出了多个竞争者的一般博弈方案，并在附加条件下证明了多人对策问题的解是存在并且唯一的。按照冯·诺伊曼的理论，福特公司的经济政策之所以正确，是因为它的制定不完全依赖于市场，而是同时考虑了其他汽车制造商实施的战略在市场上引起的变化。

1932年，冯·诺伊曼在普林斯顿的一个数学研讨班上，作了一个没有讲稿的报告，标题叫《关于经济学的几个方程和布劳威尔不动点定理的推广》。这篇报告从数学的角度指出了经济问题的解决方案，可谓一种新型的扩张经济模型：所有商品以尽可能低的成本和尽可能大的量生产。这是一种理想的模型，一旦达到最大的增长率，就会自动产生一个动态的平衡。4年以后，冯·诺伊曼本计划在维也纳的一次数学

冯·诺伊曼在授课

会议上再次报告这篇论文，结果却因婚姻破裂而改变旅行计划。因为无法前往，他在巴黎的旅店里用德文匆匆草书了9页，发表在随后出版的会议论文集上，也未受到特别的关注。1945年，这篇文章被译成英文在英国重新发表，标题改为《普遍经济均衡的一个模型》。大约半个世纪以后，此文被公认为是数理经济学最重要的论文。

冯·诺伊曼把经济学引入具有线性、非线性编程和未来发展动力模型的科学，使人们能够更好地理解计划经济和市场经济的无为及有为所在。迄今为止，至少有6位获诺贝尔奖的经济学家承认自己的工作受到了冯·诺伊曼的影响，他们分别是萨缪尔森、阿罗、坎托罗维奇、库普曼斯、德布勒、索洛，还有5位获奖者的工作是对冯·诺伊曼创立的博弈论的直接发展或应用，即1994年获奖的豪尔绍尼、纳什和泽尔敦，2005年获奖的奥曼和谢林。这些经济学家来自美国、英国、德国、苏联和以色列，即使在日本，也有推崇冯·诺伊曼的经济学家遵循他倡导的模式，"如果要使动态平衡存在，就有必要最大限度增产"。战后日本的国家政策是，"努力在十年内将实际收入增加一倍"。当时有些西方经济学家断定那会导致严重的通货膨胀，结果证明是他们多虑了，日本的经济跳入了"良性循环"的轨道。

1938年，德国经济学家摩根斯坦来到普林斯顿大学执教，这使得冯·诺伊曼的理论有了拓展的机会和空间，也使得他对诸如货物交换、市场控制和自由竞争等经济行为产生了兴趣。经过几年的合作，他们完成了那部600多页的经济学巨著。

虽然如此，战后仍有许多经济学家对冯·诺伊曼的理论不以为然，甚至心生怨恨，这部分是因为存在着种种误解，更主要的是因为他是经济学专业的一个闯入者。随着时间的推移和实践的检验，这些误解被逐渐消除。今天，冯·诺伊曼被公认为是博弈论的创立者，也是现代经济学的重要分支——数理经济学的开拓者。萨缪尔森发出由衷的赞叹："冯·诺伊曼是无与伦比的，他不过在经济学领域蜻蜓点水，这一领域便今非昔比了。"

让人类生活得更加美好

自从牛顿发明了微积分，实现了物理学的数学化之后，科学家对数值列表的需求大大增加。除了一般的对数表和三角函数表等以外，更多特殊的数表是科学家在研究时临时产生的。牛顿的竞争对手莱布尼茨为此感叹："一个优秀的人像奴隶一样把时间耗费在计算这一苦差事上，真是太不值得了。"莱布尼茨因此发明了一种类似机械化算盘的机器。只要摇动四周的轮子，就可以做加法或乘法运算。这种轮式的计算机比早些时候帕斯卡尔发明的台式加法计算器要高级一些，但19世纪英国一位异想天开的数学家巴比奇并不满意。巴比奇利用当时最时髦的蒸汽技术驱动，结果未获成功。但他意识到了，计算机应该以精确的、数学形式的逻辑为基础。果然不久，自学成才的爱尔兰人布尔发明了新形式的数学——布尔代数。

到了20世纪中叶，情况又有了新的变化。在洛斯阿拉莫斯，原子核裂变过程中所提出的大量计算任务，促使冯·诺伊曼关注电子计算机的研制情况。《博弈论与经济行为》出版的当年，他在阿伯丁火车站的月台上遇到他的同事、参与第一台电子计算机ENIAC设计的戈德斯坦，后者向他作了汇报。当时冯·诺伊曼正准备去洛斯阿拉莫

从左到右：波默林（James Pomerene）、比奇诺（Julian Bigelow）、冯·诺伊曼和戈德斯坦（Herman Goldstine）；他们是冯·诺伊曼计算机计划的主力

斯，立刻予以关注。他发现这台机器的主要缺陷是，仍采取以往机电式计算机的"外插型"。接下来的几年时间里，冯·诺伊曼亲自参与宾夕法尼亚大学和普林斯顿高等研究院两台计算机的设计，即 EDVAC 和 IAS。他建立了计算机内部最主要的结构原理——储存程序原理，确定由五个部分组成，即计算器、控制器、储存器、输入和输出装置。

与 ENIAC 相比，这两台机器有不少改进，最重要的是：将十进制改为二进制，程序和数据均由二进制代码表示（虽然莱布尼茨早就发明了二进制，但并没有用到他发明的轮式计算机上）；程序由外插变成内存，当算题改变时，不必变换线路板而只需更换程序。由储存原理构造的电子计算机被称为冯·诺伊曼型机或冯·诺伊曼结构，这一结构一直使用至今。冯·诺伊曼被誉为"电子计算机之父"，而另一位计算机领域的天才图灵的贡献主要在理想计算机和人工智能方面。在这两台机器中，冯·诺伊曼对 IAS 倾注了更多的精力，因为他本人担任普林斯顿高等研究院计算机技术研究所所长。1951年，IAS 终于获得成功，其运行速度是 ENIAC 的数百倍。

虽然冯·诺伊曼的名字是与计算机设计家联系在一起的。然而，他本人对计算机的主要兴趣并不在于计算机的设计与制造，而在于如何利用这种新型工具，开创现代科学计算的新天地。1950 年，冯·诺伊曼领导了一个天气预报研究小组，利用 ENIAC 完成了数值天气预报史上首次成功的计算。随着天气预报和其他科学、工程领域计算需要的增加，计算方法对于计算速度的提高可以说与计算机硬件同等重要，于是，在纯粹数学与应用数学之外，一门新的数学分支——计算数学应运而生。计算数学不仅设计、改进各种数值计算方法，同时还研究与之相关的误差分析、

冯·诺伊曼在普林斯顿高等研究所的计算机前

收敛性和稳定性等问题，冯·诺伊曼无疑也是这门学科的早期奠基人。

在历史上，许多民族的数学家都创造了各种便捷的数值计算方法，可是，这些古典的方法对于计算机未必是最优的，而一些看起来在算法上极为复杂的方法，编制为程序后反而容易在计算机上实现。换句话说，计算机有其适合的计算方法和技巧。在这方面，冯·诺伊曼作出了许多重要贡献，他先后创造了矩阵特征值计算、求逆、多元函数值和随机数产生等10来种计算技巧，在工业部门和政府计划工作中得到广泛的应用。特别值得一提的是，他与奥地利出生的美国数学家乌拉姆合作创造了一种新型的计算方法——蒙特卡洛方法。这是一种通过人工抽样寻求问题近似解的方法，它将需要求解的数学问题化为概率模型，在计算机上实现随机模拟获得近似解。举例来说，在总统选举以前，只需少量取样或随机取样，民意调查者就会对投票选举结果做出较准确的判断。

蒙特卡洛方法体现了计算机处理大量随机数据的能力，是计算机时代新型算法的先锋。它在解决实际问题时需要分两步：一是模拟产生各种概率分布的随机变量；二是用统计方法把模型的数字特征估计出来，从而得到实际问题的数值解。冯·诺伊曼用赌城蒙特卡洛命名，赋予其神秘的含义。这一方法在金融工程学领域也得到广泛的应用，比如金融衍生产品期权、期货、掉期等的定价及交易风险估算，变量的个数（维数）有时高达数百甚至上千，这就是所谓"维数的灾难"。蒙特卡洛方法的优点在于，它的计算复杂性不依赖于维数。值得一提的是，20世纪70年代中国数学家华罗庚和王元用确定性的超均匀分布序列代替随机数序列，提出了所谓的拟蒙特卡洛方法。对某些计算问题，华－王方法比蒙特卡洛方法快了数百倍，并可计算出精确度。

如果冯·诺伊曼活到今天，看到计算机数量激增和能力提高，无论公司、机关还是学校、家庭，无论上天还是入地都不可或缺，一定会倍感欣慰。引用冯·诺伊曼的女儿、经济学家玛丽娜·惠特曼博士的话说："如果我的父亲被告知，我所在的通用汽车公司每年生产和使用数百万台电子计算机（该公司每年生产约 800 万辆汽车，每一辆都包含计算机），我相信他一定会大吃一惊。虽然成年人因电子游戏带坏了青少年而指斥计算机，但这可能会使他感到有趣，甚至窃喜，因为他的个性中有童真、嬉戏的一面。"可是，我们也有理由猜测，冯·诺伊曼在惊诧于

冯·诺伊曼女儿 Marina von Neumann Whitman（左一，曾任尼克松政府的经济顾问）和其女儿、外孙们

计算机造福全社会和全人类的同时，也会为它没能帮助在科学上取得更大的成就而沮丧。

假如他的生命能够延长

"假如冯·诺伊曼的寿命像一般科学家那么长，活到现在，他会不会使我们的生活发生很大的变化呢？"1992 年，冯·诺伊曼的传记作者、英国经济学人诺曼·麦克雷曾这样发问。对此他自己的回答是肯定的。从冯·诺伊曼晚年未曾发表的笔记来看，他对科学的未来有着自己的设想。事实上，在他生命的最后时刻，他还在探究一些其他科学家压根儿没有想过的问题，例如，从人类的神经系统可以学到哪些技巧应用于计算机？这有点像小时候他在家庭午餐聚会上提出的问题。按照冯·诺伊曼在病榻上完成的遗著《计算机和大脑》中的设想，未来的计算机和机器人应根据环境的变化做出效率更高的反应，自我繁殖的下一代计算机应遵守适者生存法则和进化论法则。

20 世纪前半叶，冯·诺伊曼亲自参与了三项革命性的突破 —— 对原子的科学认识、量子力学的数学化，以及随之而来的电子计算机的发展，并作

出了卓越的贡献。而从他的讲座和留下的笔记本显示，他希望在未来可能的三项重大突破中扮演同样的角色，它们是：对大脑的科学认识、对细胞（基因）的科学认识、对自然环境的治理。最后一项是控制天气而不仅仅是预报天气，比如使冰天雪地的冰岛变成气候宜人的夏威夷。此外，他还期望能将模糊的经济学精确化。按照冯·诺伊曼的设想，计算机时代所有数的概念也应当重新确立。令人遗憾的是，在所有这些期望中，迄今为止只有对基因的理解取得了令人满意的长足进步，那还是基于他生前看到的一个发现，即脱氧核糖核酸（DNA）的双螺旋分子结构。恰如冯·诺伊曼所预料的，人类基因是类似于计算机的简单信息储存器。

假如冯·诺伊曼的生命能够延长，"他会因为分子生物学而感到兴奋，就像当年因为量子力学而兴奋一样，他会非常期待将之数学化"。有意思的是，冯·诺伊曼唯一的孙辈现在是哈佛大学医学院的分子生物学家。至于其他科学领域的发展，显然不如冯·诺伊曼预计或期望的那么快、那么好，这可能是因为世界过早地失去他的缘故。公元前 3 世纪，古希腊的智者阿基米德用巨型弩炮发射每枚 250 公斤的石弹，摧毁了罗马人的一支舰队。与阿基米德一样，冯·诺伊曼也曾用自己掌握的数学技能，帮助美国赢得第二次世界大战的最后胜利。1956 年，冯·诺伊曼获得了首次颁发的爱因斯坦纪念奖和费米奖。后一个奖项授予那些对原子的科学认识贡献卓著的人，费米自己是第一个获奖者，而冯·诺伊曼是第二个。

1957 年，冯·诺伊曼的生命即将到达终点，核辐射带来的骨癌细胞已经在他的体内扩散（比邓稼先还早逝 9 年）。冯·诺伊曼很早就意识到了，最聪明能干的人往往不是犹太人就是中国人，晚年他在笔记里称赞汉语是诗歌的语言。1937 年，冯·诺伊曼从美国数学家、控制论的发明人维纳处了解到中国数学的现状，产生了到中国访问的愿望，曾在清华大学讲学一年的维纳遂致函清华校长梅贻琦和算学系主任熊庆来。遗憾的是，两个月以后发生了

冯·诺伊曼墓（蔡天新摄）

世界各国发行的冯·诺伊曼纪念邮票和雕塑

卢沟桥事变，日本侵华战争全面爆发，冯·诺伊曼的愿望落空了。想当年维纳和法国数学家哈达玛对中国的访问，引起了数学界的轰动，如果多才多艺的冯·诺伊曼能来中国，其推动力将难以估量，而他自己也可能从这一新奇的东方之旅中获取无穷的灵感。

1957 年 2 月 8 日，冯·诺伊曼在华盛顿沃尔特·里德陆军医院去世，享年 53 岁。弥留之际，美国国防部正副部长、陆海空三军总司令以及其他军政要员齐聚在病榻前，聆听他最后的建议和非凡的洞见。时任美国原子能委员会主席的斯特劳斯上将目睹这一幕，他后来回忆道："这是我见过的最富戏剧性的场景，也是对智者的最感人的致敬。"此前，艾森豪威尔总统亲自给坐在轮椅上的冯·诺伊曼颁发了一枚特别自由勋章。与此同时，乔装打扮的 FBI 特工不分昼夜地监视着病房，生怕昏迷中的冯·诺伊曼说出国家军事机密。斯特劳斯将军无法想象的是，半个世纪以后，这家医院成为主要收治阿富汗和伊拉克战争伤兵的场所。黄昏时分，夕阳的余晖洒落在波托马克河两岸，也透过了陆军医院的玻璃窗。这是日落前最后的辉煌，20 世纪最伟大、最活跃的大脑之一停止了思想。

2009 年秋于杭州

华尔街最有名的数学家

木 遥

晚年时的伊藤清

2008 年 11 月 24 日出版的《纽约时报》刊登了如下的一则新闻：

伊藤清，描述随机运动的数学家，于93岁逝世。

这则消息在下述两个方面不同寻常：首先，一则数学家的讣告并非出现在科技版面而是出现在商业版面上；其次，伊藤清的逝世时间被刊登为 11 月 17 日（实为 11 月 10 日），对《纽约时报》这样的大报而言，这是很愚蠢的错误（幸好是推后而非提前了讣告的发布）。

伊藤清并不是任何意义上的商人，而是地地道道的一流数学家。他的名字出现在商业版的原因是他的工作极大地影响了人们对一切随机现象的理解，其中也包括了金融现象。美国经济学家莫顿（Robert Merton）和舒尔思（Myron Scholes）在伊藤清工作的基础上提出了计算金融衍生工具的 Black-Scholes 模型，从而获得 1997 年的诺贝尔经济学奖。因为这个原因，伊藤清曾经被戏称为"华尔街最有名的数学家"。

伊藤清 1915 年生于日本。他是日本（以及亚洲）在 20 世纪作出最重要贡献的几位数学家之一。他工作的主要研究对象是随机过程。确切来说，这门学问可以说根本就是他建立起来的——他在 20 世纪中叶的工作让他得到了"现代随机分析之父"的称号。

也许我们应该把这件事情放在更大的历史背景中来看。按照普遍的看法，数学一向被看作"确定性"的科学，这就是说，数学研究的对象是精确的数和形，传统的数学分支，例如代数和几何，也基本遵循了这种精确性的要求。尽管数学家们很早就注意到了现实生活中的随机事件也可以用数学来刻画（概率论的建立可以追溯到 17 世纪的数学家帕斯卡和费马对赌博的研究），但是这样的数学始终被视为"不严肃"的数学。

物理学家对大自然的深入了解已经对数学家提出了要求和挑战。自从 20 世纪初开始，以爱因斯坦为代表的物理学家就开始试图讨论包括布朗运动（就是我们在中学物理课程中学到的导致水中的花粉无规则运动的分子运动）在内的随机物理过程，而传统的数学工具（微分方程）里面的每个系数和初值都是确定的（至多有微小的误差），所以结果也是确定的。既然在物理现实中，一个系数可能根本就是随机的变量，那么这样的方程该怎样理解和分析，就成了数学家面临的严峻任务。

在数学这一方面，也是直到 20 世纪初，伟大的俄国数学家柯尔莫哥洛夫等人才开始试图从公理化的角度重新建立概率论和随机数学。这就是说，把随机事件中的数学变量像几何和代数对象一样对待，为它们建立基本的公理和逻辑体系，让"随机"这件事情可以得到"严格"的定义和计算。在此基础上，对随机物理过程的数学刻画才变得可能。

也许我们应当看看伊藤清自己对这段历史的描述，下面的文字摘译自他的《我研究概率论的六十年》一文：

从我的学生时代开始，我就被看起来完全随机的现象中存在

伊藤清 1983 年访问中国时和吴文俊（左一）、华罗庚（左二）、苏步青（右一）等合影（徐家鹄摄）

客观的统计规律这一事实所吸引。尽管我知道概率论可以用来描述随机现象，但是我并不满意当时的概率论，因为就连最基本的元素——随机变量，也没有得到很好的定义。那个时候，数学家们很少像看待微积分一样把概率论看成真正的数学领域。通过 19 世纪末人们对"实数"这一概念的精确定义，微积分已经成为完全严格意义上的数学。那个时候只有很少几位数学家在研究概率论，其中包括俄国的柯尔莫哥洛夫和法国的莱维（Paul Lévy）。

在那个时代，人们一般都觉得莱维的工作极其晦涩难懂，因为作为一个新的数学领域的先锋人物，他的工作基本上是基于数学直觉的。于是我开始试图用柯尔莫哥洛夫的办法来严格描述莱维的想法。

最终，经过了艰难而孤独的努力，我终于成功地建立了随机微分方程的理论。那是我的第一篇论文。

我们可以从多个方面来理解伊藤清的这段回忆。首先，他的这篇划时代的论文发表于 1942 年，这时他甚至还没有拿到博士学位。注意这个日期，1942 年，我们并不难想象那时一个日本的年轻数学家处于什么样的工作环境。（无独有偶，也是在这个时期，与伊藤清差不多同龄的中国数学大师陈省身也在战争的另一侧更加艰苦的环境里开始了自己最重要的研究工作。）

其次，伊藤清的这段回忆概括了一个数学发展史的一般规律，那就是数学虽然追求严谨，但是任何数学思想在一开始几乎总是完全基于粗糙和模糊的直觉，然后才会在发展过程中逐渐被精确化。微积分的发展过程是如此，概率论的发展过程也是如此。而伊藤清有幸成为随机数学的严格化过程中奠基性的人物，从而名垂青史。

中年时的伊藤清

伊藤清后来在美国居住并任教过一段时间，但是他的晚年也和陈省身先生一样，几乎完全在他的祖国度过。他于 1987 年获得数学家的终身奖沃尔夫奖。他也在 2006 年的国际数学家大会上获得了首届高斯奖，这个新设立奖项的宗旨在于表彰"工作在数学领域之外影响深远的数学家"，这个称号伊藤清当之无愧。

吊诡的是，正是因为伊藤清的贡献直接启发了人们对期权定价等一系列金融问题的研究，才使得后来种种复杂的金融衍生工具的开发成为可能。随着人们对金融模型掌握得日渐得心应手，这些衍生工具在数学上越来越复杂精巧，也为金融大鳄们越来越隐蔽的贪婪和野心打开了方便之门，最终成为 2008 年席卷全球的金融危机的罪魁祸首之一。因此有人认为，要不是伊藤清开启了这个潘多拉的盒子，也许这一切本来都不会发生。

对于一个一生以纯粹理论研究为职业的数学家来说，这当然是过于严苛的批评。复杂的现代数学工具在金融领域的大规模应用也许永远都会是一个有争议性的话题，但是从纷繁复杂的现实中提炼出抽象的理论规律，这本来就是科学家的庄严使命。也许人类在可预见的未来都不可能用数学完美地解释和控制金融运作，特别是在其间掺杂了如此复杂的人性因素的情况下。但是伊藤清毕竟走出了历史性的一步。在得知他的讣告之后，2008 年的诺贝尔经济学奖得主克鲁格曼（Paul Krugman）在自己的博客上这样写道："伊藤的成就在金融理论中，也在我自己的某些工作中，扮演了举足轻重的角色。我不是一个数学家，我也曾经一边写下那些刻画金融活动的数学公式一边半开玩笑地说，管它有什么实际意义呢。但是事实上，它们管用，真的。"

还是用伊藤清自己的话来结束这篇文章好了，下面的文字还是摘译自他的《我研究概率论的六十年》一文，他在这段文字里优美地描述了自己心目中的数学：

在精确地建立数学结构的过程中，数学家会发现某种美的存在，这种美也存在于迷人的音乐和庄严的建筑之中。然而，伟大的数学和伟大的艺术毕竟不同。莫扎特的音乐可以让不懂得音乐理论的人着迷，科隆大教堂可以让不了解基督教的人赞叹，然而数学结构之美很难被不理解数学公式背后的逻辑的人们所欣赏。只有数学家才能读懂数学公式的乐谱，然后在心里演奏出音乐来。因此我一度觉得，没有数学公式的帮助，我很难传递出我心里的数学的旋律之美。

随机微分方程，或者说"伊藤公式"，今天被广泛地应用于描述各种随机现象。但是当我刚写出这些论文的时候，它们完全没有引起人们的注意。直到十年之后，别的数学家们才开始阅读我的数学乐谱，然后用他们自己的乐器演奏出音乐来。在将我的原始乐谱发展为更精致的音乐的过程中，这些研究者们也为伊藤公式作出了自己的贡献。近年来，我发现这些音乐也在数学之外的许多不同的领域中演奏着。我从来没有预料到我的音乐能为真实的世界作出贡献，而它同时也增添了纯粹数学之美。我想在此感谢我的前辈们，是他们不断地鼓励，才让我能够听到我的"未完成交响曲"中，那些神秘而微妙的音符。

写于 2008 年

作者简介

木遥，加州大学洛杉矶分校数学博士，现从事互联网行业。

从哥德巴赫说开去

贾朝华

小城故事

哥德巴赫（Christian Goldbach），1690年3月18日出生于普鲁士的哥尼斯堡（Konigsberg），生长在一个官员家庭。

普鲁士是德意志的一个邦国。当时的德意志虽然被称为"德意志神圣罗马帝国"，但诸侯争霸，邦国林立，皇帝的控制力有限。而且皇帝不是世袭的，是由一些诸侯选举出德意志国王，经罗马教皇加冕后才成为皇帝，那些有资格选举国王的诸侯被称为"选帝侯"。

勃兰登堡选帝侯兼普鲁士公爵腓特烈三世因积极支持皇帝对法国宣战，被授予普鲁士国王称号。1701年，他在哥尼斯堡加冕为王，开启了普鲁士王国的基业。此后，普鲁士迅速崛起，通过战争和政治手段，终于在1871年由国王威廉一世和"铁血宰相"俾斯麦完成了德意志的统一。

哥尼斯堡是一座历史名城，德国的很多重要历史事件都在这里发生。第二次世界大战德国战败后，根据"波茨坦协定"，哥尼斯堡划归苏联，改名为加里宁格勒。加里宁去世前是苏联名义上的国家首脑，也是一位教育家，他曾说过"很多教师常常忘记他们应该是教育家，而教育家也就是人类灵魂的工程师"，后来人们就经常说"教师是人类灵魂的工程师"。

在秀丽的小城哥尼斯堡，普雷格尔河贯穿全城，给城市带来了灵气。

这条河有两条支流，它们环绕着一个小岛，在这两条支流上有七座桥，见下图（左）。城里的居民常到这里散步，久而久之，人们就有了这样一个问题：能不能既不重复又不遗漏地一次走遍这七座桥？这就是有名的"哥尼斯堡七桥问题"。

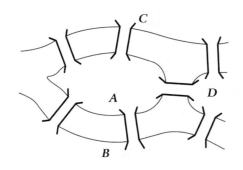 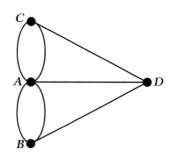

哥尼斯堡七桥　　　　　　　　哥尼斯堡七桥的抽象图

在俄国圣彼得堡的大数学家欧拉知道这个问题之后就进行了研究。他将陆地和小岛用点表示，而将七座桥用线表示，得到了一个用七条线组成的图形，见上图（右）。于是，七桥问题就变成了能否一笔画出这个图形的问题。1736 年，欧拉用严格的数学方法证明了这种画法是不存在的，即不可能既不重复又不遗漏地一次走遍这七座桥。对于类似的更一般的图形，欧拉也找到了一个简便的原则，可以判定它能否一笔画出，这就是"一笔画定理"。欧拉关于哥尼斯堡七桥问题的研究，推动了一个重要的数学分支的产生，这个分支叫作拓扑学。

哥德巴赫在家乡的哥尼斯堡大学学习数学和医学。因为数学这种理论学科，工作机会相对少，所以要学一门像医学这样的实用学科。当时的一些数学家，如约翰·伯努利和丹尼尔·伯努利都获得过医学博士学位，这有点像今天有些人同时学习数学和计算机科学一样。

哥德巴赫 20 岁大学毕业，和大多数这个年龄的青年人一样，渴望出去看看外面的世界。加上家庭状况不错，于是，1710 年之后，哥德巴赫就云游欧洲，结识了不少当时欧洲的数学名家。

外面的世界

哥德巴赫首先去莱比锡，拜访了大数学家莱布尼茨。当时莱比锡在萨克森选帝侯腓特烈·奥古斯特一世的统治下，不属于普鲁士王国，因此，从哥尼斯堡到莱比锡就算是出国了。

莱布尼茨对于数学的最大贡献是发明了微积分，微积分在自然科学、社会科学和日常生活中都有广泛的应用，它的发明也给数学的发展带来了繁荣的局面，意义之大无法估量。由于莱布尼茨与牛顿对于微积分发明的优先权问题，导致了欧洲大陆数学家与英国数学家一个多世纪的争论，最终人们公认，莱布尼茨与牛顿分别独立地发明了微积分。

莱布尼茨还发明了二进位制，就是用 0 和 1 来表示出所有的正整数，这和我们平常用的十进位制不同。电子计算机都是用二进位制的，这是因为电流的状态只有两种——断电和通电，它们分别对应 0 和 1。莱布尼茨对中国北宋时期邵雍（1011—1077）的"伏羲六十四卦图"很感兴趣，他用二进位制合理地解释了"六十四卦图"。此后，在世界范围内兴起了对易学的研究，人们对中国的这门古老学问兴趣日增。邵雍是我国北宋时期的哲学家，一代易学大师，他

莱布尼茨（1646—1716）

对天地运化、阴阳消长有着独到的见解。虽然现在很少有人知道邵雍了，但他说过的"一日之计在于晨，一岁之计在于春，一生之计在于勤"成了很多人的座右铭。

作为一位哲学家，莱布尼茨在哲学史上享有崇高的地位，他的科学思想与哲学思想往往是相互联系和促进的。莱布尼茨开创了德国的自然哲学，他的学说和其弟子沃尔夫的理论相结合，形成了莱布尼茨－沃尔夫体系，极大地影响了德国哲学的发展，尤其是影响了康德、黑格尔等人的哲学思想。

此外，莱布尼茨在数理逻辑、物理、化学、光学、地质学和生物学等方面都有杰出贡献，无疑是他那个时代最为博学的人。英国哲学家、数学家和逻辑学家罗素在他的《西方哲学史》一书中，称莱布尼茨是"一个千古绝伦的大智者"。

在现实生活中，莱布尼茨是积极入世的。他大力推动柏林科学院的建立，并于 1700 年出任首任院长。1711 年至 1716 年期间，俄国的彼得大帝几次听取莱布尼茨关于建立科学院的建议，并授予他带薪的数学和科学宫廷顾问头衔。据说莱布尼茨还写信给中国清朝的康熙皇帝，建议成立北京科学院，可惜未被采纳。

莱布尼茨晚年主要效力于汉诺威王室，然而新上台的选帝侯乔治·路德维希对他不太感兴趣，使得莱布尼茨感到政治上有些失意。另外，莱布尼茨终生未婚，不教书，也从不进教堂，行为举止和当时上流社会的规范不太合拍，因而门庭有些冷落。

哥德巴赫的到来，使莱布尼茨感到很高兴，对于这位朝气蓬勃的晚辈，莱布尼茨少不了给予指点和教诲。莱布尼茨广博的学识和高屋建瓴的观点，也使哥德巴赫终身受益。

接着，哥德巴赫又到伦敦访问棣莫弗（De Moivre，1667—1754）。棣莫弗是法国人，因躲避宗教迫害移居英国，之后就一直生活在英国。

棣莫弗最擅长的研究领域是概率论，并对此作出了很大的贡献。牛顿对棣莫弗的著作《机会的学说》很欣赏，当学生向他请教概率问题时，牛顿常常介绍他们去找棣莫弗，他认为棣莫弗在这方面比他强得多。

概率论是研究偶然性（或者随机现象）的数学分支，它的起源与掷骰子赌博的输赢问题有关。16世纪意大利文艺复兴时期的学者卡尔达诺对此就有研究，并著有《论赌博游戏》一书。17世纪中叶，法国宫廷贵族中盛行掷骰子游戏，他们常就一些输赢概率的问题请教数学家帕斯卡尔。帕斯卡尔在与费马的通信里，常常讨论这类问题。当时旅居巴黎的荷兰数学家惠更斯，知道这些问题后也很感兴趣，还为此写了专著。后人认为，帕斯卡尔、费马和惠更斯是概率论的创始人。

第一个对概率论作出重大理论贡献的是雅各布·伯努利（Jakob Bernoulli，1654—1705），他证明了"大数定律"，棣莫弗将它精细化为"中心极限定理"。这类定理的大致意思是说：如果只做一次试验，某种现象的出现会是偶然的；但如果是做大量重复试验的话，那么这种现象出现的次数在总试验次数中所占的比例相当稳定，呈现出一种必然性。正如棣莫弗在《机会的学说》一书中所指出的那样：尽管机会具有不规则性，但由于机会无限多，随着时间的推移，不规则性与秩序相比将显得微不足道。

棣莫弗积极推动概率论在社会科学中的应用，他还参与研究保险业中的实际问题并写有专著，为保险业合理处理有关问题提供了依据，书中的一些内容被后人奉为经典。

复数理论中有棣莫弗定理，它的表述是这样的：

$$(\cos\theta + i\sin\theta)^n = \cos n\theta + i\sin n\theta,$$

其中 $i = \sqrt{-1}$，n 是正整数。这个定理的一般形式和完整证明，后来由欧拉给出。我们取 $n = 2$，得到

$$\cos^2\theta - \sin^2\theta + 2\mathrm{i}\sin\theta\cos\theta = \cos 2\theta + \mathrm{i}\sin 2\theta,$$

比较等式两边的实数部分和虚数部分，可得

$$\cos 2\theta = \cos^2\theta - \sin^2\theta,$$

$$\sin 2\theta = 2\sin\theta\cos\theta,$$

这是三角学中关于余弦函数和正弦函数的倍角公式。如果取 $n = 3, 4, \cdots\cdots$ 可以得到更复杂的倍角公式。有了棣莫弗公式，只要通过简单的推导，我们就可以得到这些倍角公式，而不必去死记硬背它们。

在那个时代，数学的分科远没有现在这样细，数学家的兴趣和知识面都比较广泛。哥德巴赫对于理论研究和实际问题都很有兴趣，据记载，他还和炮兵司令一起研究过弹道学的问题，因而，哥德巴赫会和棣莫弗谈得来。

后来，哥德巴赫去了欧洲其他一些城市，分别见到伯努利家族的几位成员，其中丹尼尔·伯努利和哥德巴赫关系密切，他们之间有比较频繁的通信，一直持续到了 1730 年。

16 世纪末，伯努利家族的祖辈为躲避宗教迫害，从比利时的安特卫普辗转来到瑞士的巴塞尔，在那里繁衍生息。这个家族以经商为传统，也有个别人行医，似乎都和数学沾不上边。但在一个世纪之后，却在三代人中出现了 8 位数学家，其中几位有相当大的成就。提起伯

闻名于世的伯努利家族在风景如画的瑞士繁衍生息

努利家族，人们在谈论他们的数学的同时，还会讨论关于天才与遗传之类的话题，这些话题往往比数学更吸引人。

上面说到的雅各布·伯努利是这个家族的第一位数学家，他除了在概率论上作出重大贡献外，还在解析几何、无穷级数、微分方程和变分法等方面有杰出的贡献，数论里重要的"伯努利数"和"伯努利多项式"是他的创造。解析几何中的"伯努利双纽线"是雅各布提出来的，但他更钟爱对数螺线，这种曲线经过多种几何变换，依旧还是它本身，性质非常奇妙。在雅各布的墓碑上，就刻有对数螺线，并有这样的铭文——"纵然变化，依旧故我"，这也许寓意着来世还当数学家。

因为雅各布去世较早，所以哥德巴赫没有机会向他请教。但雅各布还有两个弟弟，尼古拉·伯努利一世（Nicolaus Bernoulli I，1662—1716）和约翰·伯努利（Johann Bernoulli，1667—1748），也都是出色的数学家，其中约翰比雅各布的研究范围更广泛且更加多产。

约翰不仅在数学上做了大量的工作，他还解释了力学中的虚位移原理，写了关于潮汐和航行以及行星轨道的数学原理的文章，提出了光学中的焦散面理论等。他的最流行的成果，当属大学微积分教程里总要讲到的"洛必达法则"。当时，约翰的学生洛必达编写了一本有影响的书《无穷小分析》，把约翰的这个结果收了进去，后世就误称为"洛必达法则"。

约翰有三个儿子，都是优秀的数学家，其中丹尼尔·伯努利（Daniel Bernoulli，1700—1782）被认为是伯努利家族中最杰出的。此外，约翰还培养出了一位非凡的学生欧拉，这是很值得他骄傲的。

丹尼尔从小受到家庭的熏陶，在研究风格上继承了约翰的传统。他一生著述丰富，还因天文学、地球引力、潮汐、磁学、船舶航行的稳定性，以及振动理论等方面的研究成果，先后10多次获得巴黎科学院的奖赏，他的获奖次数可以和欧拉相比，因而具有了广泛的知名度。

从左至右：雅各布·伯努利，约翰·伯努利，丹尼尔·伯努利

据记载，丹尼尔聪慧过人，富有想象力。现存画像上的丹尼尔，明目慧瞳，俊朗飘逸，一表人才。丹尼尔曾被人误认为是个公子哥儿，因而流传下来了一段故事。究其原因，大概是在公众的眼里，大学者都得像老树那般苍劲。

伯努利家族后面的成员在数学上不那么突出，这会让人以为这个家族的基因有所衰退。其实不然，有人根据家系查询过，这个家族后来至少有120多位成员，在神学、法学、医学、文学、艺术、管理和科学的其他门类中取得了成功，有的还卓有成就，伯努利家族的香火相当旺盛。

欧洲的旅行，使哥德巴赫不断开阔眼界，增长学识，还在学术圈里交了不少朋友，收获颇丰。当然，他难免有一点思乡，想念故乡的亲人朋友和美景美食。

说起德国料理，我们能想到的无非是香肠和马铃薯（俗称土豆）之类，可称道的不多。但有一样东西还是值得推荐的，就是德国咸猪脚。先将猪的前蹄用百里香、月桂叶、胡椒粉和精盐腌制，再用笼屉去蒸，然后经过炉火的长时间烘烤，出炉后的咸猪脚，表皮金黄诱人、酥香可口，里面色泽枣红、清香弹牙。佐以德国特有的甘蓝泡菜，酸度适中，甜爽去腻。配酒最好是全麦啤酒，口味醇厚，麦香浓郁，与咸猪脚十分相宜。餐后再来一块美味的黑森林蛋糕，香浓的巧克力味道漫溢口中，很难用文字去描述了。

新奇的土地

1724 年，哥德巴赫回到了故乡哥尼斯堡，又见到亲人和朋友，自然是十分高兴。空闲时到普雷格尔河畔走走，呼吸清新的空气，看看熟悉的景色，很快就从旅途的疲惫中恢复过来了。

此时的哥德巴赫已经 34 岁，过了而立之年，该看的人都看了，该见的世面也见过了，是到好好规划一下未来的时候了。

事也凑巧，就在哥德巴赫回家后不久，正好有两位学者路过哥尼斯堡，他们是去圣彼得堡参与圣彼得堡科学院筹建工作的。在与他们的言谈中，哥德巴赫了解到一些基本情况，感觉正对心思。再说他从未去过俄罗斯，那里对他来讲是一个新奇的地方。于是，哥德巴赫精心准备了一份学识证明人名单，在第二年圣彼得堡科学院正式成立之后，就将申请材料寄了过去。

彼得大帝几次听取莱布尼茨的建议之后，终于在 1724 年 1 月颁布谕旨，决定成立圣彼得堡科学院。彼得大帝拟定了科学院章程，其中强调，科学院的理论研究应对与国家实际利益密切相关的问题作出贡献。章程中的重要一条是，邀请国外的一些知名学者到科学院工作，以带动俄罗斯科学的发展。彼得大帝于 1725 年 2 月逝世，圣彼得堡科学院的正式建立是由他的

彼得大帝（1672—1725）

妻子、继任沙皇[1]叶卡捷琳娜一世完成的。

彼得一世是俄国罗曼诺夫王朝的第四代沙皇，被公认为是俄国历史上最杰出的皇帝。他一生励精图治，锐意改革，把俄国从落后的封建国家变成了欧洲的一个强国。1721年，在俄国打败北方强国瑞典之后，俄国枢密院授予彼得一世"全俄罗斯皇帝"和"祖国之父"的称号，后世尊称他为彼得大帝。

彼得大帝（1682—1725在位）身高2.05米，仪表非凡，精力充沛。他除了在政治和军事方面极有天赋之外，还喜欢做木工、车工等手艺活，而且相当专业。但彼得更喜欢的是航海和造船，为此在1697—1698年间，他专门组织了一个约250人的大考察团，到荷兰和英国学习。彼得隐姓埋名，混在考察团中，对外身份是"炮手米哈伊洛夫"。

在荷兰期间，彼得和同伴在专家的指导下，成功制成一艘三桅巡洋舰。在彼得的毕业证书上有这样的评语：米哈伊洛夫聪明勤奋，已经学会了造船专家的各项业务。到了英国后，彼得除了学习造船外，还参观了牛津大学、格林威治天文台和造币厂等。彼得大帝的这次出行，对他日后制定各项政策有很大的影响。

俄国大诗人普希金这样评述彼得大帝：他"时而是学者，时而是英雄，时而是航海家，时而是木匠"。不仅如此，彼得还身体力行，努力学习西欧的生活方式，革除俄国的传统陋习。例如，他明文规定，要用德国或法国式服装，代替俄国传统不灵便的服装；他亲手剪掉了一些贵族的胡须，并对蓄胡者课以重税；他经常举办法国式的大舞会，亲自做示范表演；他还指示编写《青年守则》，用以教导贵族子弟的行为规范。经过几十年的教化，俄国上流社会的礼仪风范就与西欧没什么差别了。

---

[1] "沙皇"是俄国皇帝的称谓，俄语中的"沙"是拉丁语"凯撒"的转音，"沙皇"的中文译名是采取一半音译、一半意译的方式。

彼得大帝的改革，也遇到了很大的阻力，有时充满了血雨腥风。就在他随考察团出国期间，国内发生了近卫军兵变，彼得立即匆匆赶回，镇压了兵变。俄国著名画家苏里科夫，在他的历史画《近卫军临刑的早晨》里反映了这一事件。画中的背景是莫斯科克里姆林宫外墙和瓦西里大教堂的圆屋顶，近景挤满杂乱的人群，是悲哀的近卫军和痛哭的家属，远处身穿海蓝色军装的彼得大帝骑在马上，他的背后是森严的行刑队和一排绞刑架。画面的气氛相当凝重，充满悲剧色彩。

彼得大帝的儿子阿列克谢也反对改革，还企图举兵篡位，被彼得送进监狱，死在那里。另外，4岁的王储也早早夭折。彼得因而忧郁成疾，于1725年2月去世，这时他不到53岁。

继任女沙皇叶卡捷琳娜一世和历史上的叶卡捷琳娜大帝不是同一个人，她的本名叫玛尔塔。玛尔塔是农夫的女儿，嫁给了一个瑞典骑兵，在俄国与瑞典的战争中被抓，后来被送给了彼得的重臣缅希科夫。彼得在缅希科夫家里遇到玛尔塔，两人一见倾心，结下了不解之缘。玛尔塔相貌出众，妩媚动人，而且温柔有礼，因而俘获了彼得的心。

叶卡捷琳娜一世（1725—1727在位）文化水平不高，执政能力有限，朝廷大事基本上交给她的老东家缅希科夫打理。虽然叶卡捷琳娜一世政绩平平，但她对于执行彼得大帝的遗愿确是全心全意的，圣彼得堡科学院的正式建立是她政治生涯中最光辉的一笔。圣彼得堡科学院是苏联科学院和俄罗斯科学院的前身，它的建立开启了俄罗斯近300年的科学传统，意义非常深远。

叶卡捷琳娜一世（1684—1727）

哥德巴赫向圣彼得堡科学院递交申请之后，小费了一点周折，不久便被聘为科学院的数学教授和记录秘书。1725 年，哥德巴赫踏上俄罗斯这片新奇的土地，从此他的命运就和俄罗斯紧密地联系在一起了。

哥德巴赫当时的年薪为 600 卢布，合月薪 50 卢布。下图是 1733 年安娜女沙皇时期的 1 卢布银币，正面是女皇头像，反面是俄罗斯国徽双头鹰图案，银币重 25.6 克。哥德巴赫到俄国后，生活应该是比较宽裕的，在学术研究之余，还做点行政工作。

在牛顿和莱布尼茨发明了微积分之后，伯努利家族和欧拉等一些数学家又进一步推动微积分理论和技巧的发展，从中产生出了像无穷级数、常微分方程、偏微分方程、微分几何和变分法等一些重要的数学分支，这些分支合起来，形成一个被称为"分析"的数学研究领域，这个领域与几何、代数等领域一起，构成了理论数学的核心部分。对当时正在蓬勃发展的这些数学分支，哥德巴赫都很关注和感兴趣，他自己也写过若干篇关于无穷级数和微分方程的论文，并在圣彼得堡科学院宣读。虽然这些论文有一定水平，但确实没有传世价值，后来也就被人们遗忘了。

1733 年安娜女沙皇时期的 1 卢布银币

圣彼得堡是彼得大帝于 1703 年下令修建的，它的名字来源于耶稣的弟子圣徒彼得，1924 年改名为列宁格勒，1992 年经市民投票，恢复了圣彼得堡的原名。

圣彼得堡位于波罗的海芬兰湾的东岸，涅瓦河的河口，当初这里只是一片沼泽，彼得大帝先在这里建军事要塞，后扩建为城市。1712 年，彼得大帝将首都从莫斯科迁到圣彼得堡。迁都是为了更顺利地推行他的改革政策，也是为俄国争取出海口，沟通与西欧的海上联系。当时，圣彼得堡紧挨着瑞典的领土（如今这块地方属于芬兰），瑞典人经过 1704 年和 1705 年两次失败的进攻之后，未再试图夺取圣彼得堡。

涅瓦河的流量排在伏尔加河与多瑙河之后，是欧洲第三大河，它经过圣彼得堡，流入芬兰湾。在圣彼得堡，涅瓦河分支遍布，河面上有几百座桥梁，把岛屿和陆地相连，自然风光十分秀丽，因此这座城市也有"北方威尼斯"之称。俄国著名诗人丘特切夫的《在涅瓦河上》一诗中，有这样的句子：

> 在涅瓦河的轻波间
>
> 夜晚的星把自己投落，
>
> 爱情又把自己神秘的小舟
>
> 寄托给任性的波浪。
>
> …… ……
>
> 涅瓦河啊，你的波涛
>
> 广阔无限，柔和而美丽，
>
> 请以你自由的空间
>
> 荫护这小舟的秘密！

圣彼得堡还是世界上少数具有白夜的城市，白夜时漫步在涅瓦河畔，遥望蔚蓝天空的北极光，感觉在梦幻中一样。

对于建造圣彼得堡，彼得大帝花费了很大的心血。他从法国、意大利等国请来了一大批著名建筑师，这些人设计出很多经典建筑，为俄罗斯带来了巴洛克风格。在 17 世纪初至 18 世纪上半叶，巴洛克是流行于欧洲的主要艺术风格，它的特点是装饰繁复、富丽堂皇、极具动感。彼得宫（也称为"夏宫"）是巴洛克建筑风格的一个典范，整个宫殿豪华壮丽，装饰精巧，被誉为"俄罗斯的凡尔赛宫"。宫殿下的大阶梯由 37 座金色雕像、64 座喷泉和许多雕塑环绕点缀，一条水渠将大阶梯与波罗的海相连。圣彼得堡被认为是欧洲最美丽的城市之一，它的建成是彼得大帝的一个伟大功绩。

丹尼尔·伯努利也于 1725 年来到了圣彼得堡科学院，哥德巴赫就有了共同研究的伙伴，他们时常徜徉在涅瓦河畔，切磋讨论数学问题，蓝天之下的花园、宫殿、教堂、喷泉和雕塑，让人心旷神怡。

政治风云

轻松的日子过得快，转眼就过去了一年多。比起他的数学才能来，哥德巴赫与人打交道的能力要更突出一些，因而，在 1726 年，圣彼得堡科学院院长就向朝廷推荐哥德巴赫，想让他担任彼得·阿列克谢耶维奇·罗曼诺夫（1715—1730）的家庭教师。

小彼得是阿列克谢的独生子，也就是彼得大帝的孙子。他此时 11 岁，是罗曼诺夫王朝唯一的男性继承人，因此对于他的影响是一件很重要的事情。当时把持朝政的缅希科夫自然不会放过这样的机会，他指派他的亲信担任小彼得的家庭教师，因而科学院的推荐没有成功。

提到缅希科夫（1673—1729），可以说是一位奇才。他少年时在莫斯科街头以卖馅饼为生，偶遇彼得一世，他的机灵乖巧很讨彼得的喜欢，因而被彼得收作了勤务兵。缅希科夫随彼得大帝东征西战，由于他的忠诚而深得彼得的信任，因此得以步步高升。虽然缅希科夫没受过多少教育，却具有罕见的军事能力和行政才干。他曾在多次著名战役中指挥军队，取得辉煌胜利，后来成为俄国第一位大元帅。缅希科夫负责过圣彼得堡的工程建设，他还创办了砖瓦厂、木材加工厂、盐场、渔场和酿酒厂等诸多企业。

1727 年 5 月，叶卡捷琳娜一世去世，12 岁的小彼得继位，称彼得二世（1727—1730 在位）。此时的朝政大权仍由缅希科夫把持，但他对于金钱和权力的过分贪婪，招致了很多贵族的极度不满。贵族们策动近卫军，逮捕了缅希科夫，将他全家流放到西伯利亚的偏僻小镇别留佐夫。2 年后，缅希科夫在那里郁闷地死去。苏里科夫的历史画《缅希科夫在别留佐夫镇》，描绘了在西伯利亚的小木屋里，落寞的政治家在烛光下，和儿女一起读圣经的场面。苏里科夫的《近卫军临刑的早晨》《缅希科夫在别留佐夫镇》《女贵族莫洛卓娃》，被称为他的历史画三部曲，都是令人震撼的杰作。

缅希科夫一倒台，他指派的家庭教师只得走人。1727 年底，哥德巴赫再次被推荐，当上了彼得二世的家庭教师。这样，哥德巴赫的宁静日子就已成过去，他也要经常关心俄国的政治风云了。

就在叶卡捷琳娜一世去世的那一天，欧拉来到了圣彼得堡。此时的欧拉是一位 20 岁的青年，他是约翰·伯努利的学生，也是约翰儿子丹尼尔的好朋友。丹尼尔得知圣彼得堡科学院医学部可能还有职位，就马上写信告诉了欧拉。于是，欧拉一面与科学院联系，一面突击学习生理学，并在巴塞尔大学旁听了医学讲座。接到了去圣彼得堡的邀请后，欧拉马上动身，谁知正赶上女沙皇去世，情况有变，医学部的职位没了着落。欧拉感到很绝望，束手无策，幸亏有丹尼尔等人的帮助，欧拉才进了数学部，给丹尼尔当助手。这样，欧拉有了固定的职位和稳定的收入，就能安下心来做数学研究了。

欧拉是瑞士巴塞尔人，他的父亲是基督教加尔文教派的牧师，曾经听过雅各布·伯努利的课。当时教会势力很大，牧师的社会地位普遍要比科学

欧拉（1707—1783），最伟
大的数学家之一

瑞士的巴塞尔也是欧拉的
出生地

家高，这和现代的情况很不相同。因此，欧拉的父亲希望欧拉将来做一名牧师，也是顺理成章的事情。

欧拉遵从父亲的意见，进了巴塞尔大学，学习神学和希伯来语等。然而他在数学课上的卓越表现引起了约翰·伯努利的注意，于是约翰慷慨地每周给欧拉单独辅导一次，在此过程中欧拉也和丹尼尔有了交往，彼此成了要好的朋友。欧拉17岁取得硕士学位后，约翰和丹尼尔说服欧拉的父亲，没有让欧拉去做牧师，这实在是数学界的一件幸事。

在数学的历史上，人们常常将欧拉与阿基米德、牛顿、高斯并列为最伟大的数学家。在欧拉到达圣彼得堡之前的两个月，牛顿在伦敦逝世。按照法国启蒙运动思想家伏尔泰所说，英国的大人物们争相扛抬牛顿的灵柩，英国人悼念牛顿就像悼念一位造福于民的国王。诗人亚历山大·波普在牛顿的墓志铭上这样写道："自然和自然定律隐藏在茫茫黑夜之中。上帝说'让牛顿出世！'于是一切都豁然明朗。"牛顿时代一过去，欧拉时代马上来临。伟

87

大的无产阶级革命导师马克思在《1848 年至 1850 年的法兰西阶级斗争》一书中，援引 18 世纪法国唯物主义哲学家爱尔维修的话说："每一个社会时代都需要有自己的伟大人物，如果没有这样的人物，它就要创造出这样的人物来。"按照唯物主义历史观，欧拉的出现具有某种历史的必然性。

由于丹尼尔的关系，哥德巴赫和欧拉很快就熟悉起来了，涅瓦河畔散步又多了一个伙伴。哥德巴赫比欧拉年长 17 岁，在那个时代几乎是一代人的差距，哥德巴赫欣赏欧拉的聪明和勤奋，欧拉钦佩哥德巴赫的见多识广，他们之间是一种忘年之交。

彼得二世上台后不久，缅希科夫就被流放到了西伯利亚，朝政由一些保守派势力把持。1728 年 2 月初，彼得二世将朝廷从圣彼得堡迁回莫斯科，这是保守派卷土重来的一个标志。2 月底，彼得二世在克里姆林宫举行加冕大典。此时的圣彼得堡只是名义上的首都，科学院仍在运行，但多少有些冷清。

哥德巴赫作为彼得二世的家庭教师，也跟着来到了莫斯科。加冕后的彼得二世，还只是个 13 岁的少年，十分贪玩，不爱学习，也没有能力管理朝政。彼得二世经常带着比他大 6 岁的姑姑伊丽莎白和一些青年贵族外出郊游和打猎，读书只是一个点缀。莫斯科郊外有大片的白桦林，在湛蓝的天空下骑马飞驰，是他们感觉十分开心的事情。

据记载，哥德巴赫还教过彼得二世的一个姑姑，应该就是伊丽莎白，因为彼得二世的姑姑安娜一直在她自己的属地，别的姑姑都远嫁到了国外。哥德巴赫的教学任务不重，所以他有时间思考数学，并且与丹尼尔和欧拉通信讨论问题。哥德巴赫与欧拉的通信从 1729 年开始，一直持续到 1763 年，就是哥德巴赫去世的前一年。

由于彼得二世年纪小，又无得力的大臣辅佐，朝政比较混乱。这种情况持续了两年多，1730 年初，彼得二世得了天花，这在当时是不治之症，因而他很快就病逝了。彼得二世没有后代，这样罗曼诺夫家族的男性继承人就断绝了。

最高秘密委员会随即举行会议，经过种种考虑，最后选定彼得大帝的侄女安娜·伊凡诺夫娜（1693—1740）作为新沙皇。此时安娜正在库尔兰做公爵，她统治的库尔兰公国位于现在拉脱维亚的西部，面积很小，但其战略位置却相当重要。当年彼得大帝将安娜嫁给了库尔兰的威廉公爵，婚后不久威廉病逝。安娜继任公爵后，一直住在库尔兰，对于俄罗斯发生的重大事情，安娜很少知道。

安娜突然接到让她当沙皇的通知后，顿感喜从天降。最高秘密委员会还让特使带去一份协议书，里面对沙皇的权力作了种种限制，使得沙皇形同虚设，但安娜照签不误。然而，安娜到了莫斯科登上皇位后，立即联络一些贵族大臣，策动近卫军，逼迫最高秘密委员会放弃了已签订的协议，从此安娜女皇（1730—1740 在位）大权独揽。

随后，安娜对莫斯科的贵族进行了大清洗，因为担心有人报复，1732 年，安娜又将朝廷迁回到圣彼得堡。安娜主要依靠她的情夫比龙来管理朝政，比龙是生长在库尔兰的德国人。

由于哥德巴赫的为人处世深得皇家的信任，在彼得二世病逝后，哥德巴赫被挽留在宫中，继续为安娜女皇做事。当朝廷迁到圣彼得堡之后，哥德巴赫非常怀念科学院宁静的生活，于是他又回到了圣彼得堡科学院，并被任命为通信秘书。这种秘书不是做抄抄写写的工作，而是有管理职权的。1737 年，哥德巴赫升任，负责科学院的管理工作。

在这期间，哥德巴赫的朋友圈里有些变化。丹尼尔由于不太适应圣彼得堡的严寒气候等原因，于 1733 年回到了温暖的家乡巴塞尔，欧拉接替了丹尼尔的位置。在巴塞尔，丹尼尔先是担任解剖学和植物学教授，之后成为生理学教授，后来又成为物理学教授，他的兴趣更集中在数学的应用方面。丹尼尔回到巴塞尔后，和欧拉进行了长达 40 多年的学术通信。在通信中，丹尼尔向欧拉提供重要的科学信息，而欧拉则用杰出的分析才能和推理能力，给予迅速的帮助。而哥德巴赫与丹尼尔之间则没有进行类似的学术通信，其原因是哥德巴赫把主要精力用在了管理工作和社会活动上，余下的时间思考一些比较纯粹的数学理论问题，和丹尼尔的兴趣相去较远。

大师风采

当时接替丹尼尔的欧拉只有 26 岁，却已初显大师风采，他在数学的理论和应用两个方面都作出了很大贡献。在大学微积分教程中，我们常会看到欧拉变换、欧拉公式和欧拉方程等。欧拉引进的一些记号，如用 $f(x)$ 表示函数，Σ 表示求和，i 表示虚数 $\sqrt{-1}$ 等，现在一直沿用。欧拉证明了，极限 $\lim\limits_{n\to\infty}\left(1+\dfrac{1}{n}\right)^n$ 存在，并将它记作 e，这个数在分析及其应用中都是很重要的。以 e 为底的对数称为自然对数，在理论研究中经常用到。

欧拉还将 e 的复数次幂与三角函数联系起来，建立了欧拉公式

$$\mathrm{e}^{\mathrm{i}x} = \cos x + \mathrm{i}\sin x,$$

其中 $\mathrm{i} = \sqrt{-1}$，x 是实数。这个公式是棣莫弗定理的一个发展，由它可得

$$\mathrm{e}^{\mathrm{i}(x+y)} = \cos(x+y) + \mathrm{i}\sin(x+y),$$

以及

$$
\begin{aligned}
\mathrm{e}^{\mathrm{i}(x+y)} &= \mathrm{e}^{\mathrm{i}x} \cdot \mathrm{e}^{\mathrm{i}y} \\
&= (\cos x + \mathrm{i}\sin x)(\cos y + \mathrm{i}\sin y) \\
&= \cos x\cos y - \sin x\sin y + \mathrm{i}(\cos x\sin y + \sin x\cos y),
\end{aligned}
$$

比较两式的实数部分和虚数部分，得到

$$\cos(x+y) = \cos x\cos y - \sin x\sin y,$$

$$\sin (x+y) = \cos x \sin y + \sin x \cos y,$$

这就是三角学中的和差化积公式。

早在欧拉 19 岁的时候，他就以一篇研究船桅最佳布置问题的论文，参加巴黎科学院的有奖征文活动，获得了荣誉提名。从 18 世纪 30 年代中期开始，欧拉以很大的精力来研究航海和船舶建造问题，这些问题对俄国的海军建设是有现实意义的。后来，欧拉还根据这些积累的经验，写成两卷本的《航海学》并出版，书中讲述了浮体平衡的一般理论以及如何将流体力学用于船舶建造。

由于航海学的需要，欧拉研究了太阳、月亮和地球在相互间的万有引力作用之下所产生的运动，特别是月亮的运动规律。欧拉提出了关于月亮运动的一种新理论，根据这种理论，天文学家制成了一张月亮运行表，它对于舰船导航很有价值。欧拉还写过许多关于彗星和行星运动的论著，在他临去世之前，仍在考虑天王星的轨道计算。此外，他常常为解决物理学、地理学、

世界各国发行的部分纪念欧拉的邮票与钱币

弹道学、保险业和人口统计学中的问题提供数学方法。总而言之，应用问题始终是欧拉研究数学理论的动力源。

在接替了丹尼尔的位置之后，欧拉就打算在俄罗斯安家了，1733 年冬天，他和一位瑞士画师的女儿结了婚。欧拉很享受婚后安逸的生活，灵感泉水般涌现，下笔如有神助，就像法国物理学家弗朗索瓦·阿拉戈所说："欧拉计算时毫不费力，就像人在呼吸，或鹰在翱翔一样轻松。"从婚后第二年起，欧拉的 13 位子女陆续降生，可惜只活下来 5 位，其余都在幼年时夭折。欧拉很喜欢孩子，他常常是抱着一个婴儿写论文，而大一点的孩子在他周围玩耍嬉戏。欧拉在工作的同时尽享天伦之乐。

虽然俄国的政治风云时常变幻，但科学院里并没有科学家受到政治上的迫害。这主要是因为，俄国的统治阶层迫切需要科学家来提高俄国的综合国力，而当时欧洲各国对于科学人才是处于一种开放和竞争的状态。欧拉得到的薪水和奖金，足够保障一大家子人过上富足的生活，另外还可以雇人来完成家务劳动，否则这么多家务做下来，别说像鹰一样翱翔，能赶上乌龟就很欣慰了。欧拉后来也说过："我和所有其他有幸在俄罗斯帝国科学院工作过一段时间的人都不能不承认，我们应把所获得的一切和所掌握的一切归功于我们在那儿拥有的有利条件。"他说的条件既包括学术氛围，也包括生活条件。

1740 年 10 月，安娜女皇去世。她生前指定她外甥女的儿子伊凡继承皇位，称伊凡六世（1740—1741 在位），由比龙摄政。这时的伊凡六世只是个 2 个月大的婴儿，他的父亲是不伦瑞克公爵，不伦瑞克是德意志的一个小邦国。伊凡六世上台后，不伦瑞克的贵族纷纷涌向俄国，争先恐后地占据了朝廷中的重要位置。本来一个比龙已经够让俄国人烦的了，现在又来了一帮不伦瑞克人，俄国人的心情可想而知。此时，俄国的贵族强烈希望一个人能出来收拾局面，这个人就是伊丽莎白。

伊丽莎白·彼得罗芙娜（1709—1762）是彼得大帝和叶卡捷琳娜一世的小女儿，血统非常高贵，只可惜叶卡捷琳娜生她时还只是彼得大帝的情妇，因此，伊丽莎白是个私生女，名分不正，这对她的前程产生了很大的影响。

伊丽莎白自幼就长得花容月貌，被彼得大帝夫妇视为掌上明珠，叶卡捷琳娜一世曾想把她嫁给法国国王路易十五，因为名分不正遭到法国人的婉拒。由于没有合适的对象，伊丽莎白一直待字闺中，经常随彼得二世出外骑马打猎，也曾受教于哥德巴赫。彼得二世去世后，伊丽莎白还是因为名分不正，没做成沙皇。但1741年的政治形势大不相同，此时俄国贵族急于驱除德国势力，也就顾不上再考虑伊丽莎白的名分问题了。

1741年底的一天，伊丽莎白乘一架雪橇来到近卫军的营房前，她用富有感召力的声音招来了300多名士兵，跟她一起来到皇宫，轻松地将小沙皇请下皇位。就这样完成了皇位的更迭，整个过程一滴血没流，不愧是彼得大帝的女儿，玩政变如烹小鲜。

1740年5月，28岁的普鲁士新国王腓特烈二世（1740—1786在位）登基。他一上台，就锐意进行法律、经济、教育和军事等方面的改革，致力于建立廉洁高效的政府机构，自称是"国家的第一仆人"，同时积极强化军队建设。在腓特烈二世的统治下，普鲁士的领土充分扩张，经济迅速发展，国力日益昌盛，为德意志的最终统一打下了坚实的基础，因此后世称他为腓特烈大帝。

柏林科学院成立于1700年，到了1740年已经有一些衰落的趋势。为了重振柏林科学院，腓特烈大帝热情地邀请欧拉去柏林工作。1741年7月，欧拉来到柏林，他一直在柏林待了25年。欧拉并不是只会在书斋里写文章，他是一个有抱负、有管理才干的人，为了寻求更大的施展空间来到了柏林，而当时的俄国正处在乱糟糟的状态，让人对未来无法预料。

欧拉担任了柏林科学院的数学部主任，他还参与了其他许多行政事务，如提出人事安排，监督财务，管理天文台、图书馆和植物园，以及出版历书和地图等。欧拉鼎力协助科学院院长莫佩蒂，在恢复和发展柏林科学院的过程中发挥了重大作用。在莫佩蒂外出期间，由欧拉代理院长。1759 年莫佩蒂逝世后，欧拉虽然未被正式任命为院长，但他一直是科学院的实际领导者。

欧拉还担任过普鲁士政府关于安全保险、退休金和抚恤金问题的顾问，并为腓特烈大帝了解火炮方面的最新成果，设计改造费诺运河，也曾主管过普鲁士皇家别墅水利系统的一些设计工作。

在柏林期间，欧拉的研究工作依然非常活跃。他提出了理想流体模型，建立了流体运动的基本方程，从而奠定了流体动力学的基础。他和克莱罗（A. Clairaut）、达朗贝尔（J. R. d' Alembert）一起推进了月球和行星运动理论的研究。他与丹尼尔·伯努利和达朗贝尔之间关于弦振动问题的研讨，推动了数学物理方法的发展。他还出版过《光和色彩的新理论》一书，解释了一些光学现象。

欧拉所处的时代被称作是数学上的分析时代，他在其中作出了最杰出的贡献。约翰·伯努利在给欧拉的信中写道："在我介绍高等分析的时候，它还是一个孩子，而你正在将它带大成人。"欧拉的《无穷小分析引论》《微分学原理》《积分学原理》是分析学的伟大著作，同时代的人称他是"分析的化身"，后来的一些分析学教程都是他著作的翻版和再翻版。

由于受 18 世纪启蒙运动思想的影响，腓特烈大帝实行一种叫作"开明专制"的统治。"开明专制"的核心思想是，自上而下地改革或取消已经过时的封建制度，君主应当公平公正，提倡宗教宽容、鼓励科学文化、保护艺术，并且为全民族造福。1750—1754 年期间，腓特烈大帝邀请法国启蒙运动的旗手伏尔泰到普鲁士来做宫廷教师，传播先进思想。

在腓特烈大帝的宫殿里，经常是灯火通明、高朋满座，大家兴致勃勃地讨论各种问题。作为有雄才大略的帝王，腓特烈的思维常常是天马行空，穿梭古今，他还称自己"论秉性就是个哲学家"，因而特别喜欢谈论一些哲学问题。

哲学一直是欧拉的弱项，对于那些自由平等、君主立宪、信仰自由等新鲜说法，一时间还找不到感觉。虽然欧拉没有当牧师，但他一生中从未放弃过对于基督教加尔文教派的信仰。正是由于这种信仰，使得欧拉在困难的时候，内心会比较平静，但同时，对于新的社会思想也会产生一些抵触。

欧拉与腓特烈的那个圈子渐渐有些话不投机，加上欧拉和腓特烈在科学院的管理上又产生了意见分歧，所以欧拉开始萌生去意。后来，欧拉听说腓特烈想把科学院院长的位置授予达朗贝尔，而在圣彼得堡那边，叶卡捷琳娜二世女皇一直在向欧拉招手，于是欧拉就下定了走的决心。

达朗贝尔是著名的法国数学家、物理学家和天文学家，虽然他的科学成就无法与欧拉相比，但他担任过法国第一部《百科全书》的副主编，这部全书对宣传启蒙运动思想起到很重要的作用，因而达朗贝尔更对腓特烈大帝的心思。1764 年，腓特烈大帝邀请达朗贝尔到柏林王宫住了 3 个月，想请他担任柏林科学院院长。达朗贝尔不想移居柏林，并且认为欧拉更适合院长之职。腓特烈出于他自己的一些考虑，始终没有任命欧拉为院长。

1766 年，欧拉一家回到圣彼得堡，叶卡捷琳娜二世以皇室的规格接待了他们。女皇不但为他们提供一栋配有高档家具的房子，而且还派了一位御厨专门负责他们的膳食。每到欧拉家的晚餐时间，枝形吊灯散发着温暖的光芒，橡木

达朗贝尔（1717—1783），法国数学家

长条桌上摆上纯银的餐具，餐盘里盛着黄油煎大马哈鱼、烤小牛排、龙虾色拉、奶油烤杂拌等各种食物，鱼子酱抹大列巴（俄式大面包），红菜汤飘着香气，凡是女皇能够吃到的，欧拉家都能吃得到。

欧拉对于圣彼得堡科学院的工作是驾轻就熟的，因为他在柏林期间，俄国政府还一直付给他年薪，欧拉也将他的部分论文寄到俄国发表，并且给予圣彼得堡科学院很多帮助和指点。

回到俄国之后，由于白内障的缘故，欧拉的左眼不久就失明了。而欧拉的右眼早在 30 多岁时就已经失明，这主要是工作劳累过度所致。在生命的最后十几年里，欧拉凭着非凡的记忆力和心算能力，在助手们的帮助下，依然完成了许多高质量的数学研究。在欧拉的身后，留下了极其丰富的科学遗产，法国数学家拉普拉斯说过："读读欧拉，读读欧拉，他是我们大家的老师！"

香飘俄罗斯

让我们再回到 1741 年的俄国。伊丽莎白女皇（1741—1761 在位）上台之后，彻底驱除了宫廷中的德国势力，并且恢复了彼得大帝的所有改革措施，以及被安娜女皇解散的枢密院，用法律的形式确定了贵族特权，建立起一个能够吸收各阶层精英的文官制度。伊丽莎白女皇可以说是俄国开明专制的始创者，自她以后，俄国的各项国家制度才真正地成熟起来。

国事初定，伊丽莎白女皇心情愉悦，打算好好享受一下生活。在彼得大帝时代，作为公主的伊丽莎白就很喜欢西欧的生活方式，尤其钟爱法兰西的时尚。当上女皇之后，伊丽莎白仍然喜欢跳舞，每周至少要在宫中举行两次假面舞会，她还大量购买法国的新潮时装、香水和化妆品，从而带动了俄国贵族崇尚奢华精致的风气。

当时的法国，正流行一种称为"洛可可"的艺术风格，它的特点是纤巧、精美、幽雅、华丽。洛可可风格始于18世纪初，经国王路易十五的情妇蓬帕杜夫人大力倡导，在法国广为流行。后来的法国王后玛丽·安托瓦内特，也非常热衷于洛可可服装，这在2006年上映的影片《绝代艳后》中有充分的展现。洛可可服装有夸张的裙撑、打褶的花边、繁复的缀饰等，十分注重整体线条

《少女与玫瑰》（布歇，法国）

和修腰的效果，印花布料上多为草绿、粉红、鹅黄等亮丽的颜色，让人感受到春夏季节的阳光明媚。

法国画家弗朗索瓦·布歇是洛可可绘画大师，他的作品多取材于神话和贵族生活，代表作有《沐浴后的月神戴安娜》《维纳斯的凯旋》《蓬帕杜夫人肖像》等，表现了优雅的性感和奢华的贵族生活，反映了那个时代人们的审美趣味。

1730年，法国第一家香精香料公司诞生于南方小城格拉斯。这里生长着各种花卉，有金黄色的黄绒花、紫色的薰衣草、白色的茉莉花和缤纷的玫瑰，为香水生产提供了优质原料，不断出现的香水新产品为人们的生活带来了浪漫和激情。法国的香水与时装、葡萄酒并称为三大精品产业，是法国人的骄傲。

在伊丽莎白女皇的影响下，法兰西的时尚也在俄国流行，空气里似乎弥漫着优雅的芳香，到处都有和平与繁荣的气息。在圣彼得堡科学院过了多年平静生活的哥德巴赫，此时有点坐不住，又想要去政界了。人有时候很矛盾，热闹多了就想平静，而平静时间久了又想要热闹了。就性格而言，哥德巴赫是一个喜欢热闹的人。

1742 年，凭借宽广的人脉和良好的工作业绩，哥德巴赫被调到俄国外交部工作，外交部设在莫斯科，哥德巴赫也就移居到了莫斯科。虽说此时德国人不受欢迎，但哥德巴赫是个例外。他在俄国工作多年，已经深深扎根在这片土地，况且还做过伊丽莎白的老师，俄国人早把他看成自己人了。

珍贵的通信

哥德巴赫与远在柏林的欧拉一直保持通信，讨论各种数学问题，其中关于数论问题的讨论影响最大。

数论是研究整数性质的数学分支，它的形成和发展经历了漫长的岁月。早先住在洞穴里的原始人就有自然数（或正整数）的概念，后来由于生活和生产的需要，在世界各地逐渐形成了一些独特的数字，例如，古巴比伦的楔形数字，古埃及的象形数字，中国的甲骨文数字，希腊的阿提卡数字，等等。我们今天使用的阿拉伯数字实际上是由印度人发明的，12 世纪时由阿拉伯人传入欧洲。而关于自然数的理论，至少可以追溯到古希腊时代，欧几里得在他的名著《几何原本》中就讲到了数论。

关于欧几里得生平的记录很少，只知道他在公元前 300 年左右，生活在埃及的亚历山大城，在那里教书授徒。他所著的《几何原本》一书，凝结了古希腊数学的许多精华，是数学历史上最著名的、流传最广的教科书。在这本书里，欧几里得从点、线、面的定义出发，用几条最基本的公理以及形式逻辑方法，建立起了欧几里得几何学这个严密的体系。

《几何原本》由 13 篇组成，基本上是讲几何学的，也有 3 篇（第 7、8、9 篇）是讲数论的，其中的一些数论结果今天仍然常用。比如"算术基本定理"，它是说，每个大于 1 的自然数 n 都可以分解为素数的乘积

左图：意大利人利玛窦（左）和徐光启（右）合译了《几何原本》，这是中文版中的插图

中图：摘自徐光启手书篆刻《几何原本》序

右图：《几何原本》中文版，藏于罗马中央国立图书馆。古希腊数学家欧几里得的这本巨著在西方是仅次于《圣经》流传最广的书籍

$$n = p_1 p_2 \dots p_s,$$

其中 p_1, p_2, ..., p_s 是素数（即只能够被 1 和它自身整除的数，例如 2，3，5，7，…），而且不管怎样分解，所得到的 p_1, p_2, ..., p_s 都是一样的，顶多只有次序上的不同。

我们有了算术基本定理，就可以用素数这些基本材料，通过乘法搭建起正整数这座大厦，很多关于正整数的问题就可以转化成关于素数的问题。例如，要求两个数 24 和 108 的最大公因子，可先将它们分解成素数的乘积

$$24 = 2^3 \times 3, \; 108 = 2^2 \times 3^3.$$

在比较素数方幂的最大公因子之后，我们可以清楚地看到，24 和 108 的最大公因子应该是 $2^2 \times 3 = 12$。

在《几何原本》中，欧几里得提出了一个快速计算最大公因子的方法，

称为"欧几里得辗转相除法"。此外他还证明了，素数有无穷多个。首先，他假设只有 n 个不同的素数 $p_1 = 2$，$p_2 = 3$，…，p_n。因为正整数

$$a = p_1 p_2 ... p_n + 1$$

不能被素数 p_1, p_2, …, p_s 中的任意一个整除，所以 a 必有一个不同于所有 p_i 的素数因子，也就是说，我们至少有了 $n+1$ 个素数，这就与前面的假设发生了矛盾，因此，素数一定有无穷多个。欧几里得的这个证明，是反证法一个最经典的范例。

费马（1601—1665）的雕塑

在数论的历史上，法国数学家费马是一位里程碑式的人物。费马对于数论有直观的天赋，他所提出的很多数论命题，极大地吸引了后来数学家们的研究兴趣。

费马一生基本上生活和工作在法国南部城市图卢兹，他从 30 岁起成为政府的文职官员，担任过晋见接待官和地方议会的议员，主要处理法律事务。费马是一个诚实、正直和谨慎的人，对于本职工作兢兢业业，使得各项政策能够顺利地贯彻实施。他的乐趣主要来自业余生活，他对于欧洲的主要语言和欧洲大陆的文学有很深的修养，还会熟练地用拉丁文、法文和西班牙文写诗，数学只是他的业余爱好之一，他研究数学多半是由于对数学美感的热爱。

设 x, y 分别是直角三角形两条直角边的长度，z 是斜边的长度，那么有

$$x^2 + y^2 = z^2,$$

这是毕达哥拉斯定理，在中国称为勾股定理。

有时碰巧 x, y, z 都是正整数，比如

$$3^2 + 4^2 = 5^2,$$

喜欢纯数学的人看到后会感觉特别爽，这就是所谓"数学的美感"。另外，(5, 12, 13) 也满足上面的方程，类似的数组还可以找到很多。费马给出了一般性的命题：如果 z 是形如 $4m+1$（m 是正整数）的素数的话，那么，z 一定是某个边长均为正整数的直角三角形的斜边长度，而且这种直角三角形只有一个。当 $m=1$ 时，$z=5$，直角边 $x=3$，$y=4$；而当 $m=3$ 时，$z=13$，直角边 $x=5$，$y=12$。这个命题也可以这样说：形如 $4m+1$ 的素数的平方可以表示成两个正整数的平方之和，如果不考虑两个平方数的次序的话，那么表示方式是唯一的。

欧拉在 1754—1755 年间的一篇论文里证明了：形如 $4m+1$ 的素数可以唯一地表示成两个正整数的平方之和，这里不考虑两个平方数的次序。设 p 是形如 $4m+1$ 的素数，由欧拉的定理知

$$p = x^2+y^2,$$

其中 x，y 都是正整数，而且 $x>y$。于是，就有

$$p^2 = (x^2+y^2)^2 = (x^2-y^2)^2+(2xy)^2.$$

可见 p^2 可以表示成两个正整数的平方之和。由一个初等的讨论易知，表示方式是唯一的。因此，费马的命题成立。

很自然地，费马也考虑了高次方程

$$x^n+y^n = z^n,$$

这里 n（$\geqslant 3$），x，y，z 均为正整数。他断言，这种高次方程是没有解的。他说可以证明，但没写下来，后世就称之为"费马猜想"。费马只解决了 $n=4$ 的情形，他给出的证明相当粗略。后来，欧拉解决了 $n=3$ 的情形。很多优秀的数学家都对这一问题作出过重要贡献，在研究过程中，也产生出了不少新的数学概念和方法。直到 1994 年，才由英国数学家怀尔斯彻底地解决了费马猜想，这是 20 世纪数学最重大的成就。从猜想的提出到解决，整整跨越了 350 多年。

费马研究数学，只是为了享受得到新发现的乐趣，并不期望别人的承认。费马的很多工作散见于他给朋友们的信件，以及他阅读过的书籍的空白处，他生前也发表过几篇论文，但都是匿名的。费马去世之后，才由他的儿子克莱蒙特·塞缪尔等人，将他的研究成果整理成两卷本著作出版。后世的数学家和数学史家，积极地搜集他的数学工作，挖掘其中的深刻内涵，并赞誉费马是"业余数学家之王"。

哥德巴赫对于费马研究过的一些问题很感兴趣，例如，形如 2^n+1（这里 n 为正整数）的素数问题。容易证明，如果 2^n+1 是素数，则 $n=2^m$（这里 m 为非负整数）。令

$$F_m = 2^{2^m}+1,$$

后人称 F_m 为费马数。最初的 5 个费马数

$$F_0 = 3, \ F_1 = 5, \ F_2 = 17, \ F_3 = 257, \ F_4 = 65537,$$

都是素数，因此费马相信，所有的费马数都是素数。然而哥德巴赫没有那么深的功力来做这个问题，因此他就写信请欧拉试试。

欧拉回信说，F_5 就不是一个素数，这通过一个初等的证明就可以看出。令

$$a = 2^7, \ b = 5,$$

则有

$$a-b^3 = 3, \ 1+ab-b^4 = 1+3b = 2^4,$$

所以

$$\begin{aligned}
F_5 &= 2^{2^5}+1 \\
&= (2a)^4+1 \\
&= (1+ab-b^4)a^4+1 \\
&= (1+ab)a^4+1-a^4b^4 \\
&= (1+ab)(a^4+(1+a^2b^2)(1-ab)) \\
&= 641 \times 6700417,
\end{aligned}$$

可见并非所有的费马数都是素数。

于是，我们可以进一步问，是否存在无穷多个费马素数，这与几何学的作图问题很有关系。1801 年，高斯证明了，对于一个正多边形，如果它的边数是一个费马素数，或者是几个不同费马素数的乘积的话，那么，这个正多边形就可以用圆规和没有刻度的直尺作出。时至今日，关于费马素数问题也少有进展，看来它的确是非常困难的。

下面两封信被归于数学史上最珍贵的通信之列，一封是 1742 年 6 月 7 日在莫斯科的哥德巴赫给在柏林的欧拉的信，另一封是 1742 年 6 月 30 日欧拉给哥德巴赫的回信。

哥德巴赫在信中说："对于那些虽未切实论证但很可能是正确的命题，我不认为关注它们是一件没有意义的事情。即使以后万一证明它们是错误的，也会对于发现新的真理有帮助。正如你已经证明的那样，费马关于 F_m 给出一列素数的想法是不正确的，但如果能够证明 F_m 可以用唯一的方式表示成两个平方数之和的话，那也是一个很了不起的结果。"

当 $m \geq 1$ 时，F_m 是形如 $4n+1$ 的正整数。由上述费马的一个命题，如果 F_m 是素数的话，那么 F_m 自然就可以用唯一的方式表示成两个平方数之和。哥德巴赫的意思是，在无法保证 F_m 是素数的情况下，看看能否证明弱一点的结果"F_m 可以用唯一的方式表示成两个平方数之和"。

欧拉在回信中否定了哥德巴赫的想法，在经过一番推理之后，他指出

$$F_5 = 2^{32}+1$$
$$= 65536^2+1^2$$
$$= 62264^2+20449^2,$$

即 F_5 可以用至少两种方式表示成两个平方数之和。

哥德巴赫在信中又说："类似地，我也斗胆提出一个猜想：任何由两个素数所组成的数都是任意多个数之和，这些数的多少随我们的意愿而定，直到所有的数都是 1 为止。例如

$$4 = 1+3 = 1+1+2 = 1+1+1+1,$$

$$5 = 2+3 = 1+1+3 = 1+1+1+1+1,$$

$$6 = 1+5 = 1+2+3 = 1+1+1+1+1+1 \cdots \cdots "$$

哥德巴赫又在页边的空白处补充道："重新读过上面的内容后，我发现，如果猜想对于 n 成立，而且 $n+1$ 可以表示成两个素数之和的话，那么，可以严格地证明猜想对于 $n+1$ 也成立。证明是容易的。无论如何，看来每个大于 2 的数都是三个素数之和。"这里哥德巴赫把 1 看成了素数，下面欧拉也采用这种看法。

欧拉在回信中说："关于'每个可以分成两个素数之和的数又可分拆为任意多个素数之和'这一论断，可由你以前写信告诉我的一个观察（即'每个偶数是两个素数之和'）来说明和证实。如果所考虑的数 n 是偶数的话，那么它是两个素数之和。又因为 $n-2$ 也是两个素数之和，所以 n 是三个素数之和，同理它也是四个素数之和，如此等等。如果 n 是奇数的话，因为 $n-1$ 是两个素数之和，所以 n 是三个素数之和，因此它可以分拆为任意多个素数之和。无论如何，我认为'每个偶数是两个素数之和'是一条相当真实的定理，虽然我不能证明它。"

因为这是私人间的通信，所以其中的说法相当随意，在数学上是不严格的。但里面的要点，如"每个偶数是两个素数之和"以及"每个大于 2 的数都是三个素数之和"是很明确的，后人在数学上将它们严格化，并称之为"哥德巴赫猜想"。

优美的猜想

英国数学家华林（E. Waring），在 1770 年出版的《代数沉思录》一书中，首次提出了如下形式的哥德巴赫猜想：1. 每个大于 2 的偶数都是两个素数之和；2. 每个奇数或者是一个素数，或者是三个素数之和。

一个标准的现代版本是这样的：Ⅰ.每个不小于 6 的偶数都是两个奇素数之和；Ⅱ.每个不小于 9 的奇数都是三个奇素数之和。

可以将它们写成下面的数学公式：

Ⅰ.$N = p_1 + p_2$，当 N（$\geqslant 6$）是偶数；

Ⅱ.$N = p_1 + p_2 + p_3$，当 N（$\geqslant 9$）是奇数，

其中 p_i 均为奇素数。

如果猜想 Ⅰ 成立，那么对于奇数 N，我们可以将 $N-3$ 表示成两个奇素数之和，因此猜想 Ⅱ 就成立。也就是说，猜想 Ⅱ 是猜想 Ⅰ 的推论。保留猜想 Ⅱ 的一个原因是，可以使得猜想在形式上关于奇数和偶数都有表述。

哥德巴赫猜想的表达形式简洁明了，体现了数学的优美感觉。从乘法来看，素数是构成自然数的基本元素，在哥德巴赫猜想中，将素数放到加法的环境里，实际上是刻画了加法和乘法的某种关系，而这两种运算在数学中是最基本和最常见的。

我们再从加法的角度，来看自然数的构成。如果将 1 重复地相加，显然可以得到任何一个自然数，但这太没技术含量了。稍微复杂一点，人们会尝试将一些特殊的数（比如素数）相加，看能否得到任何一个自然数，这样就很有可能得到与哥德巴赫猜想类似的结论。据说早在哥德巴赫之前，法国哲学家和数学家笛卡尔在他的手稿里就有"每个偶数是至多三个素数之和"这样的叙述。

在哥德巴赫猜想产生的过程中，伟大的欧拉实实在在地当了一回配角。我们已经看到，对于费马数问题，欧拉表现出了精湛的数学功力，但对于哥德巴赫猜想，欧拉却没有提出任何有价值的意见。这并不意味着欧拉对此没有兴趣或没有深入思考，实际上他是深知这个问题的分量和难点所在的。

在欧拉那个时代，数学的主要工具是分析方法，主要研究对象是连续的实数直线。而正整数在实数直线上是一些离散的点，如何用处理连续对象的

工具来研究离散情形，是一个非常重要的课题。1737 年，欧拉提出了著名的乘积公式：当 $x>1$ 时，有

$$\sum_{n=1}^{\infty} \frac{1}{n^x} = \prod_{p} (1-\frac{1}{p^x})^{-1},$$

其中乘积中的 p 跑遍所有的素数。欧拉乘积公式开了用分析方法研究数论的先河，对于数论的发展影响非常重大。

在欧拉乘积公式中，令 $x \to 1$，左边的级数 $\sum_{n=1}^{\infty} \frac{1}{n^x}$ 是发散的，因此，右面的乘积 $\prod_{p}(1-\frac{1}{p^x})^{-1}$ 不会是一个有限的数。由此可知，所有素数的个数不可能是有限的。这样，对于欧几里得关于素数个数无限的定理，我们就有了一个分析的证明。

然而在对素数的认识方面，当时的人们并没有比欧几里得走出多远。除了知道素数有无穷多个外，再细致一点的信息就不清楚了。比如，关于不超过 x 的素数个数，即

$$\pi(x) = \sum_{p \leqslant x} 1$$

的一些基本性质，当时是很不清楚的。后来，高斯才对 $\pi(x)$ 的近似公式有了一个猜想性的结果，而证明则是 1896 年的事情了。

要弄清楚单个素数的变化，就已经如此之难，想要把两个或三个素数的变化通过加法合在一起考虑，其难度可想而知。虽然欧拉无法预料素数理论的发展，但他深知解决哥德巴赫猜想已经远远超出他的能力之外。外行人不了解其中的深浅，对于这样一个看似不太深奥的猜想，居然能使欧拉这样的顶级数学大师一筹莫展，他们会感到很好奇。

优美的哥德巴赫猜想，让我们记住了香气飘逸的伊丽莎白女皇时代，而美轮美奂的叶卡捷琳娜宫，更使人对那个时代印象深刻。

早在 1717 年，彼得大帝在圣彼得堡郊外，为妻子叶卡捷琳娜修建消夏别墅，称为叶卡捷琳娜宫。1741 年，伊丽莎白女皇登基后，授权俄国最优

秀的建筑师，对叶卡捷琳娜宫进行了扩建和改造。改造后的宫殿长达306米，天蓝色和白色相间的外表耀眼迷人，造型丰富的镀金雕塑和凹凸有致的结构，使得整个建筑华贵而美观，宫殿上方五个圆葱头式的尖顶，在碧空下金光灿灿，很远处就能望见。宫殿内部，金碧辉煌的大厅一间挨一间，最具特色的算是琥珀厅，内部全部用光彩夺目的琥珀装修而成，被称为是世界的奇迹。花园里芳草萋萋、绿树成荫，到处弥漫着花草的清香。湖面上波光粼粼，荡漾着梦幻般的诗意。叶卡捷琳娜宫反映了俄罗斯帝国蓬勃向上的气象，多少年来，这里的湖光林色被一代又一代的俄罗斯诗人咏颂。

哥德巴赫踏上仕途之后，顺风满帆。1746年，哥德巴赫受赐封地，有了自己的庄园，虽不及皇家庄园富贵气派，却也宁静雅致、别有洞天。在俄罗斯广袤的土地上，各种庄园星罗棋布，形成赏心悦目的风景。人们会巧妙地利用庄园周围的自然资源，如河流、小溪、湖泊、山丘和森林，来营造一个景色宜人、情调浪漫的环境。庄园里都辟有花圃和草坪，湖畔河边有三两座凉亭点缀其间，林荫小道，曲径通幽，漫步庄园之中，让人流连忘返。秋天的艳阳，冬天的静雪，春季的百合，夏季的紫丁香，使人品味无穷。著名的俄国小说家屠格涅夫，在《罗亭》《贵族之家》等长篇小说中，对俄国贵族的生活有生动细致的描写。

清晨，哥德巴赫常常独自一人，信马由缰，徜徉在大自然的怀抱间。晚上，端上一杯格瓦斯（一种俄式饮料），凭窗远眺，夜色朦胧中的田园风光，更让人心旷神怡，如同丘特切夫《静静的夜晚》一诗中所写：

> 静静的夜晚，已不是盛夏，
>
> 天空的星斗火一般红，
>
> 田野在幽幽的星光下，
>
> 一面安睡，一面在成熟中……
>
> 啊，它的金色的麦浪，

在寂静的夜里一片沉默，

只有银色的月光

在那如梦般的波上闪烁……

粉色的月光

圣彼得堡科学院建立后，国外知名学者的引进确实带动了俄国科学的发展。在伊丽莎白女皇时代，俄国本土的科学家开始出现，罗蒙诺索夫（M. V. Lomonosov）是其中最杰出的一位。

罗蒙诺索夫出身于一个富裕的渔民家庭，从小就有强烈的求知欲。当时平民受教育的机会很少，所以他就冒充贵族子弟，考入莫斯科的斯拉夫－希腊－拉丁语学院，不久成为那里最优秀的学生。后来，罗蒙诺索夫被派到德国留学，1741年学成回国，到圣彼得堡科学院工作，1745年担任化学教授。

罗蒙诺索夫通过试验，总结出了"物质不灭定律"，也就是"质量守恒定律"，这一发现比法国化学家拉瓦锡的发现要早得多。罗蒙诺索夫还创立了物理学中热的动力学说，指出热是物质本身内部的运动，从本质上解释了热的现象。他在谈到物质结构时指出，微粒是由一些元素集合而成，这已经具有了"原子－分子学说"的思想。由于当时俄国的科学还很落后，西欧对于俄国的科学成就并不重视，因此，罗蒙诺索夫的这些重要学术思想没有得到广泛的传播。

罗蒙诺索夫（1711—1765），俄国科学家、人文学者，莫斯科大学的创建人

罗蒙诺索夫还是一位出色的人文学者，他著有《俄罗斯古代史》《俄语语法》《修辞学》等著作。他的《攻克霍亭颂》（歌颂俄国对土耳其战争的胜利）和《伊丽莎白女皇登基日颂》《彼得大帝》等诗篇，被誉为俄国文学史上古典主义的佳作。

莫斯科大学的创建是罗蒙诺索夫的一大历史功绩。罗蒙诺索夫写信给伊凡·伊凡诺维奇·舒瓦洛夫公爵，在信中表示要在俄国建立高等教育体系，并阐述了关于莫斯科大学的构想和具体的实施方案。舒瓦洛夫利用他在宫廷中的影响力，积极推动莫斯科大学的创建。1755 年 1 月，伊丽莎白女皇批准了罗蒙诺索夫的方案。同年 5 月，莫斯科大学举行了盛大的开学典礼，当时设有哲学、法律和医学 3 个系。1940 年，莫斯科大学被冠名为"国立莫斯科罗蒙诺索夫大学"。如今莫斯科大学已经是俄国规模最大、学术水平最高的高等学府，它是世界上最著名的大学之一，也是俄国诺贝尔奖获得者的摇篮。

俄国大诗人普希金把罗蒙诺索夫比作"俄罗斯的第一所大学"，文学评论家别林斯基更是用诗样的语言，赞誉罗蒙诺索夫"仿佛北极光一样，在北冰洋岸发出光辉……光耀夺目，异常美丽"。

舒瓦洛夫不仅推动了莫斯科大学的创建，还积极倡议建立圣彼得堡美术学院。这所学院创办于 1757 年，培养出了列宾、苏里科夫、希施金、瓦斯涅佐夫等一大批杰出的美术大师，后世称舒瓦洛夫为著名的教育家。舒瓦洛夫年轻时是一位翩翩美少年，伊丽莎白女皇在一次巡游中发现了他，女皇顿觉喜不自胜，将舒瓦洛夫收为宠臣，后来又将他升为公爵。

虽然伊丽莎白女皇热衷于纸醉金迷的生活，但她有与生俱来的政治天分，处理国事举重若轻，善于化解矛盾于无形，因而，无论是和平年代还是战争时期，她都能牢牢掌控大局。

"七年战争"（1756—1763）是欧洲列强为争夺霸权而进行的一场超级大战，交战的一方为普鲁士、英国等，另一方为奥地利、法国和俄国等。普鲁士国王腓特烈二世亲率大军，驰骋疆场。在1757年的罗斯巴赫战役和洛伊滕战役中，腓特烈二世运用机动灵活的战术，以少胜多，取得了辉煌的胜利，在军事史上留下了赫赫威名。然而，伊丽莎白女皇并不示弱，她运筹帷幄，调兵遣将，屡次挫败普军。由伊丽莎白女皇、奥地利女王玛丽亚·特蕾西娅、法国蓬帕杜夫人订立的联盟，被腓特烈二世称作"三条裙子的联盟"，正是这个联盟使得他在政治、军事和外交上以寡敌众，在大局上逐渐转向被动。柏林一度丢失，腓特烈二世越来越招架不住，他感到很绝望，甚至携带毒药随时准备自杀。

在"七年战争"期间，作为外交官的哥德巴赫，周旋于各国政府之间，显示了其出色的外交才华，还没到战争结束，他就得到了提升。1760年，哥德巴赫升任枢密院顾问，年薪3000卢布。枢密院是俄国最高咨询机构，其职责是审议重要的国务，回应沙皇的咨询，大凡担任枢密院顾问的人，都是身份特殊的重量级人物。据记载，当时沙皇赏给某位重臣的养老金是5000卢布，沙皇举办一次盛大的活动，花费为1万多卢布，由此可见，年薪3000卢布是非常高的待遇。哥德巴赫担任枢密院顾问后，负责制定了俄国皇家儿童教育准则，这个准则管理俄国儿童达一个世纪之久。

1761年12月，伊丽莎白女皇病逝。临终前，她指定她姐姐的儿子卡尔·彼得·乌尔里希（1728—1762）为皇位继承人，称彼得三世（1762年在位）。彼得三世是彼得大帝的外孙，他的父亲是一位德国公爵。这位彼得从小在德国长大，在腓特烈二世的宫廷里受到过培养，对于普鲁士的军事制度和德国文化狂热崇拜，他不喜欢香喷喷的女皇、公主，就喜欢酷酷的腓特烈二世。腓特烈二世确实是个很有特点的人，他骑一匹个头不大但很善奔跑的阿拉伯马，戴一顶旧军帽，鼻烟盒不离身，打仗时常和士兵一起风餐露宿。平时，腓特烈二世除了爱谈论哲学问题外，还喜欢吹长笛，并且写过120首长笛奏鸣曲，此外他还会用法文写诗。

彼得三世（1728—1762）

彼得三世刚一上台，就与腓特烈二世结为同盟，他归还了俄国占领普鲁士的全部领土，并且命令俄国军队调转枪口，同昔日的盟友奥地利作战。1763年2月，"七年战争"结束，普鲁士和英国成为这场战争的赢家，腓特烈二世能够成就大帝的伟业，彼得三世是帮了大忙的。然而，彼得三世的行为已经极大地损害了俄国的国家利益，但他的自我感觉良好，他也想干出一些流芳千古的事情来。于是，彼得三世采取了一些改善下层人民生活的措施，没收了教会的一些土地，强迫军队普鲁士化等。但是他的所作所为引起了俄国统治阶层的强烈不满，也加速了另一位历史人物的登场。

彼得三世的皇后叶卡捷琳娜·阿列克谢耶芙娜（1729—1796）是彼得姑姑的女儿，她是一个纯粹的德国人，后来取了一个俄国名字。1745年，叶卡捷琳娜与当时还是大公的彼得三世在圣彼得堡结婚。关于婚礼上的新娘叶卡捷琳娜，有这样的描写：她的身材修长而妙曼，淡粉色的皮肤衬托出一头浓密金发的光彩，鹅蛋形的脸庞线条分明，鼻梁高挑，两片红唇美艳而性感，碧蓝色的眼睛流露出万种风情……来参加婚礼的嘉宾，无不为之惊艳。令大家想不到的是，在这样美丽的容貌下面，还有一个睿智的大脑和一颗勃勃的雄心。

叶卡捷琳娜深知，她的未来将与俄国紧密地联系在一起，于是，她努力学习俄语和俄国宫廷礼仪，虔诚地信仰东正教，详细研究俄国的历史、文化和风俗，并表现出发自内心的尊重。她的这些做法，赢得了俄国统治阶层的交口称赞，与彼得的做法形成了鲜明的对比。由于叶卡捷琳娜同彼得的志趣与秉性不合，导致了他们婚姻的不幸。

叶卡捷琳娜结识了一些近卫军中的
军官，其中有格里戈利·奥尔洛夫，他在
后来的政变中是出了大力的。此外，叶卡
捷琳娜广交政治盟友，积极发展自己的势
力，做足了功课，只等待一个好机会。

彼得三世上台后所推行的一系列政
策，遭到了俄国统治集团的强烈反对，这
给了叶卡捷琳娜一个绝好的机会。1762
年 7 月的一天，趁着彼得三世去外地的时
机，叶卡捷琳娜带领一支部队政变，其他

叶卡捷琳娜二世

部队纷纷倒戈，在一片"我们的小母亲叶卡捷琳娜""女皇万岁"的欢呼声
中，她被推上沙皇的宝座，称叶卡捷琳娜二世（1762—1796 在位）。宫廷显
贵、教会人士和各国公使，争先恐后地迎接新女皇。下台后的彼得三世，很
快就神秘地死去了。

叶卡捷琳娜二世上台之后，一方面加强中央集权，维护和发展农奴制
度；另一方面奉行开明专制，理顺各种关系，充分调动各方面的积极性，
大力促进生产力的发展。在她当政的 34 年间，俄国手工工场大规模增加，
生铁产量居世界首位，进出口贸易大幅度增长，并有巨额贸易顺差。俄国
的经济实力和军事实力空前强大，帝国进入鼎盛时期。

大多数帝王都想治理好国家，即使是彼得三世，他也是想有所作为的，
但能否治理好国家，要取决于政治智慧和能力。与伊丽莎白女皇不同，叶卡
捷琳娜二世出身于德国的一个小公爵家庭，她的政治才能很难从血统和家传
上找到原因。早年的叶卡捷琳娜，热衷于阅读法国启蒙运动思想家伏尔泰等
人的著作，登基以后，她与伏尔泰有频繁的书信往来，并将启蒙运动的思想

运用到政治实践中去。她无时不在探讨治国安邦的大计。有道是热爱是最好的老师，无论对于科学还是政治，都是同样的道理。

在叶卡捷琳娜时代，俄国的版图大大扩张。俄国通过两次对土耳其的战争，将曾经不可一世的奥斯曼帝国打得没了元气，实现了彼得大帝打通黑海出口的梦想。俄国还伙同普鲁士、奥地利三次瓜分波兰，并侵占了立陶宛、白俄罗斯和西乌克兰的大部分领土。在亚洲方面，俄国蚕食高加索，侵入哈萨克草原，并完全占领了西伯利亚北部，获得了丰富的森林和矿产资源。此外，俄国还占领了北美的阿拉斯加地区，并在加利福尼亚建立了一块殖民地。叶卡捷琳娜二世曾有这样的豪言："假如我能够活到 200 岁，全欧洲都将匍匐在我的脚下！"

叶卡捷琳娜二世对俄国作出了巨大的贡献，得到了俄国人的一致称赞，后世尊称她为叶卡捷琳娜大帝。在俄国历史上，只有她和彼得一世有此殊荣。即使是反对沙皇专制的普希金，对于叶卡捷琳娜大帝还是满怀敬仰之情的。他在长诗《皇村记忆》中，称叶卡捷琳娜时代是"我们的黄金时代"，他说："想当时，在伟大女皇的权杖下，快乐的俄国曾戴着荣誉的冠冕，像在寂静中盛开的花！"

哥德巴赫一直活到了辉煌的叶卡捷琳娜时代，可惜年事已高，无法有更大的作为。1764 年 11 月 20 日，哥德巴赫逝世于莫斯科，享年 74 岁，在那个时代算是高寿了。哥德巴赫安息在俄国的青山绿水之间，与白桦林为伴，沐浴着女皇粉色的月光。

历史名城莫斯科；1764 年哥德巴赫在此去世

在叶卡捷琳娜一世之前，俄国没有女皇，而在叶卡捷琳娜二世之后，俄国再没出现过女皇，哥德巴赫恰好经历了俄国历史上全部四位女皇的朝代。也许哥德巴赫猜想折射了女皇们的光彩，所以才显得如此美艳动人，引得一代代数学家心驰神迷。

皇冠上的明珠

关于哥德巴赫的生平，文献中记载很少，即使是数学史专家，也未必十分了解。莫里斯·克莱因（Morris Kline）在他的名著《古今数学思想》第二册第 367 页上，称哥德巴赫是"普鲁士派往俄罗斯的一位公使"，这显然是不对的。哥德巴赫与欧拉的通信，有不少被保留下来，但信中的文字多是德文与拉丁文的混合体，读起来相当困难。其中关于哥德巴赫猜想的通信，早就被翻译整理出来，但后来的数学家谈到哥德巴赫猜想时，一般都采用标准的现代版本，很少引用原信。

然而，正如我们已经看到的那样，哥德巴赫在当时的社会中，是和各个方面都有广泛联系的人物，关于他的研究会是一件有趣和有意义的事情。哥德巴赫的人生历程，对于后来者也有一定的借鉴意义。

我们已经讲了哥德巴赫和他那个时代的一些事情，关于哥德巴赫猜想后来的发展，我们再来做一点简单的介绍。

虽然数论的历史非常悠久，但它成为数学的一个独立分支却是比较晚的事情。高斯于 1801 年发表的著作《算术研究》，被认为是数论作为一门独立学科诞生的标志，这里的"算术"是指"高等算术"或"数论"。高斯对于数论特别钟爱，徐迟在报告文学《哥德巴赫猜想》中，有过"自然科学的皇后是数学，数学的皇冠是数论。哥德巴赫猜想，则是皇冠上的明珠"这样的描述，其中采用了高斯的一些说法。

关于不超过 x 的素数个数 $\pi(x)$，高斯做过这样的猜测：当 $x \to \infty$ 时，有

$$\frac{\pi(x)}{(\frac{x}{\ln x})} \to 1 ,$$

这里 $\ln x$ 为自然对数。如果这个猜测成立，则它就叫作素数定理。

1850 年，圣彼得堡科学院的切比雪夫证明了

$$c_1 \leqslant \frac{\pi(x)}{(\frac{x}{\ln x})} \leqslant c_2 ,$$

其中 c_1，c_2 是正的常数。这是在欧几里得证明了素数个数无限之后，人们关于 $\pi(x)$ 第一个重要的理论结果。切比雪夫在证明中用到的工具是微积分。

革命性的变化发生在 1859 年。当时，德国数学家黎曼发表了题为"论不超过一个给定值的素数个数"的论文，其中他用复变函数的理论来研究 $\pi(x)$。黎曼的出发点，仍是欧拉乘积公式

$$\sum_{n=1}^{\infty} \frac{1}{n^s} = \prod_p (1 - \frac{1}{p^s})^{-1} ,$$

此时的 s 可以是任意实部大于 1 的复数。黎曼将等式左边的级数看成变量 s 的函数，称为 ζ 函数。他将 ζ 函数解析开拓到整个复数平面（$s = 1$ 是唯一的极点），在 $\pi(x)$ 和 ζ 函数的零点之间建立起了一个关系式。黎曼的研究表明，素数定理与 ζ 函数的零点分布有着密切的关系。想想关于正整数的问题，要用虚数来研究，这是多么令人惊奇的事情。在数学中，有时将局部性的问题提升到更广阔的空间里考虑，常常会收到意想不到的效果，正所谓"欲穷千里目，更上一层楼"。

虽然黎曼没有给出关于 $\pi(x)$ 的具体结果，但他为素数定理的研究指明了方向。正是沿着这个方向，1896 年，法国数学家阿达马（J. S. Hadamard）和比利时数学家普桑（Charles Jean de la Vallée Poussin）各自独立地证明了素

数定理。至此，人们对于单个素数的变化，已经有了比较深刻的认识。

1900 年，第二届国际数学家大会在巴黎举行，大数学家希尔伯特作了题为"数学问题"的讲演。在这篇著名讲演中，他为新世纪的数学家提出了 23 个问题，这些问题对于后来的数学发展产生了深刻的影响。希尔伯特以有机统一的观点，来看待数学的整体发展，他将哥德巴赫猜想作为第八问题（即"素数问题"）的一部分，从此哥德巴赫猜想不再是孤立的数学难题，而是成为近代数学重要的一环。后来的发展证明，希尔伯特的眼光是非常正确的。

从 1920 年开始，英国数学家哈代和李特尔伍德发表系列文章（共 7 篇），开创与发展了一种崭新的数论方法，这种方法被称为圆法。对于奇数 N，我们用圆法可将方程

$$N = p_1 + p_2 + p_3, \ p_i \geqslant 3$$

的解的个数表示成积分

$$\int_0^1 \left(\sum_{3 \leqslant p \leqslant N} e^{2\pi i \alpha p} \right)^3 e^{-2\pi i \alpha N} d\alpha .$$

如果能够证明这个积分大于零，那么我们就证明了关于奇数的哥德巴赫猜想。在这个积分里，和式

$$\sum_{3 \leqslant p \leqslant N} e^{2\pi i \alpha p}$$

称为素变量的线性指数和，关于它的研究是一件困难的事情。

哈代和李特尔伍德在一个很强的假设下证明了：对于每个充分大的奇数 N，上述积分大于零，因而哥德巴赫猜想成立。因为其中的假设至今仍无法证明，所以他们得到的只是一个条件性结果。虽然如此，他们为奇数哥德巴赫猜想的研究开辟了一条正确的道路，而圆法也成了数论中最基本的方法之一。

1937 年，苏联数学家维诺格拉朵夫（I. M. Vinogradov）提出了一套处理素变量线性指数和的独创性方法，从而无条件地证明了：对于每个充分大的奇数，哥德巴赫猜想成立。维诺格拉朵夫的结果称为三素数定理，它是数学上最重要的成就之一。

由三素数定理可知，对于大于某个界限的所有奇数，哥德巴赫猜想成立，而在这个界限之内只有有限个奇数，我们逐个来验证就可以了。然而这个界限大得惊人，以目前计算机的能力还无法完成验证工作，但在数学家看来，奇数哥德巴赫猜想算是基本上解决了。

由于技术上的原因，圆法不适用于偶数哥德巴赫猜想，人们只能另辟蹊径。1920 年，挪威数学家布朗（V. Brun）对筛法做了重大改进，用它来研究偶数哥德巴赫猜想。筛法是一种用来寻找素数的十分古老的方法，它是由公元前 200 多年的古希腊学者埃拉托色尼（Eratosthenes）所创，我们今天在制作素数表时还会用到这种方法。

由于筛法的一些局限性，用它很难一步达到偶数哥德巴赫猜想，因此只能采取逐步逼近的方式。布朗用改进后的新筛法证明了，每个充分大的偶数都可以表示为两个正整数之和，其中每个正整数的素因子个数均不超过 9，这个结果称为命题（9+9）。类似地，命题（a+b）是指，每个充分大的偶数都可以表为两个正整数之和，其中一个的素因子个数不超过 a，而另一个的素因子个数不超过 b。通过不断地减小 a 和 b，最终达到（1+1），就基本上解决偶数哥德巴赫猜想了。布朗之后的不少学者，正是沿着这样的路子，不断发展筛法技术，逐步减小命题中的素因子个数。而筛法的进步，也为深入研究其他重要数论问题提供了有力的工具。

1956 年，中国数学家王元证明了命题（3+4），由此开启了我国在偶数哥德巴赫猜想命题（a+b）研究上的先河。之后，王元和另一位中国数学家潘承洞又得到了若干重要的结果，使得我国在哥德巴赫猜想方面的研究达到了国际先进水平。

1965 年，苏联数学家维诺格拉朵夫（A. I. Vinogradov，不是前面提到过的 I. M. Vinogradov）和意大利数学家邦别里（E. Bombieri）各自独立地证明了命题（1+3）。1974 年，邦别里被授予菲尔兹奖，表彰他在数论方面，包括证明命题（1+3）以及在极小曲面和有限群论方面的工作。

1966 年，陈景润宣布证明了命题（1+2）。1973 年，他发表了命题（1+2）的全部证明。陈景润的工作得到了国际数学界广泛的赞誉，被公认是筛法理论最出色的应用，是关于偶数哥德巴赫猜想研究最杰出的成果。陈景润的事迹由徐迟写成报告文学后，广泛传播，家喻户晓，这是大家所熟知的了。

陈景润先生 1996 年 3 月在北京逝世，潘承洞先生 1997 年 12 月在山东济南逝世。

2010 年，王元先生度过 80 岁寿辰，仍然参加一些学术活动，并常作讲演。他擅长书法，为《数学文化》创刊号题写了贺词。

关于哥德巴赫猜想的通俗介绍和中国数学家数论工作的简明回顾，大家可以看文章《哥德巴赫猜想》[1] 和 *Analytic number theory in China*[2]。

作者简介

贾朝华，北京大学数学博士，中国科学院数学与系统科学研究院研究员，《数学文化》期刊编委。

[1] "10000 个科学难题"数学编委会：《10000 个科学难题（数学卷）》，科学出版社，2009，第 101-103 页。

[2] 宗传明："Analytic number theory in China"，*The Mathematical Intelligencer*，32（2010），No.1：18-25.

游戏人生

——纪念趣味数学大师马丁·加德纳（1914—2010）

万精油

马丁·加德纳的画像

马丁·加德纳是公认的趣味数学大师。他为《科学的美国人》杂志写趣味数学专栏，一写就是 20 多年，同时还写了几十本这方面的书。这些书和专栏影响了好几代人。在美国受过高等教育的人（尤其是搞自然科学的），或许没听说过菲尔兹奖得主丘成桐的名字，也不一定知道证明费马大定理的怀尔斯，但大都知道加德纳。许多大数学家、科学家都说过他们是读着加德纳的专栏走向自己现有专业的。他的仰慕者众多，从哈佛大教授到公司小职员，覆盖面很大。

他的许多书被译成各种文字，影响力遍及全世界。有人甚至说他是20世纪后半叶在全世界范围内数学界最有影响力的人。著名数学家康威（John Conway）和他的合作者把他们的名著《取胜之道》献给加德纳。献词说："献给马丁·加德纳，在数学上受益于他的人以百万计，远远超出其他任何人。"对我们这一代中国人来说，他那本被译成《啊哈，灵机一动！》的书很有影响力，相信不少人都读过。

让人吃惊的是，在数学界如此有影响力的加德纳竟然不是数学家，他甚至没有修过任何一门大学数学课。他只有本科学历，而且是哲学专业。加德纳从小喜欢趣味数学，喜欢魔术。读大学时本来是想到加州理工去学物理，但听说要先上两年预科，于是决定先到芝加哥大学读两年再说。没想到一去就迷上了哲学，一口气读了四年，拿了个哲学学士。用他自己的话说，搞哲学的人除了教书外没有别的出路。为了谋生，他开始当自由作家，写小说，写杂文卖给杂志社。第二次世界大战时他当了四年海军，在甲板上构思他的小说。回来后先到芝加哥又读了两年书，然后到纽约继续当作家，主要是为一本儿童杂志（*Humpty Dumpty*）写专栏，甚至还为妇女杂志写文章。当然，他仍然没有丢掉他的业余爱好——魔术。有一次他在纽约的一个魔术爱好者聚会上听到一个折纸游戏，里面有很多数学内容。这个游戏是普林斯顿四个学生发明的，其中包括大名鼎鼎的物理学家费曼、统计学家图基（John Tukey）、计算机早期领军人物塔克曼（Bryant Tuckerman）。他完全被这个游戏吸引住了。聚会后他专程开车到普林斯顿找发明人中的两个人继续探讨问题。回来后以此为题目写了一篇文章投给《科学的美国人》杂志。文章写得很好，不但立即被接受，他还收到主编的电话问他还有没有更多的类似题目为杂志搞个趣味数学专栏。他立即回答说"有"。实际上他在这里演了一场空城计。放下电话后，他立即跑遍纽约各大书店买下所有与趣味数学有关的书，从此开始了他长达四分之一个世纪的趣味数学专栏。

开始几期都是他自己在各种书上找题目。不是数学家反倒成了他的优点，因为他首先要自己搞懂，然后再用非数学家的语言写出来。他本来就是一个很好的作家，他的思路和语言一下就得到大家的认同。许多读者用书信方式与他讨论专栏题目与内容。每期都要收到几百甚至上千封读者来信，在没有电子邮件的年代这可是一个不小的数。

趣味数学大师马丁·加德纳于 2010 年 5 月逝世

还有人给他寄题目，这下就解决了题材问题。他在专栏里对给他正确解答的人都给出姓名、工作单位。这就使更多的人愿意同他交流。这些人中有中学生、大学生，还有知名学者。比如康威、彭罗斯（Roger Penrose）、萨根（Carl Sagan），等等。与这些知名学者的交流又进一步增加了他的视野，他的专栏题材也由浅到深，从初等数学进步到高等代数，再到拓扑，有些甚至接近到数学研究的前沿。比如 RSA 公开密码理论就是这理论的发明者李维斯特（Ronald Rivest）通过加德纳首次公布于众的。事实上他与这些知名学者的交流是互益的。他学到了知识，知名学者也通过他把理论传给了大众。比如康威的《生命游戏》（*Game of Life*），通过他的专栏走向了全世界。据说他那期专栏出来以后的一段时间，全世界有一半的计算机都在运行这生命程序，康威也因此打响了名气。与此类似的例子还有很多，好些东西在加德纳介绍以前没有太多人知道，一经他的专栏介绍便流行起来。比如 M. C. Escher 的画、魔方、Hex 游戏等。

当然，他也不是只谈严肃的数学，也经常有一些趣味轻松的题目，甚至还与读者开玩笑。有一年的 4 月，他在专栏里提到一些新发现，比如爱因斯坦的相对论被否定，国际象棋被解决（先走第四个兵就能保证赢），四色定理有了反例，达·芬奇发明了抽水马桶，等等。这本来是他给读者开的一个愚人节玩笑。但是由于他写得很严肃，再加上读者对他的完全信任，许多读者把他的这些话当真。几千封读者来信塞满了他的信箱，其中有很多来自大学物理教授、数学家。这些人认真地向他解释他文章中关于相对论的悖论应该如何解释，相对论不可能被否定。其他的问题当然都有认真的读者来质疑。他虽然觉得这个玩笑开得不错，但考虑到读者太容易把它当真，以后再也没有开过愚人节玩笑。

他多才多艺，写作并不只限于数学，也写小说、评论。在他写的70多本书里，最畅销的是一本关于《爱丽丝梦游仙境》的点评。《爱丽丝梦游仙境》的作者卡罗尔（Lewis Carroll）是一个数学家（可以说是数学家中最著名的小说家）。

卡罗尔喜欢在他的小说里穿插数学游戏，也喜欢玩文字游戏。加德纳的点评把这些隐藏的数学与文字游戏向读者显示出来，类似于金圣叹点评水浒。点评出来后好评如潮，几十年来印了很多版，而且还被翻译成许多种语言，总印数超百万。

他几乎一直不停地在写，一直到去世前以90多岁的高龄都还有新书出版。有人称赞他书写得很多，他说一点不多，比起我的朋友阿西莫夫来说差太远了，他写了300多本书。加德纳与阿西莫夫等20个人有一个科普作家俱

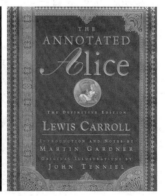

加德纳和卡罗尔的图书作品

乐部，每个月聚会一次。有意思的是这个俱乐部似乎要有人退出才能有新人加入，很有秘密组织的味道。著名计算机专家高德纳（Donald Ervin Knuth）说，加德纳之所以能写那么多书，是因为他没有计算机来分散他的注意力。实际上他曾经有过一台计算机。他在计算机上下国际象棋到了疯狂的地步，以至于他看什么都是象棋盘。直到有一天他看见洗手池也变成了象棋盘，毅然决定戒棋，连计算机也一起戒了。

他说计算机给人类带来很多好处，但也让一些人变得很懒，连最基本的四则运算都不会算了。他举例说有一次他的专栏出了一个简单的题目，让大家找一个包括从 1 到 9 所有数字的 9 位数，满足以下条件：前两位数整除 2，前三位数整除 3……一直到前九位数整除 9。他在专栏里说满足这些条件的数是唯一的。有几百个读者不同意他关于唯一性的结论，说可以找到两个解。有意思的是所有人给出的另一个解都是同一个数，这个数的前八位数不能被 8 整除。他后来发现这些人犯同一个错误的原因是他们都用小计算器，而小计算器在数字太多时不显示余数。加德纳告诉他们只需要用手除一下就好了，但是这几百人宁肯买邮票寄信，也不愿用手验证一下。

前面说到加德纳被认为是全世界在大众数学中最有影响力的人物。全世界几十亿人，能有这么一个"最"已经是很了不起的事了。更了不起的是另外还有一个领域他也被认为是全世界最有影响力的领军人物。这个领域就是反伪科学与特异功能。由他倡导成立了一个世界范围内的伪科学与特异功能调查委员会（Committee for the scientific investigation of claims of paranormal）。这个委员会还有专门的杂志，从《科学的美国人》退休后，他又开始为这个杂志写专栏。委员会由许多大科学家组成，还包括一些魔术大师。他说许多特异功能其实就是一些魔术，由于掩盖得巧妙不容易被人识破。最著名的例子是英国大物理学家泰勒，写了几十页的文章来证实他所见到的一个有特异功能的人。后来被加德纳他们证明他是上了大当。加德纳把他反伪科学与特

加德纳的图书作品

异功能的许多例子写进了一本书，书名是《以科学的名义：时尚与谬误》(*In the name of Science: Fads and Fallacies*)。这本书很畅销，被认为是怀疑主义的经典著作。

　　加德纳的仰慕者众多，甚至有一颗小星体以他命名。这些仰慕者每年搞一次聚会。在聚会上展开一些加德纳所感兴趣的活动与讲座。到如今这个聚会已经办了很多届，而且有很多大科学家参加。任何有兴趣的人都可以参加这个聚会，没有时间和精力的人至少可以到它的网页去看一看。

　　他的写作和生活都由他的兴趣所引导，没有固定方向。想到什么就搞什么，搞出任何东西就写出来。他好奇心强，对什么都有兴趣，写的书也包罗万象。他自己在一次记者访问时说："我一辈子都在玩，幸运的是有人出钱让我玩。"

　　对加德纳来说，生命就是游戏。

写于 2010 年 8 月

作者简介

万精油，美国马里兰大学数学博士，《数学文化》期刊编委。

陶哲轩：长大的神童

木 遥

2008 年 11 月 20 日出版的美国《探索》杂志上，20 位 40 岁以下的科学家被冠以"Best Brains（最具智慧的头脑）"的称号。他们的专业遍布各种科学分支，但排名第一的是一位数学家，而且是最没有悬念和意外的一位：时年 33 岁的陶哲轩。

这个名字近来在国内也渐渐开始为大众所知。他的光辉事迹在网络上广泛流传，仅列出最主要的几项如下：

（1）11 岁、12 岁、13 岁连续三年代表澳大利亚参加国际数学奥林匹克竞赛，依次获得铜牌、银牌、金牌，是迄今最年轻的金牌获奖者（大多数获奖者年龄在 15 岁以上）。

（2）17 岁从澳大利亚并不有名的弗林德斯大学毕业，21 岁取得普林斯顿大学博士学位，24 岁获得美国加州大学的正教授职位。

（3）2006 年，在国际数学家大会上获得菲尔兹奖，时年 31 岁。

需要指出的是这几项成就虽然令人叹为观止，但是单独来看都并非前无古人。德国数学家赖赫（Christian Reiher）曾经获得过四届国际数学奥林匹克金牌外加一届铜牌（当然并非在那么小的年纪），获得过三枚金牌的数学家则为数不少。他也未尝成为美国最年轻的数学教授，他的师兄，数学家费夫曼（Charles Fefferman）于 22 岁就成为芝加哥大学的数学教授。这里的师兄是字面意义上的：他们都曾经师从普林斯顿的数学大师施泰因（Elias Stein）。他当然也不是最年轻的菲尔兹奖得主，他这位师兄费夫曼在 29 岁就得到了菲尔兹奖，而迄今最年轻的菲尔兹奖得主是法国数学大师塞尔（Jean-Pierre Serre），记录是 28 岁。

但是这并不妨碍汇聚这些惊人成就于一身的陶哲轩成为新闻焦点，更不用提他年轻英俊的外表。顺便说一句，他本人在生活中显得比照片上还要年轻。可惜的是他早已名草有主了，他的妻子是一位韩裔工程师，是他在当教授时从自己的学生中认识的。

然而公众关心和熟悉的部分恐怕也就到此为止了。是的，他很聪明，极其聪明，年纪轻轻就大奖在握，然后呢？这里有个很微妙的问题，就是对数学家来说，聪明到底意味着什么？自然，一个笨蛋压根儿很难成为数学家，但是很多数学大师也并非以聪慧著称，例如陈省身先生就从来没当过任何意义上的神童。

数学家是个人风格之间差异巨大的群体，有的人健康开朗，例如俄国数学家柯尔莫哥洛夫常常以滑雪和冬泳健将自诩；有的人潇洒浪漫，例如美国数学家斯梅尔很喜欢在海滩上一边看夕阳一边想数学问题；也有的人内向木讷，例如众所周知的陈景润大师。不幸的是，最后一种形象似乎在公众心目中是最深入人心的……而聪明，哪怕是像陶哲轩这样惊世骇俗的聪明，也只能说是个人特质，而并非做一个出色数学家所必需的条件。

正如我们所知的那样，国际数学奥林匹克竞赛的历届获奖者中只有一部分最终成为数学家，成为数学大师的则更少。但是和许多喜欢顺口抨击"体制问题"的人的想法不同，这其实只不过是个自然现象罢了。正如陶哲轩的同事，华人数学家陈繁昌评论过的那样，数学研究和数学竞赛所需的才能并不一样，尽管有些人（比如陶哲轩）可以同时擅长数学研究和数学竞赛。

除了智商以外，使得陶哲轩真正成为一流数学家的，也许还有他那广泛的兴趣、丰富的知识储备以及深刻的洞察力。令他获得菲尔兹奖的最主要成果之一是他和另一位数学家合作证明了素数的序列中存在任意长度的等差数列，这个问题毫无疑问属于数论这一数学分支，而需要做一点背景介绍的是陶哲轩本人的专业同数论完全无关：他是一个调和分析以及偏微分方程的专家。这是典型的"陶哲轩式"的传奇故事：他能够敏锐地发现那些陌生的问

陶哲轩获得 2008 年美国国家基金委 Alan T. Waterman 奖的 50 万美元，鼓励他继续进行世界级的数学研究。这是他获奖后为粉丝们签名

题同自己擅长领域的本质联系，然后调动自己的智慧来攻克。和那些在一个数学分支里皓首穷经的大师不同，他所解决的问题已经遍历了无数看似彼此遥远的领域。这也许才是他最大的特色。正如他的师兄费夫曼所评价的那样，陶哲轩与其说像音乐神童莫扎特，不如说他像斯特拉文斯基。他不是只有一种风格，而是具有极其多变的风格。

另一个极好的例子是他近年来关于压缩感知（compressed sensing）方面的研究。这听起来不像是个传统的纯数学问题——至少和素数什么的毫无关系，事实上，这个问题完全来自信号处理的领域。问题本身可以简单描述如下。我们都知道，在数学上，要解出几个未知数就要列出几个方程才行。用信号处理的方式来表述，就是如果要还原一个信号（声音或者图像或者其他什么数字信息），那么信号有多大，我们就要至少测量多少数据才行。这是个一般的规律。但是实践中由于种种原因我们往往无法进行充分的测量，于是就希望能用较少的测量数据还原出较多的信息。本来这是不可能的事情，但是近来人们渐渐意识到，如果事先假设信号有某些内部规律（总是有规律

的，除非信号是完全的噪声），那么这种还原是有可能做到的。在这个领域里，几篇极其关键的论文就出自陶哲轩和他的合作者之手。

事实上，关于陶哲轩是如何注意到这个问题的，在圈内也有一个流传很广的八卦：话说有一位年轻应用数学家正在研究这个问题，取得了很大进展，但是有些关键的步骤所牵涉的数学过于艰深，于是他被这些困难暂时卡住了。某一日这个数学家去幼儿园接孩子，正好遇上了也在接孩子的陶哲轩，两人攀谈的过程中他提到了自己手头的困难，于是陶哲轩也开始想这个问题，然后把剩下的困难部分解决了……（顺便提一句，由于陶哲轩和很多别的数学家的介入，压缩感知这个领域已经在这一两年来成为应用数学里最热门的领域之一，吸引了人们极大的注意。陶哲轩本人在 2007 年写过一篇关于这个领域的极好的普及性文章。）其实人们普遍觉得，陶哲轩最令人羡慕之处，不在于他惊人的天赋和出色的成就，而在于他在坐拥这些天才和成就的同时，也能成长为一个享有健康生活的快乐的"普通人"。他是个出色的合作者和沟通者，他自己曾经说过："我喜欢与合作者一起工作，我从他们身上学到很多。实际上，我能够从调和分析领域出发，涉足其他的数学领域，都是因为在那个领域找到了一位非常优秀的合作者。我将数学看作一个统一的科目，当我将某个领域形成的想法应用到另一个领域时，我总是很开心。"对于我们大多数人来说，成为像陶哲轩那样的天才恐怕是可望而不可即的事情。但正是像我们一样的普通人，构成了这些天才成长的土壤的一部分。在中国这样的大国里，天才的出现并不稀罕，然而如何让他们健康自由地成长起来，恐怕会是一个颇令人思量的问题。

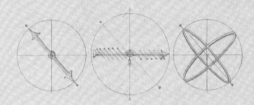

数学烟云

HISTORIES AND LORE

后面就是秘密！

——密码漫谈

罗懋康

一大早就被床头柜上的手机闹醒。睡眼惺忪中抓起手机，摇摇头让自己清醒一些，看到底是哪个这么不知趣，太阳还没照到窗户呢，就把人吵醒，还让不让人活了！

定睛一看，一个激灵：老板催报告了！

胡乱塞了点东西到嘴里，匆匆出门，倒也还没忘记将钥匙在门锁上反拧两圈。

离汽车还老远，按下车门遥控钥匙上的按钮，电磁波一下蹿了出去，"咔嗒"一声轻响，打开了车门。

手中扭动点火钥匙，心里却在默念银行卡的密码——女儿早就想要的那个生日礼物只能用现金支付，待会儿还得去取款。

到了办公室，在脑中将老婆的生日排成标准 6 位数表示，逐一按下门外新装的数字密码锁按钮。

把自己沉重地扔进转椅，随手动了一下鼠标，计算机屏幕由黑变亮，却冷漠而有礼貌地要求先输入密码。暗骂一句，心想得赶紧装个指纹开机的玩意儿了，然后喃喃背诵一段名人格言，用笔杆把字头逐一戳入密码框，最后才"啪"的一声砸下回车键，总算打开了屏幕。

　　或许你没有意识到，在一天的开头就这么半个多小时里，一个都市人在意识和行为上已经不可避免地与密码至少打了9次交道：打进来的电话是手机基站以扩频伪码序列加密后传递过来的，回答出去的话音也一样；反拧的门锁钥匙是密码的一种等效实现形式；手中汽车门锁钥匙发出的电磁波更是加了密的；点火开关钥匙与密码的关系跟房门钥匙一样；要去银行或 ATM 机上取款，还得输入密码；办公室门锁更是以密码开闭；计算机的屏幕保护得用密码打开，要不就用指纹、眼底视网膜之类的密码等价形式来打开。

　　可以说，现代社会中的人，特别是都市中人，很难有哪一天能完全脱离开密码的影响，更不用说团体、机构、公司、银行、军队、国家等群体了。

　　不过，密码这玩意儿既没法离开，又老是听说密码被盗、被破之类令人郁闷的事，弄得不用不行，用了又不放心，干脆，横下一条心，花上点时间，来看看——

密码到底是个什么东西？

　　密码这个词，现代都市人已经是没几个不能随手举它十个八个应用例子的了；可真要比较全面、系统地说清楚密码到底是什么、干什么的，一时半会儿还真未必是一件容易的事，至少不比试图通过拆解十把八把机械锁、电子锁来自制一把万能钥匙更容易。

　　试着回想一下我们在生活中遇到、使用密码的情形，我们首先对"密码""加密""解密"的概念给出一个通俗的界定：密码操作（或更一般的：信息加密）的本质，就是改变信息的表现方式，使其令旁人难以理解的可逆过程。

微型保险箱——密码筒

第一个可能让人想到的问题是：干吗不直接用保险箱——或者，微型保险箱？

可问题是：且不说体积问题，也暂且不考虑保险箱被 X 光透视内部结构打开甚至直接被大锤砸开、被乙炔焰割开的可能，就仅仅是一个重量问题，就没法让人忍受——总不能让人成天扛着一个上百斤的保险箱到处乱跑吧？

OK，我们有"微型保险箱"，比如电影《达·芬奇密码》中就展示过的密码筒，这种密码筒在历史上也真实存在过；但是，且不说密码筒作为容器的易损性，更关键的是，它能容纳的是载有信息的具体形态的物质，但我们需要的却仅仅是其中包含的信息，而非这些物质本身；而可以选择的信息载体形式却远非物质形态这一个大类而已，比如能量。它能收纳能量么？

更何况，别看说得那么玄，事实上可以看出：这个密码筒是可以"盲开"的！

只不过一到"以能量传输信息"，就难以避免被人中途截获；因此，将信息先行改变表现形态然后再传输，使得即使中途被他人截获，却也难以理解其中含义，这显然是一个效费比几乎最高的办法。

这就是密码（加密、解密）重大而独特的功用。

密码这种隐匿方式假定的是：就算你发现了已被加密的信息（现代密码学甚至假定你知道了加密操作的方式——加密算法），知道这里面有秘密，但在缺少密码的情况下，你仍然没法知道这些秘密是什么。

因此，我们可以给出密码操作的 5 个基本要素：

（1）明文——不希望被未经允许的人看到的信息，可以是文字、符号、图形、图像、数据等任何表现形式所包含的信息，相当于希望锁在保险柜里的东西。

（2）加密——对明文的信息或搭载信息的信号进行处理，使其变得难以判读的操作过程，在现代技术条件下大多数就是某种算法，相当于将东西装进保险箱并按确定方式和步骤锁闭保险箱的过程。

（3）密钥——加密时为保证信息只能被经过允许的人还原而设定的特定信息或信息载体，由允许的人持有，相当于打开保险箱的钥匙或在保险箱密码键盘上输入的密码。

（4）密文——明文经过加密后所呈现的信息、信号表现形式，相当于装好东西已经锁闭的保险箱。

（5）解密——使持有密钥的人，能通过密钥信息的输入，将已被加密的信息进行还原的方式和步骤，相当于在保险箱上插入钥匙或输入密码后打开保险箱的过程。

不过，这里要注意的是：对任何一种加密方式来说，密钥并不是与加密方式相独立的一个要素，事实上，密钥只是这种加密方式中一些具有特定格式、可以单独改变的操作量而已；当这些操作量改变时，对信息的具体加密方式也就改变了。

我们可以用通常机械锁的结构和原理来说明：一种锁就相当于一种加密方式；如果为了使得不同使用者不能对这些锁互开，便对每个使用者都全新设计不同作用原理的锁，那任何一家锁厂干不了几天就都得关门了。

因此，除了古代的锁或现代极少数特种用途的锁以外，几乎所有的机械锁无不采用"除了以吻合方式辨别特定形状钥匙的凹凸组合部分外，其余部分都相同"的通行设计方式；换成现在更一般、更流行的句式来说，就是"将识别功能和执行功能模块化"的方式。

133

弹子机械锁原理及其锁芯构造

这样，锁具设计师和锁厂就可以对同一种设计，大量生产各把锁之间仅仅是锁芯中用于识别钥匙形状的弹子长度组合不同、其余所有结构都完全相同的锁具，使得不同的人买到的同一品牌、同一型号的锁，不但能保证相同的锁闭作用，而且还由于锁芯中弹子的长度组合不同，所能辨别的钥匙也不同，因而不能互开。

由此可见，锁作为一个加密方式（系统），钥匙上按照锁芯的结构形式而确定的位置上的各凹凸变化点的凹凸组合，就是这个加密形式（系统）中可以改变的操作量，也就是密钥，而钥匙不过是这个密钥的物质载体而已。

因此，正如机械锁的情况一样（事实上电子锁本质也相同），在信息加密技术中，将加密方式（系统）中一些操作量抽出来作为密钥这种做法的目的，就是使得一种加密方式能被多个持有不同密钥的人使用，但每个密钥持有人却只能解开那些以自己持有的密钥为操作量进行加密的信息。这也使得同样的加密方式能在一段时间以后，仅仅需要更换密钥便可使得持有此前密钥的人不再能解密。而且，由于密钥可由操作者自主设定，显然能使操作者对加密安全性的信心大为增强（试想想：假如钥匙的具体样式能由自己而非任何他人来任意确定，那这把锁的使用该是多么令人放心的事）。

因此，当由于技术可行性原因或由于需求必要性原因使得这些操作量被固定在加密方式中时，密钥也就不存在了，例如人们通常使用的暗中约定的暗号。

所以，一般而言，密钥并非加密的必需，而只是对加密功能、性能的增强。

当然，对信息还有另一种隐匿的方式，那就是干脆将这些信息隐藏、隐蔽起来，压根不让别人知道有这些信息的存在。比如，以暗室技术将情报缩微成通常信件中的一个标点符号、以密写药水书写情报，以及现在将信息隐藏在音乐、图片中，等等。

当然，大多数这类信息隐藏的方式都是直接将信息载体本身隐藏起来，比如特工将秘密文件藏在树洞里，《三国演义》中汉献帝将血书缝在玉带内让国舅董承带出宫外，等等。

这类方式称为"信息隐藏"，不属于我们今天讨论的"密码"或"加密"的范围。

如果你还不放心，也大可先将信息加密，然后将加密后的信息再隐藏起来，便如将装有东西的保险箱再伪装成墙板、画框之类日常物品一样。

间谍在手表中隐藏缩微胶片

很早很早以前

远古时代，一片湿地边上，两个部落的战士正围着兽皮裙、拎着大头棒，在各自头人的率领下怒目而视，而两边的头人，则正在稀里哗啦地争吵、威胁，要求对方退让出这片湿地——要知道，湿地可是狩猎取食维系生存的根本所在，有些类似于现在的中东石油产地。

突然，这边的头人高举手中的石斧，在空中画了两个圆圈。由于这个动作对于对方部落的人来说，既不属当时的"外族语言""部际语言"，又不属自己的"部落语言"，对方部落众人自然一阵莫名其妙。可战争却容不得犹豫，只一瞬间，石块和石矛已如雨点似的从背后和两侧飞到头上。

其后的情形可想而知，自然便是后来数千年战场上不断上演的"兵败如山倒"的场面。

原来，这边的头人已经先安排了埋伏，并且，给埋伏的战士规定了"我一举起石斧画圈，你们就扔石块、石矛，接着就冲锋"的暗号。

这种暗号，除了"密钥"的功能不那么明显以外（类似于后来，至今仍在采用的也是可靠性最高的"一次一密"加密方式），已经具备了前面所述的"密码"的各个基本要素。

当然，远古时代这个依靠密码赢得战争胜利的战例是不会记入密码史的。唯一见诸记载的人类最早的密码（密文）雏形，是公元前 1900 年，古埃及一个书写员在一个描述他主人迦南·侯伯特二世的生平事迹的铭文中，使用了象形文字间的替代方法，使铭文变得难以理解和辨认。

不过，密码史上似乎并未对这个书写员的创举给予足够的肯定，原因是这段铭文的书写方式不完全符合密码的基本要义：尽可能不让未经授权的人理解，而仍然希望后人读懂，只不过要制造一些可以克服的困难从而让后人产生神秘感和敬畏感罢了。

古埃及象形文字密码：铭文及对应的变体文字

古埃及泥板文书

　　这样一来，中国就成了标准意义上最早发明密码的国家了。公元前 7 世纪至公元前 4 世纪之间，也就是《孙子兵法》成书（公元前 5 世纪）的前后，有一本委托姜太公吕望所著、后世在中国的声名与《孙子兵法》不遑多让的兵书出现，这就是《六韬》。

《六韬》竹简

《六韬》中记载了殷商之际（公元前1046年前后）西周的姜子牙发明了最早的军队秘密通信密码——阴符。

武王问太公曰："引兵深入诸侯之地，三军卒有缓急，或利或害。吾将以近通远，从中应外，以给三军之用，为之奈何？"

太公曰："主与将有阴符，凡八等：有大胜克敌之符，长一尺；破军擒将之符，长九寸……诸奉使行符，稽留者，若符事泄，闻者、告者皆诛之。八符者，主将秘闻。所以阴通言语不泄中外相知之术，敌虽圣智，莫之能识。"

——《六韬·龙韬·阴符第二十四》

这里的意思是：按照只有我方知道的方式，以不同长度的竹片代表不同的军事用语，从而起到军事秘密通信的作用。

由此可见阴符是一种替代密码，即先对将要加密的信息以一定的方式进行分割，再对每一部分以我方特别指定的信息替代，然后保存或传递。

不过，阴符虽有其简便保密的特点，但毕竟仅仅是密码的"初级阶段"，过于简单，无法满足复杂的战场环境下军事通信的需求。因此，姜子牙又创造出一种新的秘密通信方法，即"阴书"。这仍然载于《六韬》之中：

武王问太公曰："引兵深入诸侯之地，主将欲合兵行无穷之变，图不测之利，其事繁多，符不能明，相去辽远，言语不通，为之奈何？"

太公曰："诸有阴事大虑，当用书，不用符。主以书遗将，将以书问主。书皆一合而再离，三发而一知。再离者，分书为三部；三发而一知者，言三人，人操一分，相参而不知情也。此谓阴书。敌虽圣智，莫之能识。"

——《六韬·龙韬·阴书》

这意思是说：如果有秘密而复杂的大事，则用"阴书"这种秘密军事文书，而不是用"阴符"这种简单的符号系统。方法是：先把所要传递的机密内容完整地写在一篇竹简或木简上，然后将这篇竹简或木简拆开、打乱，分成三份，即"一合而再离"；然后派三名信使各持一份，这样他们互相之间都不能知道具体的内容；让他们都送到同一个目的地，收件人再把三份"阴书"按顺序拼合起来，内容便一目了然了，即"三发而一知"。可见阴书具有类似于移位密码的特性，即将原有信息的排列方式以我方特定的方式打乱，以让敌方即使截获也不能理解。

由于是分散传送，因而对于敌方截获的可能性而言，阴书的保密性不错。当然，对于我方接收的完整性而言，可靠性也就差些。

然后才是大约公元前4世纪时古希腊人发明的一种称为"天书"（scytale）的密码通信：发信人和收信人各持一根形状相同的特别圆棍，发信人将一张羊皮纸螺旋卷绕在他的圆棍上，然后写上情报；当取下羊皮纸时，由于先前的书写相当于每隔圆棍圆截面周长的距离写一个字母、再如此周而

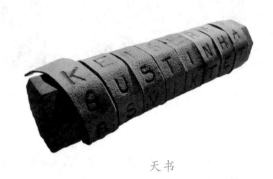

天书

复始地写满所有空隙，因此这时展开的羊皮纸上就全是排列混乱不堪的字母了。信送到后，收信人将这些羊皮纸卷到同样的圆棍上，便可重新读出内容；而若没有同样的圆棍，即使卷起来也得不到原来同样的排列顺序，从而读不出原有的内容。

这显然仍是一种移位密码。

公元前 405 年，雅典和斯巴达之间的伯罗奔尼撒战争期间，斯巴达军队捕获了一名从波斯帝国回雅典送信的雅典信使，他身上除了一条布满杂乱无章的希腊字母的普通腰带外，没有任何情报。斯巴达军队统帅莱桑德研究了这些字母，最后通过在剑鞘上卷绕腰带读出了这些字母原来组成的文字——一份波斯告诉雅典他们将对斯巴达军队突袭的情报。实际上，这就是一条"天书"密文。莱桑德立即改变了作战计划，回师攻击毫无防备的波斯军队，将其一举击溃。

公元前 58 年，罗马"前三巨头"之一的恺撒发动了对高卢地区 [1] 长达 8 年的征服战争，恺撒为此撰写了描述这场战争的《高卢战记》，共七卷，每年内容一卷。

《高卢战记》12 世纪抄本和 18 世纪印刷版本　　　　恺撒征服高卢后凯旋

---

[1] 高卢，法语：Gaule；拉丁语：Gallia；指现今西欧的法国、比利时、意大利北部、荷兰南部、瑞士西部和德国莱茵河西岸的一带。

恺撒在《高卢战记》中记述了他如何将密信发送给手下的事，但没有提到密码细节。好在 200 余年后，苏托尼厄斯在其撰写的《恺撒传》中说明了这种密码，这就是密码史上著名的"恺撒密码"。

恺撒密码将字符表中每个明文字符都由其右边第 3 个字符代替，到结尾则接上字符表的开头进行循环：

> **移位前字符表**：A B C D E F G H I J K L M N O P Q
> R S T U V W X Y Z
>
> **移位后字符表**：D E F G H I J K L M N O P Q R S T
> U V W X Y Z A B C

移位前后字符表

因此这是一种简单的跨度为 3、循环周期为字符表长度的循环移位；但其开启了替代密码的先河（虽然实际上它同时也是移位密码），因而后世将凡是依某种自然的顺序进行替换的密码都称为恺撒密码。

不过，别看现在这种密码显得简单、不难破译，意大利黑手党"教父中的教父"贝尔纳多·普罗文扎诺在逃亡 43 年后于 2006 年 4 月 11 日落网时，从搜出的一些字条看，他在 2002 年之前使用的都是一种与恺撒密码相似的密码，此后才因一个手下的被捕而改变了加密方式；而在他被捕的农舍中搜到的一本标有很多符号字句的《圣经》，这很可能就包含他的新密码表，只不过一直未能破译。而且，更麻烦的是，从搜到的字条中警方破译出一条信息：他早已用先前那种旧的密码指定了一位新教父，而这位新教父可是一个电脑高手！

古代中国的军事家似乎更喜欢类似"一次一密"的替代密码。例如，北宋仁忠时任至宰相的曾公亮，在其修撰的军事技术百科全书《武经总要》

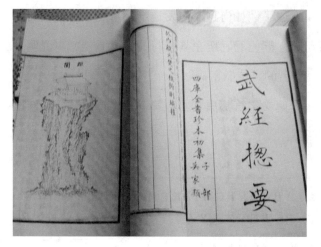

《武经总要》

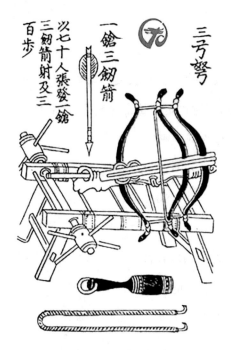

《武经总要》中的三弓床弩图

中，就提出了一种很可能是世界上保存至今最早的军用替代密码表。

他将搜集整理而得的当时军中常用的 40 个短语，以不同顺序进行排序，每一种排序构成一个不同的密码本。当部将出征时，主将发给部将一个密码本，不同部将或不同时期可用不同的密码本，然后和每个部将约好分别用某一首没有重复字的五言律诗，作为密钥。

如某部将在前线需要增拨弓、箭了，则从其持有的密码本中查出"请弓"为 1 号短语，"请箭"为 2 号短语，然后在主将与自己约定的五言诗如杜甫的《春望》中，找出第一、二个字分别为"国"和"破"；然后再拟一公文，文中混编入"国""破"两个字，并在其上加盖自己的印章以示这两个字就是密文。主将收到公文后，将其中标示的密文与《春望》和发给该部将的密码本相对照，即可得知其含义。

这个加密系统中，密码本，即以 40 个数字替代 40 个短语的方式，是可以更换的；密钥，即没有重复字的五言律诗，也是可以更换的；这就构成了一个完整的密码系统。

要的就是让你头痛——古典时代的密码

按照我们在前文中的介绍，我们已经知道，密码的本质可以如下描述：

假设：

P 为作为明文的信息集合；

K 为作为密钥的信息集合；

S 为作为密文的信息集合；

F 为作为加密方式将两个信息集合映为另外一个信息集合的变换，F^{-1} 为其逆变换；

则加密、解密过程可以表示如下：

加密：$F(P, K) = S$；

解密：$F^{-1}(S, K) = P$。

这么说起来虽然略显抽象了一点，却能将密码或加密、解密的本质可靠地概括、提炼出来。

为了有个比较具体、形象的想象，我们仍然可以用机械锁保险箱的情况来作比喻。当然，对于一般的机械锁而言，触发锁闭动作和开锁动作的钥匙都是同样的；在密码中这就是所谓的"对称密钥"。后面我们将要针对"非对称密钥"或"公开密钥"的情况设计一把锁闭钥匙和开锁钥匙不同的机械锁，但这里为简便起见，我们仍然采用通常的"对称钥匙"机械锁。

在这种情况下，明文 P 是保险箱中秘密文件所包含的信息；密钥 K 是钥匙上的凹凸组合信息；S 为锁闭之后的装有秘密文件的保险箱；F 为锁体中从插入正确的钥匙、锁芯中弹子组合识别出钥匙的正确性、锁芯按钥匙的扭力作出旋转，到推动相应执行机构进行锁闭、开锁动作的一系列特定过程的作用原理。而加密、解密就是锁体内执行锁闭、开锁动作的这一系列过程。

从加密表示式看，$F(P, K) = S$ 就是要设计加密方式 F 和加密密钥 K 以尽量使得旁人在仅仅获得密文 S 的情况下，非常难以仅由 S 推出加密方式 F（或其逆变换 F^{-1}）和解密密钥 K，更不用说直接由密文 S 推出明文 P 了。甚至于，在现代密码学中，还进一步要求在旁人不仅获得密文 S 而且获得了加密方式 F 的情况下，仍然不能推出解密密钥 K，更不能推出明文 P。

由此，一般而言，从保密的必要性看，加密方式 F 和密钥 K 的复杂性显然越高越好（现代密码学已经不再如此笼统地要求二者的高复杂性了，而是要求 F 具有"单向"性或"单向陷门"性，即"正变换不难，但反变换极难"或"在具有密钥时正变换不难，但没有密钥时反变换却极难"）；但从执行加密、解密过程的可行性看，则又是越低越好；这构成一对矛盾，通常只能在二者之间根据实际需要和实际可行性折中处理，即使是在现在海量高速计算机已经屡见不鲜的时候，依然如此。

试想想，当我们要给某人传送一封不愿让别人知道内容的密信时，我们有哪些基本的办法？任何一种信息表示方式（如二进制、英文、中文等）均可视为一个系统，而任何一个系统均可视为由"单元集合"与"关系集合"

构成；因此，任何一种信息表示方式也就均由"符号"和"语法"两个基本要素构成，符号（如0、1、英文字符、中文单字等）表示信息的基本组成要素，语法给出以这些基本组成要素的组合来表达复杂信息的行为规则。

又由于任何信息都必须有某种载体才能表现，所以，要传送或保存任何一组信息，必须满足3个基本条件：载体、符号、排列。

由此可知，要让一组信息保持秘密，无非以下5种办法：

（1）让人难以获知信息载体的存在（如密写药水、伪装成标点符号的缩微胶片等）。

（2）让人即使获知信息载体的存在却难以获知在何时何处获取（如混在成千上万进出海关的人群中的秘密信使）。

（3）让人即使获知信息载体在何时何处获取却难以获取（如首脑机关的秘密文件）。

（4）让人即使获取信息载体却难以理解其表示符号的含义（如两河流域泥板文书上的楔形文字字符、殷墟甲骨文字符）。

（5）让人即使理解其表示符号的含义却难以理解其组合方式的含义（例如一串不明其义的英文字符）。

前3种方法属于信息隐藏或信息保护，不属于密码学的范围；但后2种方法正是密码学的两种基本方法：替换法与移位法。

当然，稍微复杂一点的加密方法都是这两种基本方法的结合或混合，而不单是其中某一种。

事实上，倘若单用这两种方法的一种，那么，稍不小心便可能使明文中某些字词与密文中某些符号、排列形成相对固定的对应关系，这样的情况下，利用密码破译（密码分析）中一种历史悠久的方法——频度分析法，便有可能攻破这段密码。

频度分析法，是基于这样一个事实：任何一种语言中，每个字母、单字

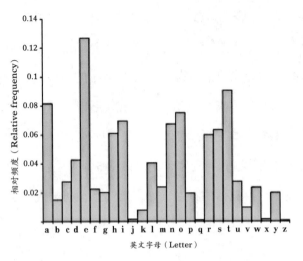

英文字母相对使用频度图

或单词都有其基本稳定的使用频度。例如，在英语中，首先字母 e 出现的频率在所有字母当中最高，其次是字母 t，然后是字母 a，……；在阿拉伯语中，出现最多的字母是 a 和 l；在汉语中频率最高的单字是"的"。字母或单字越少的语言，长度越长的文字，这种频度的表现越是稳定。

这样，当已经估计到一段密文的明文是用哪种语言写成的时候，将其中出现频度最高的符号与该种语言使用频度最高的字母相对应，次高的符号与次高的字母相对应……辅以不断地分析、调整，便很有可能将其破译。

频度分析法最早是由谁提出的，已经湮不可考；但我们知道，公元 8 世纪中叶，阿拉伯阿拔斯王朝时，巴格达等地神学院中的神学家在建立《古兰经》中穆罕默德启示录的年鉴时，就开始计算每一条启示录中各个单词的出现频率，他们甚至还研究单词的起源、变化与句子结构，来测试某篇文章是否与穆罕默德的语言模式相一致。公元 9 世纪时，同时兼为天文学家、哲学家、化学家和音乐理论家的阿拉伯人阿尔·金迪（al-Kindi，也被称为伊沙克 Ishaq，801—873）在他的《关于破译加密信息的手稿》中，提出了解密的频度分析方法。这是密码破译术的一次伟大突破。

现在来看看在古典时代加密、解密，曾经有哪些比较典型的方法。

（1）"阴符""阴书"：这应该分别是世界上最早的替代密码和移位密码。

（2）"天书"：这是密码界承认的世界最早移位密码。

（3）"恺撒密码"：这是密码界承认的世界最早替代密码。

（4）"九宫格密码"：欧洲中世纪（约公元 476—1453 年）时期，宗教势力处于高压统治地位，大量秘密结社兴起；最有名的就是影响深远的"兄弟共济会"。秘密通信的需要，使他们发明了这种替代密码。

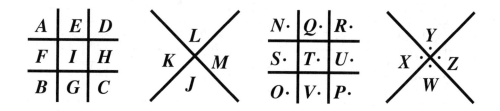

九宫格密码

图中，上面一行以九宫格方式给出替换规则，下面一行中给出明文"TIMEFLIES"（空格忽略）加密后的结果。

（5）"书卷密码"：以一段或一篇文章作为密钥，对其中每个单词依序编号。以此作为解密表。再由此制作加密表：按字母顺序，将这段文字中每个单词的编号按相同首字母归并到一起：

a	26	35	36	47	68									
b	22	53	64	67										
c	03	40												
d	09													
e	11	65												
f	13	16	37	38										
g	63													
h	15	28	45											
i	04	32	42	72										
j	67													
k	69													
l	20	25	43											
m	07	34	41											
n	58													
o	48	50	56	62	71									
p	24	29	31	61										
q	44													
r	21	39	70											
s	05	27	55											
t	02	06	08	17	18	23	30	33	46	49	52	54	57	59	60
u	01													
v	14													
w	10	12	51											
x	75													
y	19													
z	81													

"书卷密码"加密表

注意到加密表中 x 和 z 在解密表中没有对应的编号，也就是说密钥或解密表中没有以这两个字母开头的单词，因此将它们另行单独编号为任意两个数字 75、81。

于是，加密时用加密表对照，将英文字母逐一转成对应的数字即可；当然，对于那些有不止一个数字对应的字母，最好将所有对应数字都使用到。而解密时按解密表将数字转回相应的字母即可。

当作为密钥的这段文字长度够大、且很难单靠猜测和在常见文章、书籍中的逐一查找来发现时，书卷密码有非常高的强度，这从现实中一个持续至今上百年的事例——比尔密码（The Beale Ciphers）可以看出。

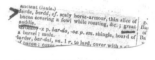

1822 年 1 月，美国弗吉尼亚林奇堡的华盛顿旅馆的主人莫里斯，受一个客人汤姆斯·比尔委托保管一个锁住的铁盒子。数月后，比尔给莫里斯来信，说铁盒子内保存着非常重要的东西，事关他和朋友的性命，如果他和他的朋友没能来找莫里斯，就请莫里斯在 10 年之内一定保管好盒子。

莫里斯是一个很忠厚的人，一直守护了这个铁盒子 23 年，1845 年方才打开。结果里面是 4 张字条，3 张是密文，1 张是说明事情原委的明文。

比尔密码——曾经从中寻找密钥的词典

原来，比尔是个冒险家，1917 年组织了一个 20 人的探险队，在一个险僻的峡谷里发现了金银矿；几年里他们聚集了大量的财宝，并将其藏匿在一个隐秘的地方。比尔担心在挖掘完成之前身遭不测，在遇到忠实可靠的莫里斯之后，便将各个藏宝地的位置、其中财宝数目、自己和同伴们所有亲戚的名字分别写成 3 张密文，委托莫里斯保管，以便在他们遭遇意外后，这些财宝仍能交给他们的亲人。

已经 23 年了，比尔或他的同伴仍未来认领，恐怕早已凶多吉少。莫里斯认为自己有责任找出这些宝藏来交给他们的亲人。于是他便开始尝试破解这些密码，但在他的余生——18 年里，却一无所获。临终前，他将此事告诉了一个朋友詹姆斯·沃德。沃德经过无数次的查找和尝试，终于破解了第 2 张密文，证实这是一个用《独立宣言》中的一段话加密的书卷密码，译出的文字是：

> 我在离布法德约 4 英里处的贝德福德县里的一个离地面 6 英尺深的
>
> 洞穴或地窖中贮藏了下列物品，这些物品为各队员——他们的名字在后

面第三张纸上——公有。第一窖藏有 1014 磅金子，3812 磅银子，藏于 1819 年 11 月。第二窖藏有 1907 磅金子，1288 磅银子，另有在圣路易为确保运输而换得的珠宝……

这一破译引起轩然大波，无数的人查找、尝试了无数的文献。到了 20 世纪 60 年代，一些专门从事密码破解（密码分析）的人接受不了这个失败，专门为此组成了一个秘密协会——比尔密码协会，以便他们倾其知识和才智去攻破这个密码。计算机科学家、电脑密码统计性分析的先驱卡尔·哈默就是该协会的一位著名成员，他对比尔文件中的数字的分布做了大量统计、试验，总结得出结论：这些数字并不是随意写出的，它一定隐含着一段英文信息。

虽然越来越多的数学家从事密码学研究，越来越多的巨型计算机被用来编制和破译密码，但 170 多年前写成的比尔密码，仍然还在以冷峻的面孔冷迎世人——第 1 张和第 3 张密文至今仍然未能破译。

从书卷密码的构成方式我们也可看出，书卷密码的本质是一个多对多的映射。

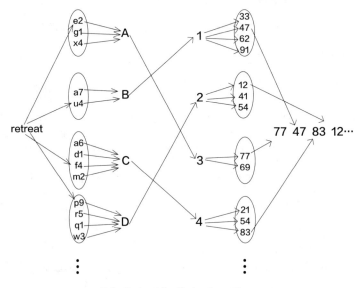

"书卷密码"基本原理图

假定有 A, B, C, … 和 1, 2, 3, … 两组有序排列的符号，分别称为明文主符和密文主符；每个明文主符和密文主符又各对应着一组有序排列的符号，如符号 A 对应着 e2, g1, x4，称为明文次符；符号 1 对应着 33, 47, 62, 91，称为密文次符。

在所有这些有序的明文次符 e2, g1, x4, a7, u4, … 和密文次符 33, 47, 62, 91, 12, 41, 54, … 之中，没有任何两个是相同的。

于是，任何这样构成的明文主、次符和密文主、次符，加上明文主符与密文主符之间任何一组对应关系，就构成一个书卷密码。

比如，当明文（如图中的 retreat）中第 4 个字母 r 要加密时，先将 r 对应到第 4 个明文主符 D，再按预先确定的对应关系对应到密文主符 2，再对应到 2 的密文次符 12, 41, 54 中的第 4 个（待加密的字母 r 在明文中排在第 4 位）；但是，这里只有 3 个次符，因此按循环关系，取作第 1 个次符 12。最后，r 就被加密成了 12。

由于这里每个密文主符都对应着若干密文次符，因此，每个明文字符并不固定对应某一个密文次符，例如，明文 retreat 中第一个字母，虽然同样也是 r，但是，却被加密成 77。因此，只要次符的个数不要太少，便可将各个字母的使用频度很好地掩盖起来，使频度分析法失效。

事实上，多表替换之类的密码，基本上遵循的就是这个书卷密码的基本原理。

（6）"一次一密"：按需要加密的明文长度需要，将加密表扩张、用数字随机地填满，并仍然使得每个数字在表中只出现一次，就构成了"一次一密"的一次加密表；将很多各不相同且毫无规律的一次加密表装订在一起，就构成了"一次一密"的密码本；每次加密、解密，双方按照同样的密码本中同样的顺序使用同一张加密表（解密表），然后便将其撕掉销毁，下次再一起使用下一张表。

当使用者较多时一次一密的使用成本是很高的：必须高度可靠地分发、

保管密码本。由于理论上已经证明，一次一密是唯一不存在统一的破译方法的密码，因此，直到现在，这种古老的加密方法仍被各国用来保护一些使用量小却具有极高密级的政治、军事机密。

（7）"双字密码"：我们知道任何一段信息均可表示为一段二进制数字，如 0100010010、10001010011100110 等；因此，任何有限信息也都可以用由两个不同字符组成的有限长字符串来编码表示，而且，还不一定非得按照二进制数字的进位规律来编码。以"知识就是力量"而名垂千古的英国哲学家培根，就编制过这样一种隐秘性很好的密码：

（Ⅰ）将 26 个英文字母中的每一个用长度为 5 的 a-b 字符串编码，如：A = aaaaa, H = aabbb, I = abaaa, K = ababa, L = ababb, M = abbaa，等等。

（Ⅱ）将要加密的字句如"KILL HIM"去掉空格和标点符号，写一封通常的信件或文件，按"正体字母代表 a、斜体字母代表 b"的方式和（Ⅰ）中的字母编码方式，将"KILLHIM"的每个字母表示成文件单词中由 5 个或正体、或斜体的字母组成的串，这样就完成了"KILLHIM"的 a-b 编码加密。

it seemed to many to *define* what *England* was fighting for.
ababa abaaa   ababb ababb aabbb abaaa abbaa
K   I   L   L   H   I   M

"KILLHIM"的 a-b 编码加密

（8）"维吉尼亚密码"（Vigenere Cipher）：维吉尼亚密码在密码史上名气很大，是古典密码中典型的多表替代密码，由亨利三世时法国外交官维吉尼亚（Blaisede Vigenere，1523—1596）发明。

布莱兹·德·维吉尼亚

维吉尼亚密码的特点是用一张"维吉尼亚方表"加密、解密，该表构造方法是将 26 个字母表每一行向左错一位、循环移位排列，合成一个表：

```
ABCDEFGHIJKLMNOPQRSTUVWXYZ
BCDEFGHIJKLMNOPQRSTUVWXYZA
CDEFGHIJKLMNOPQRSTUVWXYZAB
DEFGHIJKLMNOPQRSTUVWXYZABC
EFGHIJKLMNOPQRSTUVWXYZABCD
FGHIJKLMNOPQRSTUVWXYZABCDE
GHIJKLMNOPQRSTUVWXYZABCDEF
HIJKLMNOPQRSTUVWXYZABCDEFG
IJKLMNOPQRSTUVWXYZABCDEFGH
JKLMNOPQRSTUVWXYZABCDEFGHI
KLMNOPQRSTUVWXYZABCDEFGHIJ
LMNOPQRSTUVWXYZABCDEFGHIJK
MNOPQRSTUVWXYZABCDEFGHIJKL
NOPQRSTUVWXYZABCDEFGHIJKLM
OPQRSTUVWXYZABCDEFGHIJKLMN
PQRSTUVWXYZABCDEFGHIJKLMNO
QRSTUVWXYZABCDEFGHIJKLMNOP
RSTUVWXYZABCDEFGHIJKLMNOPQ
STUVWXYZABCDEFGHIJKLMNOPQR
TUVWXYZABCDEFGHIJKLMNOPQRS
UVWXYZABCDEFGHIJKLMNOPQRST
VWXYZABCDEFGHIJKLMNOPQRSTU
WXYZABCDEFGHIJKLMNOPQRSTUV
XYZABCDEFGHIJKLMNOPQRSTUVW
YZABCDEFGHIJKLMNOPQRSTUVWX
ZABCDEFGHIJKLMNOPQRSTUVWXY
```

维吉尼亚方表

要用这个表加密、解密，还需要一个由字母组成的密钥，比如 KINGDOM。现设要加密的明文是"retreat and go to next city"，去掉空格，将明文变为 retreatandgotonextcity。

将密钥 KINGDOM 重复排列，直至其长度超过去掉空格后的新明文的长度，然后截掉后面比新密文多出的部分，再与新的明文上下对齐：

r e t r e a t a n d g o t o n e x t c i t y
K I N G D O M K I N G D O M K I N G D O M K

153

这样，明文第 1 个字母 r 就对应于密钥序列中的字母 K。在方表中的第 A 行（第一行）找到 R（不分大小写），顺着这一列往下找到与第 K 行相交的位置上的字母 B，这就是 r 被加密后的字母。

同样，明文第 2 个字母 e，对应密钥字母 I，在第 A 行中找到 E，往下找到第 I 行所在的字母 M，这就是 e 加密后的字母。

最后，明文"retreatandgotonextcity"用密钥"KINGDOM"加密后的结果是 BMGXHOFKVQMRHAXMKZFWFI。

从维吉尼亚密码的加密表可以看出，由于明文中的同样字母只要处于不同位置就可能被加密成完全不同的字母，维吉尼亚密码很好地隐藏了字频（字母出现的频度）；这使得维吉尼亚密码对数百年来强大的频度分析攻击具有很高的抗攻击强度，因而，维吉尼亚密码在欧洲历史上纵横近 300 年，直到 1854 年才被英国人查尔斯·巴比奇（Charles Babbage）破解。不过，由于他从未发表过这个结果，因而，这个发现直到 20 世纪学者检查巴比奇丰富的科学笔记时才被公布于世。

这个巴比奇本身就是个甚是了得的人物，他发明了世界上第一台机械计算机——差分机，其基本结构原理至今仍为电子计算机沿用。

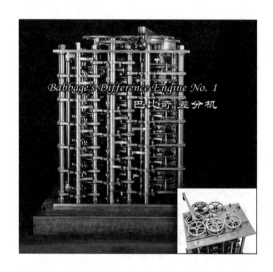

巴比奇差分机

生死之间，不见刀光剑影——密码的攻防

由于密码所关系的，经常都是一些生死攸关的事，因而围绕密码，历史上也就有着许许多多惊心动魄的事件展开。

（1）玛丽女王：1578 年，因国内危机而逃亡英格兰的苏格兰玛丽女王被伊丽莎白女王软禁。1586 年 1 月 6 日，玛丽收到一批秘密信件，里面是她过去的侍从、当时在欧洲大陆的 24 岁的安东尼·贝宾顿（Anthony Babington）和她另外一些忠实追随者准备营救她的计划。

这些信件都是用密码写成、由贝宾顿交给一个对玛丽女王表现非常忠诚的天主教神甫吉法德带进监狱交给玛丽的。然而，贝宾顿怎么也没想到，这个吉法德却是伊丽莎白女王的间谍，执行英格兰大臣沃尔辛汉姆（Walsingham）爵士的命令。其结果，自然是所有这些信件都首先出现在沃尔辛汉姆的办公桌上。

这还不算贝宾顿和玛丽最倒霉的事，更倒霉的是，沃尔辛汉姆不仅是负责君王安全的间谍首脑，而且还一直重视密码学的研究，在伦敦建立了一所

玛丽女王

沃尔辛汉姆勋爵

密码学校，培养了一批专门人才。当他得到这批信件时，便让当时全欧洲最优秀的密码破译专家和笔迹模仿专家托马斯·菲利普斯（Thomas Phelippes）将其破译了出来，汇报给了伊丽莎白。

此时的伊丽莎白，出于种种互相矛盾的利害考虑，对是否就此除掉玛丽女王举棋不定，沃尔辛汉姆猜透了伊丽莎白为难的原因，决定推动她杀掉玛丽女王，方式是设法构造玛丽图谋杀害伊丽莎白的证据。

他让间谍吉法德去告诉已经来到伦敦准备营救玛丽的贝宾顿，现在要想武力营救玛丽是不可行的，因为玛丽被严密看守，并被指示稍有异动发生便立即处死。唯一可行的办法是暗杀伊丽莎白女王，然后便可利用玛丽是英格兰国王亨利八世的姐姐的孙女、伊丽莎白女王的表侄女这一王室血缘关系和名义让玛丽接掌英格兰王位，这样的话，所有问题自然就不复存在了。

玛丽女王解码密钥

a b c d e f g h i k l m n o p q r s t u x y z

Nulles ff. ⌐. ⌐. d.   Dowbleth σ

and for with that if but where as of the from by

so not when there this in wich is what say me my wyrt

send lře receave bearer I pray you Mte your name myne

贝宾顿与玛丽女王通信的密码表

贝宾顿折服于吉法德的严密分析，立即重新拟订行动计划，并再次给玛丽女王写了一封信，说明他们将暗杀伊丽莎白女王，同时要求外国干涉、煽动英格兰天主教徒暴动。这封信还是由吉法德带给玛丽女王，并由玛丽女王签署了回信，表明她完全同意刺杀伊丽莎白女王的这一计划。

当然，这一切都在沃尔辛汉姆掌握之中。更可怕的是，他还让菲利普斯在玛丽女王的回信中，模仿玛丽女王的口吻和笔迹加上附言，让贝宾顿列出重要成员的名字。于是，所有密谋者被一网打尽。最后，玛丽女王也在审判庭上，被自己那封由菲利普斯按沃尔辛汉姆的指示添加了私货，从而半真半假、自己也无从分辨的密谋信件推上了断头台。

（2）裴炎宰相：与玛丽女王死于密码相差仿佛，中国古代也有一个类似的例子，这就是由于密码被武则天识破而丢命的宰相裴炎的故事。

公元 684 年，柳州司马徐敬业在扬州起兵，讨伐武则天。

这事在历史上固然有名，但被后世流传更广的，却是骆宾王为此所起草的"古今第一檄文"《为徐敬业讨武曌檄》。骆宾王这篇檄文，端的是文辞华丽，音韵铿锵，磅礴豪迈，雄奇激越：

> 海陵红粟，仓储之积靡穷；江浦黄旗，匡复之功何远。班声动而北风起，剑气冲而南斗平。喑呜则山岳崩颓，叱咤则风云变色。以此制敌，何敌不摧！以此图功，何功不克！

> 公等或居汉地，或叶周亲，或膺重寄于话言，或受顾命于宣室。言犹在耳，忠岂忘心！一抔之土未干，六尺之孤何托……请看今日之域中，竟是谁家之天下！

据说，当《为徐敬业讨武曌檄》传至京都，武则天初读时微露讥笑，但读到"一抔之土未干，六尺之孤何托"一句时，不觉悚然一惊，问侍臣："此语谁为之？"有人答曰："骆宾王之辞也。"武则天叹道："此乃宰相之过，安失此人？"据唐人张鷟《朝野金载》和《新唐书·裴炎传》所载，徐敬业此次起兵，当朝宰相裴炎亦曾与谋。《朝野金载》称：徐敬业约裴炎为内应，裴炎书"青鹅"二字作答。事泄，无人可解"青鹅"二字含意；武则天沉思

武则天《升仙太子碑》拓片

片刻，曰此乃"十二月（青），我自与（鹢）"之意，也就是说答应将于十二月在朝中发动政变，以为徐敬业响应。

这里，"青鹢"相当于同时使用了替代法和移位法的密码，只可惜还是被破解了。

不过，此事不见于《旧唐书》，《通鉴考异》也认为这些记述"皆当时构陷炎者所言耳，非其实也"，这就是史家的事了。

（3）生死攸关的六天，由密码决定：1918 年，一战后期，同盟国中为首的德国，与协约国中的英、法、俄作战已近 3 年，双方伤亡已达 284.8 万人。此时的德国，虽然由于俄国在十月革命后宣布退出战争而似得转机，但此前 1917 年 4 月 2 日，由于德国"齐默尔曼电报"密码被秘密破译而导致的美国对德国的宣战（另一个密码影响历史走向的事例，来龙去脉太长，还是暂付想象吧），却使德国的压力有增无减。不过，协约国方面的情况更为严重：德军当时停在距离索姆省的省会亚眠（Amiens）仅仅 16 公里的地方，距离巴黎也就百把公里。

双方都在紧张集聚力量，准备着决定双方各自命运的最后一战。

1918 年 3 月 5 日，一战后期的德国，启用了由纳贝尔（Fritz Nebel）上校发明的全新的战地密码，也就是密码史上著名的 ADFGX 战地密码体制。这套密码仅用 ADFGX 这 5 个字母表达全部的密文。但直至 4 月 1 日，26 天中，协约国方面对这些德文密电一筹莫展。

4 月 1 日，是西方传统上的愚人节；这一天，法国截获了 18 封这种用 ADFGX 战地密码加密的电报，却只能干瞪眼。

事实上，后来知道，这些 ADFGX 密码是通过"方表替代"和"密钥移位"两个过程的加密而得的。对比于当初破译这种密码时在黑暗中万千艰难的摸索，我们现在可以比较轻松地来看看它是怎么加密的了。

① 替代

首先构造一张由行、列都由 ADFGX 这 5 个字母作为标号、空格中随意填有 a 到 z 各个字母的用于替代的方表。

由于这是一个 5×5 的方表，只有 25 个空格，又由于 y 在德语中使用较少，所以 y 在表中略去。

假定要加密的明文是"Let us go"。首先全部改为小写、删除空格，将明文变为"letusgo"。然后，对第 1 个字母 1，在上面的方表中找到其对应的行、列编号分别为 G、F，因此 1 就以 GF 替代。照此办理，直到完成全部 7 个字母的替代编码：

l	e	t	u	s	g	o
GF	**AF**	**AX**	**DA**	**FA**	**GF**	**DF**

② 移位

将这些编码连起来，变成 GFAFAXDAFAGFDF。

现在假设要求密钥的长度为 n（从安全的角度考虑，这个 n 当然越大越好；事实上，在 ADFGX 当年的使用中，这个密钥序列的长度一般要取到 20 左右），将 1 到 n 这 n 个自然数的顺序打乱，重新排列；比如，取密钥长度为 8，将 12345678 打乱成 63482517。

将重新排列后的长度为 8 的序列 63482517 分开写成一行，作

	A	D	F	G	X
A	q	w	e	r	t
D	u	i	o	p	a
F	s	d	f	g	h
G	j	k	l	z	x
X	c	v	b	n	m

ADFGX 密码的替代方表

为 8 个纵列的编号，然后将刚才连起来的编码中的字母顺序逐一填到这 8 个纵列中去，由左至右，到头再返回左边继续。

然后，将每个纵列的字母，不再管 63482517 的顺序，而是按 12345678 的自然顺序，逐一取出排序：

1	2	3	4	5	6	7	8
D	AD	FA	AG	XF	GF	A	FF

连起来，就得到了明文"letusgo"的最终加密结果：DADFAAGXFGFAFF。

因此，ADFGX 密码通过自己才掌握的方表替代和密钥移位，将每个字母加密成 ADFGX 这 5 个字母中的 2 个。

其实，发明 ADFGX 密码的纳贝尔上校是很谨慎的，他曾经提出：替换、换位之后形成的密文，应该再作一次移位，才能作为最后的密文。

但德国无线电和密码机关人员认为先前的替代和移位已经够结实了，除非上帝本人来，是没人破得了的，何况，作为战地密码，再往复杂里搞不仅容易出错，也白白增加加密和解密的时间。而在战场上，什么比时间更重要呢？于是，这个给敌军找麻烦的主意被否决了。

现在回到 1918 年 4 月 1 日这个 ADFGX 密码让法军郁闷的愚人节。前面提到，这一天，法军一共截获了德军用 ADFGX 战地密码加密的 18 份密电。面对这些不知所云的密电，法军密码分析员乔治·潘万（Georges Painvin）似乎已经绞尽脑汁。可他却丝毫不敢懈怠。面对着正在疯狂攻击的德军，事实上他已身系正在苦苦支撑着

法军密码分析员乔治·潘万中尉

的法军的生死存亡，早已完全是在超负荷工作，根本没有休息时间，玩儿命了！幸好，潘万的冥思苦索已经得出以下 3 个判断：

（Ⅰ）德军所用的是复合加密，即先用替代方表加密，再用密钥移位表加密。

（Ⅱ）经过频率分析得知，该方表每天一换，也就是说，前文提到的那种 ADFGX 密码的替代方表，虽然每天都还是 5×5 的，但是填写顺序每天就完全不同。

（Ⅲ）经过频率分析得知，该移位表的密钥每天一换，也就是说，那种移位表，每列字母头顶上的数字排成的序列，不仅它们的长度每天要变，而且它们之间的排列顺序也每天要变。

现在，盯着已经越来越相信突破口就在他们身上的两份密电 CHI-110 和 CHI-104，潘万首先要解决的问题是：这么一连串全无间隔的字符，而且，CHI-104 电文中遗失了一个字母，以问号替代，怎么分组？换句话说，怎么断句？

CHI-110：

ADXDAXGFXGDAXXGXGDADFFGXDAGAGFFFDXGDDGADFADGA
AFFGXDDDXDDGXAXADXFFDDXFAGXGGAGAGFGFFAGXXDDAGGFD
AADXFXADFGXDAAXAG

CHI-104：

ADXDDXGFFDDAXAGDGDGXDGXDFGAGAAXGGXG? DDFADGAA
FFFDDDFFDGDGFDXXXADXFDAXGGAGFGFGXXAGXXAAGGAAAADA
FFADFFGAAFFA

由于潘万已经判断它们的最后一步是用一个移位表加密的，因此现在的问题具体来说就是，怎么把这两串字符按它们原来在移位表中的纵向排列方式分割开来？要知道，对于潘万，这个移位表有多少列、多少行、有哪些列并没排满，这些可都是不知道的！

潘万注意到，这两份密电都是同一天截获的，因此它们用的方表、密钥和移位表都应该是相同的，他决定就从这一点入手！

无穷无尽的思索、尝试、失败和从头再来，潘万终于走出了第一步，对这两份密电完成了分组。

CHI-110：①ADXDA　②XGFXG　③DAXXGX　④GDADFF　⑤GXDAG　⑥AGFFFD　⑦XGDDGA
CHI-110：⑧DFADG　⑨AAFFGX　⑩DDDXD　⑪DGXAXA　⑫DXFFD　⑬DXFAG　⑭XGGAGA
CHI-110：⑮GFGFF　⑯AGXXDD　⑰AGGFD　⑱AADXFX　⑲ADFGXD　⑳AAXAG

CHI-104：①ADXDD　②XGFFD　③DAXAGD　④GDGXD　⑤GXDFG　⑥AGAAXG　⑦GXG?D
CHI-104：⑧DFADG　⑨AAFFF　⑩DDDFF　⑪DGDGF　⑫DXXXA　⑬DXFDA　⑭XGGAGF
CHI-104：⑮GFGXX　⑯AGXXA　⑰AGGAA　⑱AADAFF　⑲ADFFG　⑳AAFFA

潘万大受鼓舞，继续不眠不休地进攻。两天两夜过去了，4月3日，突然，仿佛就在一瞬间，ADFGX 的壁垒终于在潘万中尉顽强无比却又精妙无比的攻击下轰然倒塌，他终于成功地破译了 4 月 1 日这两份德军电文！接着，余下的 16 份电文的保护层，也就都在一鼓作气之下全部击碎了！

从这时开始，法军对于对面的德军，已经能够做到"知敌先机"了；但由于战场态势对于法军过于严峻，要对强大的德军做到"制敌先机"，法军还心有余而力不足，还得等待时机。

这个时机终于来了。1918 年 6 月 1 日，德军启用了 ADFGX 战地密码的升级版——ADFGVX 密码。

其实德军此时并不知道 ADFGX 密码已被法军破译，他们仍然认为这个密码牢固得足以抗御除了上帝本人以外的一切攻击。他们之所以对这个密码升级，原因是 ADFGX 密码不能直接对阿拉伯数字编码、加密。

从 ADFGX 密码的替代方表可以看出，25 格的表中，连 26 个拉丁字母都没法装完，更没有 0—9 这 10 个阿拉伯数字的空余位置。然而，战场信息显然又不可能离开大量的数字，这样一来，就必须将所有数字都以德文来表达。这种用某一种民族语言来表达数字的麻烦，在瞬息万变的战场上，特别是在战场上操作本来就非常复杂的加密、解密（脱密）过程中，有时足以令人疯掉。例如，365872，用中文表示是"三十六万五千八百七十二"，用英文表示就得是"three and sixty-five thousand and eight hundred and seventy-two"。

为此，发明 ADFGX 密码的纳贝尔上校在 ADFGX 中增加了一个字母 V，变成 ADFGVX，这样，ADFGX 密码的替代方表就变成了 6×6=36 个空格了，不仅可以将先前略去的 y 放入，而且还余下 10 个空格，刚好可以放置 0—9 这 10 个数字。而且，由于增加了方表格数，也就增加了方表中字符排列顺序的变化种类，同时也就增加了破译难度。

现在包含 0—9 这 10 个数字的方表将这些数字与字母一视同仁都编码为 ADFGVX 中的两个字母，再通过移位表移位，那么，有着诸如"the""any""back"之类固定搭配的语言单词，就和没有这类固定搭配的数字一起，被混合打乱、搅成一锅糨糊了，让敌人更加难以从词频、字频的角度发现蛛丝马迹。

至于为什么增加的字母是 V 而不是另外什么字母，原因是字母 V 的摩尔斯电码为"…–"，易于拍发也易于分辨和抄收。

在战场上，选用一些无论是在拍发还是在抄收时都不容易出错的字母作为密码字符，这一点非常重要：枪林弹雨中，密码操作员精神高度紧张，如果事先设计密码时对此考虑不周，这时出错的概率必然大大增加。

很完美，是不是？可惜，他们遇上的是一个天才级的对手，乔治·潘万！在法国这边，结合战场形势，已经基本可以肯定德国人即将发动一场对于双方都是决定性的强大攻势；再从德国人并不知道 ADFGX 密码已被破译的情况下，却"悍然"启用强度更高的 ADFGVX 密码来看，德国人对这一攻势的期望之高可见一斑！因此，这一攻势之于法国命运的重要性，可想而知。

而且，关键是德国人要的只是协约国这边在战役结束之前不能破译即可，而协约国特别是法国这边，却必须在德国发起攻势之前——还不能是已经临近敌人进攻开始的"之前"，还必须得让自己有起码的反应、调动、准备的时间——破译这个密码，否则在此之后，败局已定，无论多么完美的破译也都没用了。这一点，德国人很清楚，法国人很清楚，潘万中尉也很清楚。

在对截获的密电进行端详以后，潘万的注意力很快集中到其中三份电文上。这三份电文有个共同特点：都是 GCI 电台发出的，电文的时间组都是 00：05。

基于此前他对 ADFGX 密码的成功破译，终于，他在第二天下午 7 时前，也就是 6 月 2 日 19 时前，完全还原了德军 6 月 1 日使用的 ADFGVX 的移位表和替代方表！

剩下的事情就没什么可说的了，他很快得出了这两份密电的明文："第 14 步兵师：司令部要求电告前线（情况）。第 7（军）司令部。""第 216 步兵师：司令部要求电告前线（情况）。第 7（军）司令部。"

但这对于法国来说，还没解决问题的全部，他们还必须尽早知道，德国将在何时、何地发起这场对于法国生死攸关的战役？

要知道，此时不仅德军前锋距巴黎已不足 70 千米，德军还占据了巴黎以北亚眠和蒂耶里堡两大突出部，对巴黎已形成了钳形进攻的态势！

这样的情况下，作为协约国联军统帅的法国元帅福煦，怎能不为猜测对面的德军统帅鲁登道夫元帅的想法而犯愁呢！他手里没有那么多预备队兵力，能让他布置到所有可能的德军进攻方向上，他必须知道鲁登道夫到底想在哪里动手。

好在，上帝此时对法国的心情似乎不错，让法国人的好运气再一次延续。6 月 2 日了，

联军统帅福煦元帅

德军居然还在使用 6 月 1 日的替代方表和移位表！这已经够出奇的了，可到了 6 月 3 日，这种情况居然还在延续！真能让人晕倒！

这可犯了密码学的大忌："一次一密"做不到也就算了，但若连"一天一密"都不做到，这个战地密码最起码的底线也就丢掉了！

6 月 3 日清晨，潘万的下级吉塔尔，面对着新截获的德军密电，不知德军今天的密钥又会把密文的分组搞成什么样；抱着死马当作活马医的态度，先用前天的分组方式试试，居然成功了！再用前天的替代表和移位表一试，让他都不敢相信自己的眼睛：居然都对了！这不是见鬼了么？

看看电文："赶运弹药，不被发现（的话）白天也运。"

就这么简单的 12 个字，成为协约国军队战场态势的一道分水岭！由此，赶紧辅以其他来源的情报和分析，法国人终于笑了：德国这次的进攻主力是第 18 集团军，进攻方向就是距离它在雷马奇的司令部 26 公里的贡比涅！

密码破译和无线电侦察，给协约国军队在这次致命的进攻之前，争取到了整整 6 天！

6 天之后的 6 月 9 日 04 时 20 分，德军准时发动了西线的第四次战役，一切都如法军判断的一样：

主攻部队：第 18 集团军。

战役目的：消除驻守在苏瓦松一带第 7 集团军右翼的威胁，并拉直亚眠、蒂耶里堡两个突出部之间的战线。

攻击方向：贡比涅。

战役的最后结果是：1918 年 11 月 11 日，福煦代表协约国，与德国代表在贡比涅森林雷道车站的一节火车车厢里，接受了德国的投降，签订了停战协定；11 时，各战胜国鸣放礼炮 101 响，宣告第一次世界大战结束。此后，这节从此以福煦命名的车厢被放入了博物馆。

也正因如此，始终对德国在一战中的失败耿耿于怀的希特勒，在二战中击溃法国的抵抗、占领巴黎后，特别指定，谈判地点不设在巴黎，而是设在这片一战时令他心摧欲裂的贡比涅森林，而且，按照希特勒为了羞辱法国人而作出的指示，6 月 22 日下午 3 时 30 分，法国代表进场时才发现，要签订停战协定的场所，居然就是 1918 年德国在这里签订停战协定的那节福煦车厢，而且，在这节从博物馆中拉出来的车厢里，所有的摆设还都刻意恢复成了当年的模样。

福煦与德国签订停战协定后在福煦车厢前留影

这……太伤自尊了，法国人弱弱地表示难以接受。可在这种场合下，哪里还有他们表示不满的余地？希特勒、戈林、里宾特洛甫等人起身离去，在凯特尔元帅以典型容克贵族风格的冷漠有礼宣布完对法国的要求后，身为法国代表团团长的查尔斯·亨其格尔将军，代表法国在停战协定上签字。

德国凯特尔元帅与法国亨其格尔将军在福煦车厢中签署停战协定

此后，福煦车厢作为战利品，被德军运到柏林。后来，为了免于德国再次战败时的再次羞辱，希特勒下令炸毁了福煦车厢。

（4）恩尼格玛密码：一战结束后，人们开始感觉"一张纸一支笔"的密码编写、拍发、抄收的方式效率实在不能再满足要求，开始研究各种各样的机械式和机电式密码机。

这些密码机大都是将带有特别设计的导电触点的机械转轮以导线进行可变电气连接，来完成密码替代。

这些转轮机通常有一个键盘和一系列转轮，每个转轮是字母的任意组合，有 26 个位置，并且完成一种简单代替。例如：一个转轮可能被线连起来，使

1. 具有 V 形刻痕的外环
2. 显示触点 A 位置的一个标记
3. 字母环
4. 金属触点
5. 连接触点与管脚的线路
6. 管脚
7. 调节器
8. 轴
9. 方便操作员转动的外环
10. 棘轮（防止倒转）

恩尼格玛的转轮结构和排列方式

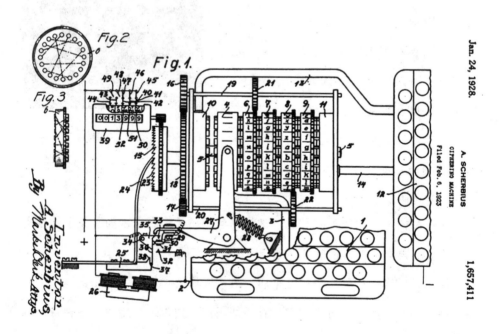

谢尔比乌斯设计的密码机在 1928 年取得的美国专利 1,657,411

得可以用 F 代替 A，用 U 代替 B，等等，一个转轮的电气信号输出往往作为另一个转轮的输入。而且，设计者往往还给转轮装上各种各样的进位传动齿轮。这样，动态改变多个转轮之间的连接关系和传动关系，便可以对替代关系产生复杂的动态改变，使得一个明文字母在不同时候被替代成不同的密文字母，用以对抗字频攻击。

由德国发明家亚瑟·谢尔比乌斯（Arthur Scherbius）发明的电气编码机械"恩尼格玛"（ENIGMA，意为哑谜），就是这些密码机中最出色、最著名的代表。恩尼格玛在二战期间由德国人使用，而且，为了战时的需要，还大大地加强了它的基本设计。

恩尼格玛

恩尼格玛有 5 个转轮，每个转轮都有按不同位置和连接关系排列的 26 个字母，每次使用从这 5 个转轮中选择 3 个。机器中还有一块能将 6 对字母两两交换的连接板。恩尼格玛的密钥，就是由"3 个转轮相互之间的不同排列位置、3 个转轮各自的不同初始位置和连接板对 6 对字母的不同交换方式"构成；再考虑到从 5 个不同转轮中选择 3 个使用的可能性，这样的密钥数目有多大呢？这是一个令人头晕目眩的数字：

$$10 \times 17576 \times 6 \times 100391791500$$
$$= 105,869,167,644,240,000$$

十亿亿零五千八百六十九万一千六百七十六亿
四千四百二十四万！

这个数字有多大呢？如果一秒钟尝试一个密钥，那么尝试完所有这些密钥需要 335708928 年！如果从过去算到现在，3 亿多年前，那可还是石炭纪，连恐龙都还要再等 1 亿多年后才会在三叠纪出现。

如此复杂而强固的密码，却由于使用它的德国加密员在传送决定密钥使用方式的 3 个字母时，为了避免错漏，将这 3 个字母作了两次加密发送，导致两组（每组 3 个字母）不同的密文对应了相同的一组明文，给波兰总参二局密码处的密码专家马里安·雷耶夫斯基（Marian Rejewski）、杰尔兹·罗佐基（Jerzy Rozycki）和亨里克·佐加尔斯基（Henryk Zygalski）造成了后来终于撕裂恩尼格玛密码坚固外壳的细如发丝的隐蔽裂纹，最后在一系列卷入波、英、法、美等多国情报人员和数学家、密码学家、工程师的充满阴谋陷阱、利益收买、暗夺明抢和卓绝思维、令人惊心动魄的行动后，被盟军破译和掌握。

在这个过程中，不仅有原为波兰波兹南大学数学教师的雷耶夫斯基最初的杰出贡献，而且，还有英国剑桥后来以天才计算机科学家、天才逻辑学家闻名于世的图灵和同事们设计的恩尼格玛专用解密机的强大推动。

所有德军恩尼格玛密码中，唯有海军的密码由于始终不厌其烦地严格遵守"尽可能保持最高强度"的使用原则，在盟军的密码攻击下基本上得以保全。

盟军的情报部门将破译出来的恩尼格玛密码称为"超级密码"（ULTRA）。虽然"超级密码"对二战到底有多大贡献还在争论中，但是人们都普遍认为，盟军在西欧的胜利能够提前两年，完全是因为恩尼格玛被成功破译。

当人力终于不能承受——现代密码

二战后，密码的需求日益增长，越来越难以像以往一样靠人力来完成；同时，电子学与计算机逐渐以越来越高的速度发展，加上信息的二进制表示在计算机中已成为基本信息形式，也促成了日益复杂的密码理论和技术。结果是，手工的加密、解密运算越来越被计算机所取代，而且，计算机还可以加密任何二进制形式的资料，密码理论和技术的应用对象不再仅仅限于书写的文字。

这样一来，以语言学为基础的破译方法基本失效。不过，计算机的强大计算能力却也同时促进了破译方法（密码分析）的发展，使得很多情况下的攻击尝试变得简单。

加密法的设计应该使得信息的安全性由密钥的安全性充分保证，而不应依赖加密法本身的安全性。这一由荷兰语言学家奥古斯特·柯克霍夫（Auguste Kerckhoffs）于 1883 年在《军事密码学》一书中提出并被称为柯克霍夫原则的加密法设计准则，已经得到普遍的采用。事实上，二战中德军的恩尼格玛密码机的设计，已经遵循了这一准则，而由美国国家安全局（NSA）和 IBM 为了抗御密码分析中新发展起来的差分分析法而制定、由美国国家标准局于 1977 年 1 月 15 日颁布为国家标准的数据加密标准（DES，Data Encryption Standard），更是典型地体现了这一准则。在计算机的计算能力以摩尔定律高速发展的 20 年中，公开了算法的 DES 一直都在保护着银行、公司甚至核武器密钥的安全。直到 20 世纪 90 年代后期，DES 的加强版本 AES、3-DES 等加密法的应用才开始被提上日程。

不过，美国国家标准局公布的 DES 算法中，可没包括算法中要用到的 8 个被称为 S 盒（S-box）的 4×16 数字矩阵的设计由来，这一点长期受到质疑和非议。

$$S_1 = \begin{pmatrix} 14 & 4 & 13 & 1 & 2 & 15 & 11 & 8 & 3 & 10 & 6 & 12 & 5 & 9 & 0 & 7 \\ 0 & 15 & 7 & 4 & 14 & 2 & 13 & 1 & 10 & 6 & 12 & 11 & 9 & 5 & 3 & 8 \\ 4 & 1 & 14 & 8 & 13 & 6 & 2 & 11 & 15 & 12 & 9 & 7 & 3 & 10 & 5 & 0 \\ 15 & 12 & 8 & 2 & 4 & 9 & 1 & 7 & 5 & 11 & 3 & 14 & 10 & 0 & 6 & 13 \end{pmatrix}$$

$$\vdots \qquad\qquad\qquad \vdots$$

$$S_8 = \begin{pmatrix} 13 & 2 & 8 & 4 & 6 & 15 & 11 & 1 & 10 & 9 & 3 & 14 & 5 & 0 & 12 & 7 \\ 1 & 15 & 13 & 8 & 10 & 3 & 7 & 4 & 12 & 5 & 6 & 11 & 0 & 14 & 9 & 2 \\ 7 & 11 & 4 & 1 & 9 & 12 & 14 & 2 & 0 & 6 & 10 & 13 & 15 & 3 & 5 & 8 \\ 2 & 1 & 14 & 7 & 4 & 10 & 8 & 13 & 15 & 12 & 9 & 0 & 3 & 5 & 6 & 11 \end{pmatrix}$$

由于加密方法越来越脱离语言学的具体理论，而更多地向二进制数字信息处理的方向发展，包括信息论、计算复杂性理论、统计学、组合学、抽象代数，以及数论等数学分支的理论越来越多、越来越深地被用于密码学。

1976 年以前，密码的加密和解密使用的都是同一个密钥，正如锁上房门和打开房门的都是同一把钥匙一样。这已经成为天经地义的认识。这种用同一个密钥加密和解密的体制被称为"对称密钥体制"，也因其必需的密钥必须全部严格保密的私密性而被称作"私钥体制"。但是，对称密钥体制或私钥体制从来就隐含严重的问题：

（1）由于加密和解密使用的是同样的密钥，因此在分发加密密钥时，事实上也就是在分发解密密钥，也就必须严格保证分发途径和分发过程不能出错，即使分发顺利完成了，此后密钥的安全性也还只能寄希望于掌握加密密钥的人的可靠性。

（2）由于加密和解密使用的是同样的密钥，因此在分发加密密钥时，如果需要分发的处所不止一个，就都得分别分发；这在分发数量增多时，将会使密钥分发或传送的过程变得严重困难。

（3）如果需要分发密钥的人不止一个，而又须得保证他们之间不能以自己的密钥互相解密，便须为不同的人配置不同密钥，而作为对应措施，自己这边也就必须分别配置多个不同密钥；这在配发数量增多时，将会使密钥管理变得严重困难。

这些问题一直就存在着，但很少有人去尝试改变，因为难以想象一个公开了的密钥还怎么能发挥它原有的作用。

革命性的突破发生在 1976 年，这一年，美国斯坦福大学教授马丁·赫尔曼（Martin Hellman）和他的研究助理惠特菲尔德·迪菲（Whitfield Diffie）以及博士生默克勒（R. C. Merkle），提出了被称作"公钥密码体制"的概念：

加密、解密用两个不同的密钥，加密用公钥（public key），即可以公开，不必保密，任何人都可以用；解密只能用私钥（private key），此钥必须严加管理，不能泄露。

而且，他们还发明了防止篡改和抵赖的数字签名（digital signatures）技术，即用私钥签名，再用公钥验证。

概括地说，公开密钥由一个密钥对组成，只适用于下列两个串联的行为：

（Ⅰ）一个人对某些人的"密钥发布"。

（Ⅱ）这些人对这个人的"密文集中"。

我们可以用一把专门设计的"公钥机械锁"来平行说明这个体制的原理。

如下是一把有两个锁孔和两把钥匙 A、B 的"公钥机械锁"的立体图和俯视透视图。为显示清楚起见，略掉了锁的外壳和一些辅助的作动机构。

（a）钥匙 B 是可以公开派发、随意复制的公钥，用它插入右边的锁孔向右扭转，便可使得钥匙 B 的锁闭定位销在弹簧拉动下滑入钥匙 B 的锁闭滑槽；此时，锁舌 B 插入锁杆上的锁槽 B，使得锁杆不能再被拉起，达到了用公钥进行锁闭的效果。

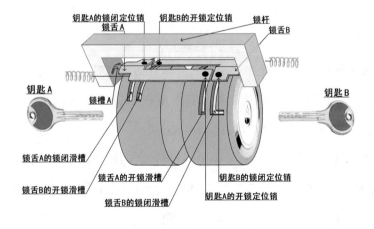

"公钥机械锁"的内部构造立体图

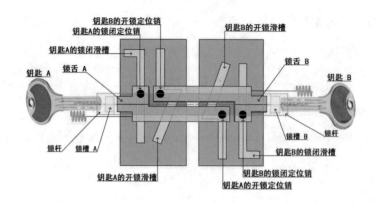

钥匙B的开锁定位销
钥匙A的锁闭定位销
钥匙A的锁闭滑槽
钥匙B的开锁滑槽

钥匙 A   锁舌 A   锁舌 B   钥匙 B

锁杆   锁槽 A   锁槽 B   锁杆
钥匙A的开锁滑槽   钥匙B的锁闭滑槽
钥匙B的锁闭定位销
钥匙A的开锁定位销

"公钥机械锁"的内部构造俯视透视图

（b）一旦用钥匙 B 锁闭，由于钥匙 B 的锁闭滑槽的阻挡，钥匙 B 已无法再左右扭动，这就达到了再用公钥无法开锁的效果。

（c）钥匙 A 是由自己私密保管、不能公开的私钥。当自己要开锁时，将钥匙 A 插入左边的锁孔向左扭动，则钥匙 A 的开锁滑槽带动钥匙 B 的开锁定位销向左边移动，最后将锁舌 B 从锁槽 B 中拉出，解脱锁舌 B 对锁杆的卡阻，使锁杆恢复可以向上拉起的状态，达到了用私钥开锁的效果。

（d）用钥匙 A 作锁闭用的公钥的情况与此对称。

这把"公钥机械锁"的锁闭、开启的机制，便是公钥密码体制的一个具体演示。

公钥体制的概念提出后，人们立即开始投入其实现研究。比较典型的首先是美国斯坦福大学的默克勒和赫尔曼在 1978 年提出的陷门背包公钥密码方法，以二人姓名首字母简称为 MH 方法。

"背包问题"是组合数学中的一个经典问题，说的是：假如有一堆物品，所有重量都不同，问能否从中选择几件放入一个背包中使得总重量等于一个预先给定的值？用形式化一些的语言来描述：设有 n 个正整数 $x_1, x_2, \ldots, x_n$，（称为"重量序列"）和另一个正整数 S，问能否找到一个长度为 n 的由 0、1

构成的序列 $\{a_1, ..., a_n\}$，使得

$$a_1x_1 + a_2x_2 + ... + a_nx_n = S?$$

例如，假设这些物品的重量序列为 1，5，6，11，14，20，则可以用 5、6 和 11 组成一个重为 22 的背包，但却不可能组成一个重为 24 的背包。

背包问题的求解复杂度随着物品个数（即重量序列的长度）的增长而呈指数增长。也就是说，当物品个数比较大时，要对一个指定的背包重量用穷举的办法找出物品搭配的方式，将会变得非常困难。

例如，实际上使用的背包算法中的重量序列长度至少为 250 个数字，每个数字一般在 200 位到 400 位之间。现在世界上速度最快的超级计算机是每秒千万亿次，中国 2009 年 10 月公布的巨型机"天河一号"的速度是 1206 万亿次，也是这个最高级别。就算用这样的计算机来对这样的背包问题进行穷举搜索求解，要试完所有可能的值也要很长时间，在太阳毁灭之前也没法算完。

默克勒和赫尔曼的想法是：选定一个由互不相同的正整数排成的序列作为重量序列；将明文用二进制编码，再将其按重量序列长度分段；然后将这些二进制的明文段分别与重量序列作乘积和（也就是按照一个二进制明文段中的 0、1 排列对那一堆物品作取舍，将取出来的物品重量求和）；所得的各个乘积和（背包重量）就作为密文：

```
明文：      1 1 1 0 0 1    0 1 0 1 1 0    0 0 0 0 0 0    0 1 1 0 0 0
重量序列：  1 5 6 11 14 20  1 5 6 11 14 20  1 5 6 11 14 20  1 5 6 11 14 20
密文：      1+5+6+0+0+20=  0+5+0+11+14+0=  0+0+0+0+0+0=  0+5+6+0+0+0=
           32              30              0              11
```

如上面这个例子，明文的二进制编码结果是 111001010110000000011000，重量序列取为 1，5，6，11，14，20；将明文的二进制序列按密钥长度 6 分为 4 段：111001，010110，000000，011000；将各段明文分别与重量序列作乘积和，分别得到 32，30，0，11，这就是明文的二进制序列

111001010110000000011000 加密后的结果——密文。

注意这里加密时是将先行取定的二进制明文序列作为背包问题的解，由此求出对应的背包重量，将其作为密文，这与背包问题的顺序刚好是倒着的：背包问题是先给出背包重量，然后问包中物品的重量是哪些。因此，解密时的运算才和背包问题同步：都是根据背包重量来求对重量序列中各项的选取方式。

数学上证明背包问题是著名的 NP 完全类困难问题，至今没有统一的好解法；而要通过硬搜索来解这个问题，正如前面所述，一般而言在实际上是不可能的。

既然如此，这种方法就还不能作为一种加密方法；道理很简单：别人固然没法从密文找出你的明文了，可你自己也没法重新找出来，知道重量序列也没用！好在默克勒和赫尔曼在这个基础上，进一步研究出了一种自己作解密运算很简单，但让别人解密却继续令其崩溃的方法。而且，他们这个方法还对两年前由赫尔曼、迪菲和默克勒提出的"公钥体制"思想，首先给出了一个具体的实现。

我们不妨来看看这是如何实现的：

背包问题一般而言非常难解，但是，对于一种特殊的重量序列，所谓"超递增序列"（superincreasing sequence），它却又有非常简单方便的解法。

超递增序列是这样一种序列，其中每一项都大于它前面所有项之和。例如 1，3，6，13，27，52 是超递增序列，而 1，3，4，9，15，25 则不是。

也就是说，当一个背包问题的重量序列是超递增序列时，对于任意给定的背包重量，要从重量序列中找出相应的重量组合非常容易；而当重量序列不是超递增序列时，要做到这一点就变得非常困难，难度之大，正如上述。

默克勒和赫尔曼找到一种方法，可以将一个超递增序列按照给定的参数，以统一的方式转换为一个非超递增序列，而且，使得从非超递增序列按某一种重量选取方式产生出来的背包重量，用这个超递增序列去求出这种重量选取方式是轻而易举的事。也就是说，一个超递增序列与由它转换而得的非超递增序列，面对同样的背包重量时，在各自的序列中决定了同样的重量选取方式，比如，都是第 2 项、第 5 项、第 11 项……

因此，如果以一个超递增序列作为私钥，将其转换而得的非超递增序列作为公钥，那么，他人用公钥按上面的方式加密后，再用这公钥却几乎完全没法重新求出明文来；而对于掌握私钥的人，则可从超递增序列轻易求出。就这样，默克勒和赫尔曼用背包算法成功地实现了"公钥密码体制"的思想。

不幸的是，幸福实在太过短暂，好景也实在太不长，就在他们提出这个称为 MH 方法的密码体制后的两年，即 1980 年，MH 方法便被以色列的密码学家、图灵奖获得者沙米尔（Adi Shamir）和美国密码学家齐佩尔（Richard Zippel）破译！他们找出了一种从 MH 密码系统所给出的公钥（非超递增序列）重构出其对应的私钥（原来的超递增序列）的算法，宣告了这种加密算法的夭折。

至今，还有一些人想方设法改进 MH 方法，希望重新恢复其安全性，但都已经没有多大意义了。特别地，当另一种基于完全不同的原理（素数分解复杂性）的公钥密码——RSA 密码的地位越来越巩固时，事实上基于背包算法的加密方法已经基本走到了尽头。

1978 年，美国麻省理工学院的李维斯特（Ronald Rivest）、沙米尔和阿德曼（Len Adleman）公布了另一个公开钥匙系统 RSA。RSA 公钥密码算法是目前网络上进行保密通信和数字签名的最有效的安全算法之一，其安全性完全基于数论中大素数分解的困难性，所以，RSA 需采用足够大的整数。因子分解越困难，密码就越难以破译，加密强度就越高。

围绕这个 RSA 算法，在 20 世纪 90 年代还发生了几起挑战美国出口规范的事件。其中一件是齐默尔曼（Phillip Zimmermann）著名的 PGP（Pretty Good Privacy，良好隐私）加密程序事件。

1991 年 6 月，基于 RSA 算法的网络加密程序 PGP 的作者齐默尔曼在美国将 PGP 连同其源代码一并公开在互联网上。在以 RSA 为其根本的 RSA Security 公司提出抗议后，商务部和联邦调查局对齐默尔曼进行了长达数年的调查、询问。

事实上，PGP 的出现是美国国务院和国家安全局所最不愿意看到的事情。美国政府的 Clipper 计划和托管加密标准，就是企图保证当局能够随时窃听任何私人的电话和拆看任何私人的文件。齐默尔曼之所以把 PGP 在网上公开，就是为了在美国国会开始考虑限制计算机自由并制订严酷的法律之前，让大家有一个保护电子通信隐私的程序。PGP 也因此和 Linux 一样，被并列为最伟大的自由软件。

由于美国政府按照"美国国际贸易和武器管制条例"，把加密系统列入军火范畴，把加密软件的出口视同于武器走私，同时美国政府又规定源代码只能以书面形式而不能以电子形式出口，因此齐默尔曼在他的 1995 年出版的 *PGP Source Code and Internals* 书中尽数列出 PGP 的源代码，让美国政府十分恼火。

当然，政府也不是什么都不干，政府立即就此向法院提出对齐默尔曼的诉讼。但是，紧接着就被加州大学伯克利分校的研究生伯恩斯坦（Daniel Bernstein）以言论自由的理由发起对美国政府的反诉讼。最终，法院在 1999 年判决，印出密码算法的源代码属美国宪法言论自由保障范围。齐默尔曼的自由最终得以保全。

不过，虽然已经确定 RSA 的安全性完全依赖于大数分解的困难性，但却至今没能证明大数分解就必定困难，只证明了它的难度与数学中一类著名的困难问题——NP 完全类问题相当；但 NP 问题到底有多难，也至今没能有一个确切的答案。

正因如此，加上此后大素数分解的新纪录不时被打破，例如，2007 年 3 月 6 日波恩大学等 3 个机构的计算机集群在 11 个月的计算后的结果便颇有演示意义：这个结果把一个 307 位的数字分解成了两个素数因子：

$2^{1039} - 1 =$
1159420574 0725730643698071 4887689464 0753899791 70201772 4986868353 53882248385
9966756608 0006095408005179 4720539932 6123020487 44028604 3530286191 41014409345
3512334712 7396798885022630 7575280937 9166028555 10550042 5810771176 17761009413
7970787973 8061870084377771 8682868088 9844712822 00293520 1806074755 45154137071
1023817

因子：

5585366661 9936291260 7492046583 1594496864
6527018488 6376480100 5234631985 3288374753
×
2075818194 6442382764 5704813703 5946951629
3970800739 5209881208 3870379272 9090324679
3823431438 8414483488 2534053344 7691122230
2815832769 6525376091 4101891052 4199389933
4109711624 3589620659 7216748116 1749004803
6597355734 0925320542 5523689

现在，人们对 RSA 安全性的信心已经开始有所动摇，目前建议其密钥（由数字组成）长度最好取到 1024 位或以上。

目前国际上公认比较安全实用的公钥密码体制是所谓的椭圆曲线密码体制，但也只是"公认"，并没能证明这一点。椭圆曲线密码的原理对于非专业人士来说已经过于专业，这里就不介绍了。

此外，还有正在热烈研究之中的量子密码，由物理学基本原理决定了被不露痕迹地中途截收是不可能的，这里也不介绍了。

吁一口气，回到现实——几点建议

经过了如此漫长（但仍然挂一漏万，密码学的内容和历史实在太丰富了）走马观花式的浏览，作为非密码专业人士却又没法离开密码的我们，可以得出几个有用的结论，当我们不得不使用密码（实际上是前面叙述中所说的"密钥"）时：

（1）尽可能不要采用别人站在你的角度容易设想到的密码，例如自己的或家人的姓名或姓名缩写、生日、电话号码、身份证号码、门牌号码之类的字符。如果这样设置密码，固然带来很大的便利，但由此同时带来的巨大风险是否值得？

（2）以无线电波或红外光波之类无线传输用作通过口令类型的密码（如汽车门钥、车库门钥等），只要密码不是可变的，其安全性都值得怀疑：试想，当你发送密码时别人也可以不露痕迹地接收，而且还不必非得破译其中的密码，直接记录下来便相当于复制了你的钥匙，在你离开后便可大摇大摆地打开车门、房门了。

（3）在网上，没什么信息是绝对安全的。切记，凡是要跟网络连接的计算机，上面任何没有足够强度加密的信息，在有心人面前都如自己囊中之物一般。

（4）绝大多数公开发售或网上下载的商业性加密方法，在专业人士特别是以国家力量支撑、配备了巨大计算能力的专业人士面前，都如篱笆墙一样，对破译只具有象征性的防御意义。例如，现在广泛使用的 RAR 压缩软件自带的加密功能，从算法设计看貌似够强固了，采用了数据加密标准的加强版 AES，但其密码验证机制的设计却有重大缺陷，难不住专业人员。因此，如果认为自己的秘密事关重大，建议使用在专业密码界有很好口碑的加密算法，特别是其中那些公开了源代码的加密算法，例如，前面介绍的 PGP

就是一个不错的选择。虽然这样做也仍然不能绝对保证安全，但毕竟是相对最为稳妥的选择了。

（5）又要密码安全可靠，又要密码使用方便，这不是难为人吗？但还是有办法的：用一句自己熟悉却并不普遍、长度足够的句子（起码 16 个字以上），以其单字首字母的排列甚至就是单字本身的排列来作密码，尽量把其中的标点符号也包括进去，这就能比较好地兼顾这两个互相冲突的要求。

最后，祝长久好运！

作者简介

罗懋康，四川大学数学博士，四川大学数学学院教授，《数学文化》期刊编委。

十位伟大的数学家

Alex Bellos / 文　　袁晓明 / 译

编者按：2010 年 4 月 11 日，英国报刊《卫报》邀请了专栏作家 Alex Bellos 评选了 2000 多年来十位伟大的数学家。

《卫报》创刊于 1821 年，和《泰晤士报》《每日电讯报》构成英国的三大主流报纸。作者 Alex Bellos 是英国畅销书作家，毕业于牛津大学，曾是《卫报》的驻外记者，专长于带数字分析的报道。他的《数字岛历险记》(*Alex's Adventures in Numberland*) 是 2010 年英国的畅销书。关于这次《卫报》的数学家排名，Bellos 在他自己的博客中认为如果仅按数学家的能力这个唯一条件来选择，则这十位不一定是最合适的人选。但如果条件改成以下更广泛的 5 条，则以下人选将是比较合适的：第一，数学能力在不同年龄段的体现；第二，在数学人群中的认知度；第三，其事迹可用 200 字以下来描述；第四，在文化层面上卓有贡献；第五，这十位中至少包含一个女性数学家。

毕达哥拉斯（Pythagoras）

毕达哥拉斯

他是一个素食者、神秘主义的领袖，并对数字十分着迷。有关直角三角形的"毕达哥拉斯"定理（即"勾股定理"）的发现使得他成为数学史上最著名的人物之一，尽管现在看来这个定理并不是他首次发现的。在他生活的环境里，数字被认为是在精神世界里有着与在数学领域里一样重要的作用。

毕达哥拉斯认为数字可以解释世界上的一切事物。他对数字的痴迷使得他成为古希腊数学的鼻祖，而古希腊数学实质上也是整个数学的起源。

希帕提娅（Hypatia），古希腊女数学家、哲学家

希帕提娅

女性数学家相对比较少，但数学这个学科显然不只属于男性。希帕提娅是公元 4 世纪时期亚历山大图书馆的学者。

卡尔达诺（Girolamo Cardano），意大利数学家、星象学家、内科医生

卡尔达诺

卡尔达诺是意大利文艺复兴时期的百科全书式的博学者。作为一名职业医生，他是 131 本书的作者。他非常喜欢赌博，而正是赌博这个爱好使得他成为首个对概率论进行科学研究的学者。他意识到如果能用数字描述随机事件发生的似然度，那他在赌桌上获胜的机会将大大增加。这是一个划时代的思想，因为正是这一思想促进了概率论的形成，并随后产生了统计学、市场营销学、保险业，以及天气预报。

欧拉（Leonhard Euler）

欧拉

欧拉出版了近 900 本书，是有史以来最高产的数学家。他在 50 多岁的时候失明了，但之后他在诸多领域里的出版量反而增加了。他提出的著名公式 $e^{i\pi}+1 = 0$（其中 e 是一个数学常数，很多时候也被称为欧拉常数；i 是 -1 的平方根），被很多人认为是数学上最美的公式。他后来对拉丁方阵产生了兴趣。拉丁方阵是指一个 n 维的方阵里，恰好有 n 种不同元素，使得每一个不同元素在同一行或同一列里只出现一次。没有欧拉在拉丁方阵方面的贡献，恐怕我们现在就没有"数独"这个游戏了。

高斯（Carl Friedrich Gauss）

高斯

高斯被誉为"数学王子"。他对19世纪数学的几乎所有领域都有十分重要的贡献。作为一个完美主义者，高斯很少出版他的研究成果，而是喜欢先对一些定理进行完善和提高。人们直到他去世以后，才在他留下的笔记里发现了非欧空间这一划时代的工作。他在分析天文学数据时，发现度量误差会导致一条钟形的曲线。这一形状的曲线现在已被命名为高斯分布曲线。

康托尔（Georg Cantor），德国数学家

康托尔

好莱坞影片里总是喜欢把数学天才塑造成一个精神疾病患者。在所有的伟大数学家里，康托尔大概最符合这个情节了。康托尔最深邃的天才思想在于他告诉了人们如何认识数学上的无穷这一概念。他的测度理论颠覆了人们的直观，告诉了人们无穷大的量也可以比较大小。这一成果令人震惊。不幸的是，康托尔深受神经疾病的困扰，时常需要在医院接受治疗。

埃尔德什（Paul Erdös）

埃尔德什

埃尔德什一直过着居无定所的贫穷生活。他总是从一间大学搬到另一间大学，或者从同事的备用客房里搬到举办学术会议的酒店里。他甚少独自发表学术论文，因为他更喜欢与别人合作。他有 511 个合作者，发表了大概 1500 篇论文，成为仅次于欧拉的产量的数学家。作为对埃尔德什的致敬，人们现在用"埃尔德什数"来度量一个数学家与埃尔德什的合作距离。那些直接与埃尔德什合作的数学家的"埃尔德什数"是 1，那些与"埃尔德什数"为 1 的人合作的数学家的"埃尔德什数"就是 2，以此类推。

康威（John Horton Conway）

康威

这位在英国利物浦出生的数学家最广为人知的成就是他对游戏和拼字游戏的严格数学分析。1970 年，康威设计了"生命棋"游戏。在这个游戏里，人们可以在一个网格里看到细胞是如何进化的。早期的电脑科学家对这个游戏十分推崇，很多人都喜欢玩这个游戏。他在纯数学的很多领域都作出了十分重要的贡献，例如群论、数论和几何学。他还与合作者提出了一些听上去十分美妙的概念，例如超现实数、全反棱柱和魔幻月光猜想。

佩雷尔曼（Grigori Perelman），俄罗斯数学家

佩雷尔曼

佩雷尔曼被授予100万美元的奖金以奖励他解决了庞加莱猜想这一数学界最著名的数学难题之一。但是这位俄罗斯隐士拒绝接受这笔奖金。之前在2006年，他也拒绝接受数学界的最高奖项"菲尔兹奖"。据报道，他的理由是"如果数学证明是对的，那就不需要通过其他方式来获得认可"。

陶哲轩（Terry Tao）

陶哲轩

华裔澳大利亚人，现居美国。他于2006年获得（并接受了）"菲尔兹奖"。陶哲轩与格林（Ben Green）合作证明了一个令人惊讶的有关素数的结论：存在任意长的素数等差数列。例如，数列3，7，11是含有3个素数的间距为4的素数等差数列；数列11，17，23，29是含有4个素数的间距为6的素数等差数列。尽管任意长的素数等差数列是存在的，目前能找到的最长的素数等差数列的长度仅是25，其原因是那样的素数位数超过了18位。

作者简介

Alex Bellos，英国数学科普作家，《卫报》专栏作家。

袁晓明，香港城市大学数学博士，香港大学数学系教授。

聊聊数学家的故事

Ukim

写给那些，喜欢数学和不喜欢数学的人们；

写给那些，了解数学家和不了解数学家的人们。

多年以前，我有一个很宏伟的计划，打算写一本厚厚的书。这本书有三部，第一部写那些数学牛人们的传奇动人荒诞不经的逸事；第二部充满着历史上最经典的定理、最美妙的证明；第三部去真实地记录北大有关数学的故事。这一直是一个理想，直到我动手写这些文字的时候，我知道，这将永远是一个美好的梦。所以，这里只是那个计划的一小部分，讲述的是那些虔诚的人做过的虔诚的事。

第一次因为数学感动，是听到大人们讲华罗庚先生的故事，不知道那时候多大，隐约记得他们说华先生去苏联测算卫星，怕他们把自己的算法偷去，于是所有的东西都是心算。故事的真实性自然不可信，不过这很让小孩子神往。我要讲述的也是这么一些事情，很多都是高中和大一、大二读过的，那是一段美妙的时光。美妙的东西希望大家一起分享，与人乐乐。

故事一：伯努利家族

约翰·伯努利于 1696 年在一个叫作《教师学报》的杂志上公开提出了最速降线问题，挑战的矛头主要是针对他的哥哥雅各布·伯努利。这两个人在学术上一直相互不忿，据说当年约翰求悬链线的方程，熬了一夜就搞定了，雅各布做了一年还认为悬链线应该是抛物线，实在是很没面子。到最后，约翰收到了 5 份答案，有一份是他自己的，有一份是莱布尼茨的，有一份是洛比塔侯爵的，还有一份是他哥哥雅各布的，最后一份是盖着英国邮戳的，必然是牛顿的。约翰说"从爪子判断，这是一头狮子"。

约翰·伯努利（1667—1748），瑞士数学家

据说当年牛顿从造币厂回去，看到了伯努利的题，感觉浑身不爽，熬夜到凌晨 4 点就搞定了。这么多解答当中，约翰的应该是最漂亮的，类比了费马原理，用光学一下子做了出来。但是从影响来说，雅各布的做法真正体现了变分思想。

伯努利一家在欧洲享有盛誉。有一个传说，讲的是丹尼尔·伯努利（他是约翰·伯努利的儿子）有一次正在做穿越欧洲的旅行，他与一个陌生人聊天，很谦虚地自我介绍："我是丹尼尔·伯努利。"那个人当时就怒了，说："那我还是艾萨克·牛顿呢！"丹尼尔此后在很多场合深情地回忆起这一次经历，把它当作他曾经听过的最衷心的赞扬。

约翰和雅各布这两个伯努利家族的人，都算不出自然数倒数的平方和这个级数，因此欧拉从他老师约翰那里知道了这个问题，并且给出了 $\pi^2/6$ 这个正确的答案。因此，欧拉是他那个时代最伟大的数学家。

法国有一个很著名的哲学家，叫狄德罗，是个无神论者，这个让叶卡捷琳娜女皇不爽，于是她请欧拉来教育一下狄德罗。其实欧拉本来是弄神学的，他老爸就是，后来是好几个叫伯努利的来劝他父亲，他父亲才让欧拉做数学了。欧拉邀请狄德罗来了皇宫，他这次的工作是证明上帝的存在性。为此，他在众人面前说："先生，$(a-bn)/n=x$，因此上帝存在；请回答！"狄德罗自然不懂代数，于是被羞辱了。显然他面对的是欧洲最伟大的数学家，以致他不得不离开圣彼得堡，回到了巴黎……

故事二：四色定理

一次拓扑课上，哥廷根大学数学教授闵可夫斯基向学生自负地宣称："这个定理没有证明的主要原因是至今只有一些三流的数学家在这上面花过时间。下面我就来证明它。"于是闵可夫斯基开始拿起粉笔……这节课结束的时候，没有证完，到下一次课的时候，闵可夫斯基继续证明，一直几个星期过去了……一个阴霾的早上，闵可夫斯基跨入教室，那时候，恰好一道闪电划过长

闵可夫斯基（1864—1909），德国数学家

空，雷声震耳，闵可夫斯基很严肃地说："上天被我的骄傲激怒了，我的证明是不完全的。"

1942年，数学家莱夫谢茨（Solomon Lefschetz）去哈佛大学作报告，伯克霍夫（Birkhoff）是他的好朋友，讲座结束之后，就问他最近在普林斯顿大学有没有什么有意思的东西。莱夫谢茨说有一个人刚刚证明了四色猜想。伯克霍夫严重地不相信，说这要是真的，就用手和膝盖，直接爬到普林斯顿大学的 Fine Hall 去。Fine Hall 是普林斯顿大学的数学楼。

故事三：做数论的人

由于费马大定理的名声，在纽约的地铁车站出现了乱涂在墙上的话：$x^n+y^n=z^n$ 没有解，对此我已经发现了一种真正美妙的证明，可惜我现在没时间写出来，因为我的火车正在开来。

希尔伯特曾有一个学生，给了他一篇论文来证明黎曼猜想，尽管其中有个无法挽回的错误，希尔伯特还是被它深深地吸引了。第二年，这个学生不知道怎么回事就死了，希尔伯特要求在葬礼上作一个演说。

那天，风雨瑟瑟，这个学生的家属们悲不自胜。希尔伯特开始致词，首先指出，这样的

费马（1601—1665），法国数学家、法学家

天才这么早离开我们实在是痛惜呀，众人同感，哭得越来越凶。接下来，希尔伯特说，尽管这个人的证明有错，但是如果按照这条路走，应该有可能证明黎曼猜想。再接下来，希尔伯特继续热烈地冒雨讲道："事实上，让我们考虑一个单变量的复函数……"众人皆倒。

有一个人叫作沃尔夫凯勒（Paul Wolfskehl），大学读过数学，痴狂地迷恋一个漂亮的女孩子，令他沮丧的是他无数次被拒绝，感到无所依靠，于是定下了自杀的日子，决定在午夜钟声响起的时候，告别这个世界，再也不理会尘世间的事。沃尔夫凯勒在剩下的日子里依然努力地工作，当然不是数学，而是一些商业的东西，最后一天，他写了遗嘱，并且给他所有的朋友亲戚写了信。由于他的效率比较高的缘故，在午夜之前，他就搞定了所有的事情，剩下的几个小时，他就跑到了图书馆，随便翻起了数学书。

很快，他被库默尔的一篇解释柯西等前辈做费马大定理为什么不行的

论文吸引住了。沃尔夫凯勒竟然发现了库默尔的一个错误，一直到黎明的时候，他做出了这个证明。他自己骄傲不止，于是一切皆成烟云……这样他重新立了遗嘱，把他财产的一大部分设为一个奖，奖给第一个证明费马大定理的人 10 万马克……这就是沃尔夫奖的来历。

故事四：希尔伯特的故事

大卫·希尔伯特并不是哥廷根大学毕业的。19 世纪 80 年代，柏林大学的博士论文答辩，需要 2 名学生作为对手（他们向你不停地发问）。希尔伯特的一个对手叫魏恰特（Emil Wiechert），后来是最著名的地震学家。

希尔伯特（1862—1943），
德国数学家

在希尔伯特的博士宣誓仪式上，校长主持说："我庄严地要你回答，宣誓是否能使你用真诚的良心承担如下的许诺和保证：你将勇敢地去捍卫真正的科学，将其开拓，为之添彩；既不为厚禄所驱，也不为虚名所赶……"

有一次，上了年纪的希尔伯特见到一群年轻人正在谈论一个他知道的数学家。那时候，像闵可夫斯基这些他很熟悉的人，有很多都已故去，所以他特别关心正在被谈论的这个人。当大家说完这个人有几个孩子之类的事情之后，他就问道："他还'存在'么……"

一次在希尔伯特的讨论班上，一个年轻人在报告中用了一个很漂亮的定理，希尔伯特说："这可真是一个妙不可言的定理呀，是谁发现的？"那个年轻人茫然地站了很久，对希尔伯特说："是您……"

在哥廷根大学广为流传着一个关于闵可夫斯基的故事。说是他在街上散步时，发现一个年轻人正在默默地想着某个很重要的问题，于是闵可夫斯基轻轻地拍拍他的肩膀，告诉他"收敛是肯定的"，年轻人感激而笑。

故事五：菲尔兹奖章的用途

先介绍一个人——阿尔夫斯（L. V. Ahlfors）。他和另一个美国的数学家共同分享了第一届的菲尔兹奖。

我知道他的一部分工作就是展示给大家复分析和双曲几何之间的深刻联系。

他把曲率之类的几何概念引入了复分析，给出了施瓦茨引理的几何上的漂亮解释。同时，他在共形映射、黎曼曲面领域都有非凡贡献。

阿尔夫斯（1907—1996），芬兰数学家

下面是一个很传奇的事情，希望那些认为数学"没有用"的人看看数学家是如何认为数学是有用的。阿尔夫斯说以下这些话时，正处受封锁的二战时期："菲尔兹奖章给了我一个很实在的好处，当被允许从芬兰去瑞典后，我想搭火车去见一下我的妻子，可是身上只有10块钱。我翻出了菲尔兹奖章，把它拿到当铺当了，从而有了足够的路费……我确信那是唯一一个在当铺里待过的菲尔兹奖章……"

故事六：哥廷根的传说（1）

1854 年，黎曼为了在哥廷根（这是二战之前数学和物理的中心，德国著名的学府）获得一个讲师的席位，发表了他划时代的关于几何学的演说。

193

由于当时听这个演说的人很多是学校里的行政官员，对于数学根本就不懂，黎曼在演说中仅仅用了一个数学公式。韦伯回忆说："当演说结束后，高斯带着少见的表情激动地称赞黎曼的想法。"如果读读黎曼的讲稿，就会发现那几乎就是哲学。当时的观众中只有一个人可以理解黎曼，那就是高斯。而整个数学界，为了完善消化黎曼的这些想法，花费了将近100年的时间。

黎曼（1826—1866），德国数学家

有人说，黎曼的著作更接近于哲学而不是数学，甚至在一开始，欧洲的很多数学家认为黎曼的东西是一种家庭出版物，更接近物理学家的看法，与数学家没有关系。一次，赫姆霍尔兹（Helmholz）和魏尔斯特拉斯一起外出度假，魏尔斯特拉斯随身带了一篇黎曼的博士论文，以便能在一个山清水秀的环境里静静地研究这篇他认为是复杂又宏伟的作品。但是这使得赫姆霍尔兹大惑不解，他认为，黎曼的文章再明白不过了，为什么魏尔斯特拉斯作为数学家要这么下功夫呢？

克莱茵上了年纪之后，在哥廷根的地位几乎就和神一般，大家对他敬畏有加。那里流行一个关于克莱茵的笑话：在哥廷根大学有两种数学家，一种数学家做他们自己要做但不是克莱茵要他们做的事；另一种数学家做克莱茵要做但不是他们自己要做的事。这样克莱茵不属于第一种，也不属于第二种，于是克莱茵不是数学家。

维纳去哥廷根拜访这位老人家，他在门口见到女管家时，询问教授先生是否在家。女管家训斥道："枢密官先生在家。"一个枢密官在德国科学界的地位就相当于一个被封爵的数学家在英国科学界的地位，譬如说牛顿。维纳见到克莱茵的时候，感觉就像是在去拜佛，后者高高在上。

维纳的描述是"对他而言时间已经变得不再有任何意义"。

故事七：哥廷根的传说（2）

外尔刚去哥廷根的时候，被拒之"圈"外。所谓的圈，是指特普利茨（Toeplitz）、施密特（Schmidt）、赫克（Hecke）和哈尔（Haar）等一群年轻人。大家一起谈论数学物理，很有贵族的感觉。一次，大家在等待希尔伯特来上课时，特普利茨指着远处说："看那边的那个家伙，他就是外尔先生。他也是那种考虑数学的人。"

外尔（1885—1955），德国数学家、物理学家

就这样子，外尔就不属于"圈"这个集合了。

这个故事是柯朗讲的。

当时哈尔是希尔伯特的助手，当时哥廷根的人们无一不认为他将是那种不朽的数学家。但是事实证明，外尔的伟大无人能比，尽管哈尔在测度论上贡献突出，但是柯朗还是说他和外尔"根本没法相比"。

后来成为钱学森导师的冯·卡门通过哈尔的介绍来到哥廷根，等到哈尔去了匈牙利之后，他很快成为"圈"内的领袖。外尔和冯·卡门同时爱上了一个才貌双全的女孩，并且展开了一场竞争。最终圈内人都感到特别的沮丧，因为那个女孩子选择了外尔。

圈外人外尔再一次证明了他的优秀。

故事八：哥廷根的传说（3）

开始讲一下艾德蒙·朗道（Edmund Landau）的故事，另一个著名的朗道是俄国的物理学家，后面也会谈到。艾德蒙·朗道不仅解析数论超强，而且超级有钱。曾有人问他怎么能在哥廷根找到他的住处，他很轻描淡写地说："这个没有任何困难，因为它是城里最好的那座房子。"1909年—1934年，艾德蒙·朗道担任哥廷根大学数学系主任。朗道的工作习惯很奇怪，用6个小时工作，6个小时休息，如此交替。他收到过无穷多关于证明了费马大定理的信件，后来实在没有精力处理，就印了一批卡片，样子大概是这样的：

艾德蒙·朗道（1877—1938），德国数论专家

> 亲爱的 _____
> 　　谢谢您寄来的关于费马大定理的证明。
> 　　第一个错误在 ____ 页 ____ 行。这使得证明无效。
> 　　　　　　　　　　艾德蒙·朗道

艾德蒙·朗道印的卡片

　　尽管有很多的稿件都被退回了，但据说剩下的还有3米多高。

　　朗道是比较自大的那种人，根本看不起物理、化学之类，甚至也看不起应用数学。他把任何和数学的应用有关的东西贬为"润滑油"。一次，斯坦豪斯（Steinhaus）的博士考试需要一个天文学家的提问。朗道似乎很关心，就问斯坦豪斯都被问了什么问题。当知道被问的问题是有关三体问题的微分方程的时候，他大声地说："啊，如此说来，他竟然知道这个……"

故事九：哥廷根的故事（4）

庞加莱（1854—1912），
法国数学家、物理学家

康托尔（1845—1918），
德国数学家

戴恩（Dehn）是希尔伯特最得意的弟子之一，曾经率先解决了一个希尔伯特的问题。戴恩离开哥廷根，躲避纳粹追捕的时候，经过苏联。

他在换乘火车时，在海参崴逗留了一阵，闲来无事就去了当地的图书馆。这里的数学书仅仅占了一个架子，且全部都是"施普林格"的黄皮书（施普林格应该说是对数学物理的传播发展推动最大的出版社了）。

庞加莱也曾去哥廷根演讲，顺便攻击了一下康托尔的集合论。

他演讲的时候策梅洛坐在靠近他脚边的位子上，当时策梅洛恰好证明了每个集合都可以良序化，然而庞加莱并不认识策梅洛，他大喊道："策梅洛那个几乎独创的证明也应该彻底地毁掉，扔到窗外去！"策梅洛本来就性情古怪暴躁，那天更是绝望盛怒。柯朗甚至认为策梅洛一定会在那天吃正餐的时候杀死庞加莱。

卡拉西奥多里（Caratheodory）是希腊的一个富人子弟，在测度论等很多方面有着重要的贡献。北大图书馆还有他的一本讲复变函数的书，非常的几何化，特别优美。他当初是一个工程师，26岁突然放弃了这样一个有前

197

途的职业来学习数学，众人很不理解。他说："通过不受束缚的专心的数学研究，我的生活会变得更有意义，我无法抗拒这样的诱惑。"他选择的学校是哥廷根大学。

奥斯古德（W. F. Osgood）原来是哈佛大学的数学教授，来中国讲过课，我这里还有他在中国的讲稿。

他也是哥廷根大学毕业的，娶了一位德国姑娘，即便是在美国也保持着德国的传

哥廷根大学大讲堂

统。大概是受哥廷根的影响太大，奥斯古德做事都模仿克莱因。他留着欧洲式的头发，抽烟的时候不停地用小刀戳雪茄，一直抽到发苦的烟蒂头。

故事十：广义相对论

阿尔伯特·爱因斯坦构思广义相对论的时候，尽管他的数学家朋友教了他很多黎曼几何，但他的数学还是不尽如人意。后来，他去哥廷根给希尔伯特等很多数学家作过几次报告。走后不久，希尔伯特就算出来了那个著名的场方程（希尔伯特的数学当然比爱因斯坦好很多）。

不久，爱因斯坦也得出来了。有人建议希尔伯特考虑这个东西的署名权问题，希尔伯特很坦诚地说："哥廷根马路上的每一个孩子，都比爱因斯坦更懂得四维几何。但是，尽管如此，发明相对论的仍然是爱因斯坦而不是数学家。"据说，爱因斯坦的场方程的第一个球对称的解，也就是施瓦茨查尔德（Schwarzschild）解，是同名的这个人，在一战的战壕里给出的。施瓦茨查尔德是哥廷根大学天文学的教授。艾丁顿（Eddington）是一个伟大的天文物理学家，下面这个故事是讲他如何吹牛的。爱因斯坦的广义相对论发表没有

爱因斯坦（1879—1955），
伟大的物理学家

列夫·达维多维奇·朗
道（1908—1968），1962
年诺贝尔物理奖得主

多久，有记者去采访艾丁顿，说："听说世界上只有三个人懂得这套高深的理论，不知这三个人都是谁？"艾丁顿低头沉思，很久没有回答。那个记者忍不住又问了一遍，艾丁顿说："我正在想谁是第三个人……"似乎每一个大人物都以和爱因斯坦交谈过而感到无比的光荣。杨振宁曾说，他当初见爱因斯坦的时候，过于激动，以至于事后根本不知道自己说过什么，而爱因斯坦又说过什么。列夫·达维多维奇·朗道说自己当年参加某会议的时候，有幸和爱因斯坦说过几句话。但是某个认识朗道的人说他纯属幻想。当时此人和朗道一起，坐在那次开会大厅的最后几排，连听都听不清，根本不可能谈话。由此可见朗道对爱因斯坦的景仰程度。

故事十一：爱因斯坦和数学家的故事

意大利的数学家列维奇维塔（Levi-Civita）在弯曲空间上的几何学上作出了突出的贡献。爱因斯坦描述广义相对论所用的数学就是这种几何学。所以，有人问爱因斯坦最喜欢意大利的什么，他回答是意大利的细条实心面和列维奇维塔。

闵可夫斯基曾是爱因斯坦的老师。那时，爱因斯坦旷过很多课，以至于多年后，闵可夫斯基得知爱因斯坦的理论时，不禁感叹道："噢，爱因斯坦，总是不来上课——我真想不到他能有这样的作为。"

一次，哈尔莫斯（P. Halmos）和妻子遇到了爱因斯坦和他的助手。爱因斯坦很想知道"她"是谁，助手就说是哈尔莫斯的妻子。然后爱因斯坦又问哈尔莫斯是谁……这是哈尔莫斯最没有面子的一次。

故事十二：冯·诺伊曼的故事（1）

讲完了爱因斯坦，接着讲冯·诺伊曼这个造计算机的数学家应该是符合道理的。当我们每次用电脑打游戏的时候，就应该对冯·诺伊曼示以最崇高的敬意。

冯·诺伊曼的就业态度：冯·诺伊曼移居美国的动机很是特别。他用了一种自己认为合理的方法，发现在德国将来的 3 年中，教授职位的期望值是 3，而候补人数的期望值为 40，

冯·诺伊曼（1903—1957）

这是一个不理想的就业前景，所以到美国去势在必行。这就是他的根据，当时并没有涉及政治形势。

冯·诺伊曼曾经被问到一个估计连中国小学生都很熟的问题——两个人相向而行，中间有一只狗跑来跑去，问两个人相遇之后，狗走了多少米？应该是先求出相遇的时间，再乘狗的速度就得到答案了。如果没有记错的话，小时候听说苏步青先生在德国的一个公共汽车上，也被人问到这个问题，他

老人家当然不会感到有什么困难了。冯·诺伊曼也是瞬间给出了答案。提问的人很失望，说你以前一定听说过这个诀窍吧（他指的是上面的这个解法）！冯·诺伊曼说："什么诀窍？我所做的就是把狗每次跑的都算出来，然后算出那个无穷的级数……"

故事十三：冯·诺伊曼的故事（2）

1927 年，巴拿赫（Banach，波兰数学家）参加了一个数学聚会，他伙同众多数学家，一起用伏特加酒灌冯·诺伊曼。冯·诺伊曼最终不胜酒力，跑去厕所，估计是去呕吐。但是巴拿赫回忆道，当冯·诺伊曼回来继续讨论数学的时候，他的思路丝毫没有受到影响。

巴拿赫（1892—1945）

冯·诺伊曼的年纪比乌拉姆（Ulam）要大一些，不过两个人是最好的朋友，而且经常在一起谈论女人。他们坐船旅行时，除了讨论数学外，就是谈论旁边的美女。每次冯·诺伊曼都会说："她们并非完美的。"一次，他们在一个咖啡馆里吃东西，一位女士优雅地走过。冯·诺伊曼认出她来，并和她交谈了几句。他告诉乌拉姆，那是他的一位老朋友，刚离婚。乌拉姆就问："你干吗不娶她？"后来，他们两个真的结了婚。

一次，普林斯顿举行物理演讲，演讲者拿出一个幻灯片，上面极为分散地排列着一些实验数据，并且他还试图说明这些数据是在一条曲线上。冯·诺伊曼大概很不感兴趣，低声抱怨道："至少它们是在同一个平面上。"

故事十四：天才数学家

下面是历史上最天才的几个数学家在时间轴上存在的长度：法国数学家帕斯卡——39岁；印度数学家拉马努金——31岁；挪威数学家阿贝尔——27岁；法国数学家伽罗瓦——21岁；德国数学家黎曼——39岁。由此可见，身体健康很重要。

据说，帕斯卡14岁的时候，就已经出席了法国高级数学家的聚会；18岁时，发明了一台计算机，也就是现在计算机的始祖。尽管如此，帕斯卡成年之后最终致力于神学。

帕斯卡（1623—1662），法国数学家

他认为上帝对他的安排之中不包含数学，所以就完全放弃了数学。35岁的时候，帕斯卡牙疼，不得不思考一点数学问题来打发时间。不知不觉间，竟然疼痛全无。帕斯卡认为这是上天的安排，所以又开始做数学家。然而，帕斯卡这次复出的时间不到一周，他却已经发现旋轮线最基本的一些性质。而后，他继续研究神学。神学也是牛顿最终的选择。

故事十五：两位姓名带有"柯"字的数学家

柯尔莫哥洛夫是苏联最伟大的数学家之一，在很多领域都做出了开创性的工作。柯西就不用介绍了——从中学开始，我们就已经认识了这个法国人。今天我们来说说这两位姓名带有"柯"字的牛人。

首先说柯尔莫哥洛夫关于数学天赋的见解。当然，在很大程度上我认为他想通过这段论述来吹嘘一下，要知道后面那个亚历山大罗夫（Aleksandrov）

柯尔莫哥洛夫（1903—
1987），苏联数学家

柯西（1789—1857），法国
数学家

是很伟大的一个数学家。柯尔莫哥洛夫认为，一个人作为普通人的发展阶段终止得越早，这个人的数学天赋就越高。"我们最天才的数学家，在四五岁的时候，就终止了一半才能的发展了，那正是人成长中热衷于割断昆虫的腿和翅膀的时期。"柯尔莫哥洛夫认为自己 13 岁才终止了普通人的发展，开始成长为数学家；而亚历山大罗夫是 16 岁。

拉格朗日曾经预见了柯西的天才，苦心地告诫柯西的父亲，一定不要让柯西在 17 岁之前接触任何数学书籍。

故事十六：数学家作为教师的生涯

大部分出名的人物讲课都不太出色，或者说偶尔会很失败，譬如牛顿。他当初经常面对着空空的讲堂，因为他讲的东西：一是不太清楚；二是太难。所以，剑桥的学生没有人喜欢他的课。

从一些大家不是太熟悉的人讲起。孟得尔布罗特（B. Mondelbrolt）是靠画分形出名的，而他的叔叔曼得尔布罗特（Mandelbrojt）是个更为出色的数学家，曾经是布尔巴基最早的几个成员之一。叔叔做学生的时候，大老远从波兰到法国读数学，然而去了之后，却在精神上受到了严重的伤害，因为他选了古尔萨（Goursat）的分析课。古尔萨在课上永远用一种语气，讲述二三十年前就有的旧东西。听了3周左右的课，曼得尔布罗特感觉和自己梦想当中的相去甚远，竟然哭了出来。几年后，伯恩斯坦来到巴黎，安慰他说古尔萨20多年前就这么讲课。不过古尔萨对人是很热情的。遥想当年曼得尔布罗特那求知的热情，是多么的纯真。那种东西，似乎再也不属于我们这个时代了。

其实还是有讲课不错的数学家的。尽管勒贝格（Lebesgue）开始研究的东西很奇怪，不过他讲的课确是出奇地受欢迎；皮卡（Picard）则是个古怪高傲的人，他和老丈人埃尔米特（Hermite）都对分析很感兴趣。

和勒贝格在一起，是一件很开心的事。据说，勒贝格的课总是有很多人去听，其中大部分人是因为勒贝格讲课不但深刻，而且很有意思。一次，一个国外的学者来法国报告自己的工作，勒贝格说你不用报告了，我替你报告吧。

皮卡总给人一种高不可攀的感觉，令人不敢接近。每次皮卡上课的时候，前面总有一个戴着银链子的校役引路，他高傲地踱入教室，喝一口放在椅子上的水杯中的水，然后开始讲课，大约半个小时，他再喝一口水，一个小时以后，那个戴银链子的校役就会来请他下课。

据说，证明了 π 的超越性的林德曼（Lindemann）是历史上讲课最烂的几个人之一。此处收集有关他的故事两则：一个是说他讲课；另一个是回忆他在巴黎求学的两件小事，还是蛮可爱的。

林德曼（1852—1939），德国数学家

传说在大部分情况下，林德曼讲的课根本

就听不清；听清的部分大多是不可理解的、听不懂的话；而在少数情况下，他讲得又清楚又让人听得懂的话往往又是错话。林德曼到巴黎学习的时候，听过伯特兰（Bertrand）和约当（Jordan）的课。当时学数学的人很少，尽管约当在法国也算是领袖级的数学家，但听他课的人只有 3 个，偶尔会达到 4 个，其中一个还是因为教室里暖和。林德曼还曾拜访过埃尔米特，埃尔米特家里有一把椅子，是当年雅可比（Jacobi）坐过的。这让林德曼很难忘。

罗塔（Rota）曾讲了一个有关莱夫谢茨的故事，关于他的课是如何难懂的故事。莱夫谢茨讲话经常语无伦次，他在几何课上的开场白如下："一个黎曼曲面是一定形式的豪斯道夫（Hausdroff）空间。你们知道豪斯道夫空间是什么吧？它也是紧的。好了，我猜想它也是一个流形。你们当然知道流形是什么，现在让我给你们讲一个不那么平凡的定理，黎曼－罗奇定理。"要知道第一节黎曼曲面的课如果这样进行的话，恐怕黎曼复生也未必可以听得懂。

维纳（Wiener）尽管是个天才，却也是不善于讲课的那种，总是以为把真正深刻的数学讲出来一定要写一大堆积分符号。有一个关于他和中文的故事：维纳天真地认为自己懂一种汉语。一次，在一家中国餐馆，他终于有了施展的机会，但是服务员却根本不知道他讲的是汉语。最后，维纳不得不评论道："他必须离开这里，他不会说北京话。"

作者简介

Ukim，普林斯顿大学数学博士，清华大学数学教授。

新中国邮票中的数学元素

周　涛

　　数学是我的专业，集邮是我的爱好，写一篇关于两者联系的小文一直是我的一个小小愿望。这倒也不是强行的拉郎配，二者之间的相似之处及历史渊源的确值得一书。

　　邮票有着深远的历史纪念意义和丰富的文化内涵，因而一直是收藏界的宠儿，"方寸之间，包罗万象"的八字考语可谓贴切。值得玩味的是，这八字考语用于数学身上也是十分精当：相似的"方寸之间"，不同的"包罗万象"。一个使凝练的表达至化境，一个将抽象的思维集大成。而当两者结合的时候，往往能达到相得益彰的效果。

邮票的起源

　　邮票本身并不是数学理论的产物，但要说它是数学思维的副产品却也不算过分，因为它毕竟是由一位数学工作者发明的——其诞生，源于1838年的一起拒付邮资事件。

　　一辆邮政马车停在英国的一个小村庄，车上跳下一位邮差，他的手里举着一封信，喊道："爱丽斯·布朗，快来取信。"一位秀丽的姑娘应声推开门，

邮票发明者——罗兰·希尔（图案
左侧的头像是黑便士邮票）

接过信，看了看，又把信退还给邮差："对不起，我付不起邮资，请把信退回
去吧！""哪有这样的道理！信都送到你手里了却不付钱？"邮差十分不满。

两人的争吵让路过这里的数学教师罗兰·希尔驻足观望，他问清事情的
原委，便替姑娘付了邮资。姑娘拿到信，对希尔说："先生，谢谢你！不过这
封信我也不用拆开了，它里面没有信。""为什么？""因为我家里穷，没有钱，
付不起昂贵的邮资。我和在军队服役的未婚夫事先约定，在他寄来的信封上，
画个圆圈，表示他身体安康，一切如意。这样，我就不用取信了。"希尔听了
爱丽斯的回答，既为她的家境难过，同时也感到邮资的交付方式有问题。当时
英国的邮政管理局规定：邮资由收件人一方给付。如果收信人拒付，信便退给
寄信人。希尔决意要拟定一个科学的邮政收费办法。经过反复思考，他提出由
寄信人购买一种"凭证"，然后将"凭证"贴在信封上，表示邮资已付。1839
年，英国财政部采纳了希尔的建议，编制了下一年度邮政预算，并经维多利
亚女王批准公布。1840 年 5 月 6 日，英国邮政管理局发行了世界上第一枚邮
票。邮票上印着英国维多利亚女王侧面浮雕像。它选用带水印的纸张印刷，涂
有背胶，并标有"邮政"字样。这就是现在闻名邮市的"黑便士邮票"。而罗
兰·希尔也被后人称为"邮票之父"。

中国第一枚邮票出现的年代与"黑便士"相隔不远，可以追溯到清代，

也就是很多人都有所耳闻的大清龙票。大清龙票一直沿用到民国时期。新中国第一套邮票于 1949 年 10 月 8 日发行，邮票名称为《庆祝中国人民政治协商会议第一届全体会议》。随着邮政事业的发展，邮票产业也迅速发展。如今的邮票不仅保留着其原有的邮资属性，而且逐渐成为一种精美的收藏品，深受国内外收藏家、集邮爱好者的青睐。下面我们就来细数一下新中国邮票中的数学元素。

古代科学家

自新中国成立以来，第一套含有数学元素的邮票当属 1955 年发行的《中国古代科学家》（第一组）邮票，志号"纪33"，一套 4 枚，图案分别是祖冲之、李时珍、张衡、僧一行。

其中，在祖冲之像的正下方，印有"数学家，精确计算出圆周率为 3.14159265"字样。这是世界数学史上第一次将圆周率 π 值计算到小数点后 7 位。

祖冲之（公元 429 年—公元 500 年）是我国杰出的数学家、科学家，南北朝时期人。在数学方面，除了对圆周率的计算外，他还同其子祖暅一起圆

　　　纪33《中国古代科学家》（第一组）

满地解决了球体积的计算问题，并对数学著作《九章算术》作了注释。他曾将自己的数学研究成果汇集成《缀术》一书，此书在100多年后成为唐朝最高学府——国子监的算学课本，可惜今已失传了。因此，对祖冲之的数学成就，除上所述外，现今我们知之甚少。

祖冲之的儿子祖暅、孙子祖皓对数学及历法也有深入的研究，这么看来，当时的祖家算得上是科学世家。只是当时社会看重的是大姓士族、书香门第，夸夸其谈的玄学被奉为正经学问，搞数学的几乎可以算作是不务正业了。

据记载，祖暅研究学问很专注，在其思考时连天上打雷也听不到。他常常边走路边思考，有一次竟然一头撞在了仆射（级别相当于国务院副总理）徐勉身上，即便这样他也没从思考中走出来，直到徐勉招呼，才如梦方醒。徐勉知道他研究得入神，也没有责怪他。

因为思考问题极为投入而撞人、撞树、撞电线杆等逸闻在中外历史上并不鲜见，中国历史上最出名的撞人经历非贾岛莫属，不但撞的是名人——韩愈，而且撞出了典故——推敲。至于国外的，无论是牛顿、爱因斯坦，还是安培、法拉第……撞树、撞电线杆几乎成了他们进入科学殿堂的必修课。其中的绝大多数都应是后人为了"赞扬"他们的科学精神而杜撰的，是人们对他们表示"敬仰"的另一种表达方式，反倒是对祖暅撞人的记述，因其本人在当时及以后相当漫长的时间内并不受人重视，从而增加了事件本身的可信性。

至于对圆周率的记忆，相信如今大多数国人仍停留在千载之前南北朝时期的水平——记住小数点后的7位数。2009年12月31日，法国软件工程师贝拉（Fabrice Bellard）宣称，他已经计算到了小数点后27000亿位，要花49000年才能读完。他的电脑花了整整131天时间才计算出这个圆周率的"最新精确值"，这个圆周率数据占用了至少1137GB的硬盘容量。在计算圆周率的过程中，贝拉使用改良后的查德诺夫斯基方程算法来进行圆周率

J.58《中国古代科学家》（第三组）

的计算，并使用贝利－波温－劳夫算法来验证计算的结果。可见，科学发展的加速度很多时候都在我们的想象力之外。

　　1980 年，中国邮政发行《中国古代科学家》（第三组），志号"J.58"，一套 4 枚，分别是明代科学家徐光启、战国水利家李冰、东魏农学家贾思勰和元代纺织技术家黄道婆。此套邮票设计精美，科学家两两相对，颇有神韵。

　　徐光启（1562 年—1633 年），在数学、天文、历法、军事、测量、农业和水利等方面都有贡献，是一位全才兼天才型的科学家。在数学方面的计算方法上，徐光启引进了球面和平面三角学的准确公式，并首先作了视差、蒙气差和时差的订正。尽管缺乏自己原创性的数学理论成果，但其对于数学的认识及接受程度在当时的中国人中间可谓首屈一指，其作为先驱者之一对中西文化交流尤其是数学文化交流作出了相当的贡献。在充分学习的基础上，他与意大利传教士利玛窦一起翻译并出版了欧几里得的著作《几何原本》，也是从那时起，"几何"这一中文翻译才正式作为一个数学名词并沿用至今。此外，包括"平行线""三角形""对角""直角""锐角""钝角""相似"等中文的名词术语，都是他在翻译《几何原本》过程中反复推敲而确定下来的。1607 年，《几何原本》中文版的前六卷正式出版，马上引起巨大的反响，成了明末从事数学工作的人的一部必读书，对发展我国的近代数学起了很大的作用。可惜后九卷的翻译工作因为徐光启父丧守制及明末混乱的社会政治形势而一直未能进行，这也成了徐光启终生的遗憾。

顺便说一下，与封建社会大多数科学家的境遇不同，徐光启一直做到了太子太保、文渊阁大学士兼礼部尚书这样的高官，位极人臣。当然，在那个时代，这与其数学乃至科学水平的关系不大。徐光启也曾希望利用其影响力推动当时的明朝政府发展数学。在一次疏奏中，他从历法、水利、音律、军事、财政、建筑、机械制造、舆地测量、医药、计时等 10 个方面详细地论述了数学应用的广泛性，但终究未能在程朱理学一统天下的舞台上为数学争得一席之地。直到 300 多年后封建社会寿终正寝，数学才在中国又一次焕发了生机与活力。

2002 年发行的《中国古代科学家》（第四组）包含了战国医学家扁鹊、宋代天文学家苏颂、明代科学家宋应星和魏晋时期数学家刘徽。

刘徽，是我国东汉末年的大数学家。他本人并没有自成系统的数学理论著作传世，其主要的数学思想集中收录在《九章算术注》和《海岛算经》中。在这两部著作中，刘徽通过整理前人的数学思想并提出自己的创见，从而在基础数学运算以及面积体积计算等方面进行了多项具有开拓性的研究工作。例如他阐述了通分、约分、四则运算以及繁分数化简等的运算法则；在

论述无理方根存在的同时引进了新数，创造了用十进分数无限逼近无理根的方法；运用比率算法对线性方程组进行了有益的探索；利用"割圆术"的极限方法提出了关于多面体体积计算的刘徽原理；引入了"牟合方盖"这一著名的几何模型，对前面提到的祖冲之父子产生了重要影响；提出了重差术，采用了重表、连索和累矩等测高测远方法。他还运用"类推衍化"的方法，使重差术由两次测望，发展为"三望""四望"。而印度和欧洲分别在 7 世纪和 15—16 世纪才开始研究两次测望的问题。

刘徽对中国古代数学发展的贡献可谓巨大，但与此不相称的是其本人在中国历史上的籍籍无名。现在的许多著作将刘徽称作"中国数学史上的牛顿"，这当然是从学术贡献的角度而言，因为除此之外，无论是生前的社会地位还是身后的社会影响，牛顿与刘徽之间都有着天壤之别。

没有人知道刘徽具体的生卒年代——只是大约知道他生活在东汉末年；没有人知道他的人生经历——只能比较肯定地推测出他从未做过官；没有人知道是否有什么水果砸到了他的脑袋上，才引发了他的诸多奇思妙想；更不会有什么达官显贵在他死后争先恐后地给他抬灵柩……这就是中国古代科学家典型的生活状况，付之一叹。

值得一提的是，在许多年前，密克罗尼西亚（相信大多数中国人都对这个国家闻所未闻，它是位于赤道以北菲律宾以东的一个群岛国家）曾发行邮票纪念刘徽。邮票以刘徽的割圆术为主要内容，配以汉字说明。这也许是我国数学家第一次也是目前为止唯一一次出现在他国的邮票中。

与其他三组不同，1962 年发行的《中国古代科学家》邮票第二组（纪 92）共计 8

密克罗尼西亚发行纪念刘徽的邮票

纪 92《中国古代科学家》(第二组)

枚，以工笔技法分别描绘了东汉蔡伦、唐代孙思邈、宋代沈括和元代郭守敬 4 位古代科学家，他们各自在造纸、医药、地质及天文方面取得了科学成就。

现代科学家

在新中国发行的邮票中，有 3 位现代数学家的身影，将他们排列起来就是一部浓缩了的现代中国数学事业史，他们分别是熊庆来、华罗庚、陈景润——我们所熟知的师徒三代。

1993 年，邮电部发行《中国现代科学家》(第三组) 邮票，中国数学界的一代宗师——熊庆来赫然在列。一并发行的是微生物学家汤飞凡、医学家赵孝骞和建筑学家梁思成。票面上熊庆来像的右方，就是熊庆来教授

1993-19《中国现代科学家》（第三组）

1934 年获法国国家科学博士学位的《关于无穷级整函数与亚纯函数》论文精华内容——熊氏无穷论。

同时，熊庆来教授还是一位以发现、培养人才为己任的大教育家。数学家许宝騄、段学复、庄圻泰，物理学家严济慈、赵忠尧、钱三强、赵九章，化学家柳大纲等均出自他门下。熊庆来教授提携并培养华罗庚的故事在今人看来更像是一段传奇。1931 年，时任清华大学算学系主任的熊庆来在《科学》杂志看到一篇发表于 1930 年的论文《苏家驹之代数的五次方程式不能成立的理由》。熊庆来仔细读完论文，把目光转向论文的署名"华罗庚"——这是一个陌生的名字。熊庆来多方打听，终于了解到华罗庚初中毕业后就辍学在家，在一家公司当职员。求贤若渴的熊庆来马上设法把华罗庚招到清华，让他边工作，边旁听数学课程。

也正是在这几年，华罗庚完成了由数学爱好者向数学家的转变。

作为弟子辈的华罗庚早在 1988 年就出现在邮电部发行的《中国现代科学家》（第一组）邮票中，4 枚邮票分别是地质学家李四光、气象学家竺可桢、物理学家吴有训和数学家华罗庚。邮票上华老睿智亲切，背景则是其若干震

J. 149《中国现代科学家》（第一组）

《科技成果》邮票

惊全球数学界的研究成果。关于华老的学术及人生经历，建议读者不妨读一下本书中《华罗庚与陈省身》一文，这里就不再狗尾续貂了。

作为熊氏门下的高徒，华罗庚继承了师尊求贤若渴、提携后学的大师风范。因研究哥德巴赫猜想而名扬四海的陈景润就是华罗庚发现的一颗明珠。

1966 年，陈景润发表论文《表达偶数为一个素数及一个不超过两个素数的乘积之和》（简称"1+2"），成为哥德巴赫猜想研究上的里程碑，他所发表的成果也被称为陈氏定理。这是关于哥德巴赫猜想迄今为止最好的结果。

自此，人类距离"哥德巴赫猜想"的最后结果"1+1"仅一步之遥。陈景润的文章被誉为筛法的"光辉的顶点"。有人评价说，陈景润把当时的数学工具运用到了极致。

1999 年，邮电部发行《科技成果》邮票，内容包括寒武纪早期澄江生物群、6000 米水下机器人、2.16 米天文望远镜和哥德巴赫猜想的最佳结果。

画面中：哥德巴赫猜想的最佳结果

$$P_x(1, 2) \geqslant \frac{0.67xC_x}{(\log x)^2}$$

夺人眼目，陈景润院士脑海里浮现着当年的论文手稿。直到如今，陈景润依然在哥德巴赫猜想研究领域中保持着领先地位。

此外，中国邮政从 2006 年开始发行科技纪念封——国家最高科技奖，数学家吴文俊院士和数学专业出身的王选院士名列其中。

KJ-12《国家最高科学奖——吴文俊院士》

KJ-17《国家最高科学奖——王选院士》

数学科学盛会

2002 年，世界数学家大会在中国首都北京举办，这是 100 多年来中国第一次主办国际数学家大会，也是第一次由发展中国家主办这一科学盛会。邮电部为配合宣传此次大会，发行邮资明信片一枚。明信片的邮资处印有中国数学会会徽标志，这个会徽其实是关于勾股定理的一个既简单又美丽的证明，读者不妨亲自尝试一下。

在本次大会上，美国普林斯顿高等研究院的俄罗斯籍数学家弗拉基米尔·沃沃斯基和法国高等科学研究院的洛朗·拉佛阁分别因为在新的上同调理论和朗兰兹纲领的研究方面取得重大进展，获得了 2002 年菲尔兹奖。江泽民亲自为获奖者颁奖。中国著名数学家田刚院士作了一小时的大会报告。此外，还有 11 位中国数学家作了 45 分钟邀请报告。国际数学界普遍认为，这充分说明中国自改革开放以来，特别是实施科教兴国战略以来，在现代数学领域取得了长足进步。

另一次被铭记在邮票这一方寸之地上的科学盛会，是中国数学会 70 周年年会。

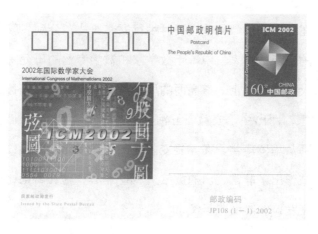

JP108《国际数学家大会——北京》

此次大会以"中国数学发展的机遇和挑战"为主题，由山东大学承办，时任山东大学校长——展涛教授任组委会主席。山东省邮政公司为配合此次大会，发行了大会个性化纪念邮票。邮票上仍然以中国数学会会徽为主要背景，不过，山东大学数学学院院长刘建亚教授画龙点睛，在图案左上角加上了"70"字样，使得整个画面更加和谐，寓意明确。这次大会是中国数学会历史上乃至

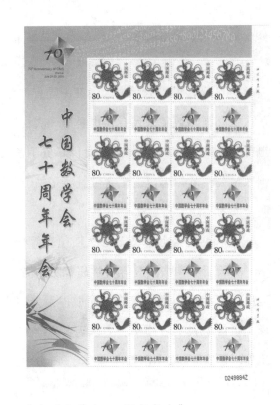

《中国数学会70周年年会》

中国数学史上规模最大、盛况空前的纪念性学术活动，是继 2002 年国际数学家大会成功召开以来，在中国召开的又一次高水平的国际学术盛会。

值得注意的是，在本次大会上，第七届华罗庚数学奖、第十届陈省身数学奖以及第七届钟家庆数学奖首次同时举行颁奖典礼，分别表彰在数学领域作出杰出贡献的资深数学家、中青年数学家和数学专业的研究生，三大奖项的颁奖是本次大会开幕式上一道亮丽的风景线。华罗庚和陈省身是家喻户晓的老一辈数学家，而出生于安徽省五河县的钟家庆 1962 年毕业于北京大学数学系，之后师从华罗庚学习多元复变函数。他在多元复变函数、复流形与微分几何等领域作出了非常突出的贡献。1987 年春，他在哥伦比亚大学访问期间因心脏病突发猝然离世，年仅 50 岁。

结束语

今天，人们越来越多地通过网络相互联系，纸质信件已不多见，邮票的使用也就随之减少。如今提到邮票，人们更多的是欣赏、收藏而非使用，它越来越远离了其发明的初衷而更像是一枚枚纸质的"纪念币"。

随着网络的进一步发展，邮票的使命也将终结，那么它会不会最终消失呢？作为一名集邮爱好者，当然不希望看到那样的结果。而且，包括数学在内的整个科学领域可谓江山代有才人出，当新的大师、新的科研成果诞生之时，是否也应该给邮票一个位置，让它把这些人类的宝贵财富通过其特有的形式记录下来、流传下去……

作者简介

周涛，中国科学院数学与系统科学研究院博士，中科院计算数学研究所研究员。

华罗庚逸事

袁传宽

1936 年华罗庚赴英国剑桥前在颐和园的留影

　　我从北京大学毕业时，正值"文化大革命"时期，被分配到甘肃省当了一名中学教员。1978 年，国家各行各业恢复了正常秩序，我也准备去兰州大学数学系工作。突然，清华大学发来公函，商调我与妻子回京赴清华大学任教。我喜出望外，却又一头雾水。时隔多日之后，华罗庚教授才告诉我："遇到了刘达同志，把你们夫妇的名字和工作单位写给了他。"当时的刘达是清华大学的校长。

　　"文革"中，华罗庚身处逆境，但对否定"数论"不以为然，私下对我说："'数论'虽然是很抽象的理论，可它非常有用。能不能把它派上用场，那要看自家的道行。"接着，他给我讲了一个故事。在抗日战争时期，华罗庚有一次出国考察前曾在庐山集训。当时国民党政府的兵工署署长俞大维特地上山，请他帮忙破译日军密码。俞大维说："已经研究好几个月了，仍然一筹莫展。"华罗庚答应试试看。俞大维很高兴地说："马上让人把他们近来的工作送来，以供先生参考。"华罗庚说："不必了，但需要给我几份你们近日截获的密码原文。"智力非凡的华教授仅一夜之间就把日军的密码破解了。他对我说："我就是用上了'数论'中的'缪比乌斯函数'！"日军那时使用的密码技术，是把原来的文件，俗称"明文"，用数学方法变换一下，谓之"加密"。加密后的文件，俗称"密文"。"密文"传输出去，即使被截获，别人也如同雾里看花，难解其意。

看过截获的日军密文，华罗庚以他那过人的智慧、对"数论"的精通、对数字的敏感和对密码原理的洞察力，极快地发现了日军密码的秘密：从明文变换到密文的加密过程，日军使用的原来是"缪比乌斯"。

1990年，我的朋友陈树柏教授，计划在美国硅谷创办一所以培养高科技人才为目标的新型大学。为此，他走访美国的政治、学术、企业各界人士，寻求支持，谑称"化缘"。一天，他拉我一同去拜访蔡孟坚将军。

我和陈树柏驱车到蔡孟坚位于北加利福尼亚的寓所见他，那年他已85岁，身材不高，精神矍铄，思维敏捷，声音洪亮。听说我来自中国，并且在甘肃工作过，马上问我是否吃过"白兰瓜"。兰州的白兰瓜全国有名，甘肃人颇以其为骄傲。蔡孟坚告诉我，那是在他当兰州市市长时从美国引进的。这令我"小"吃一惊，于是追问：如何引进？

"白兰瓜就是美国的'Honeydew'，我偷了它的种子，带回兰州试验，没想到居然生长得很好。" 我恍然大悟。"Honeydew"译成中文应该是"蜜露"的意思，是美国一种香瓜的名字，多美的名字。这瓜一年四季在美国的超市随处可见。白兰瓜果然与蜜露的样子近似，但白兰瓜更为甜蜜，许是兰州的水土更适合蜜露生长。

他还告诉我，当年他如何改造兰州的警察，从服装到风纪。言谈间看出蔡将军内心深处对那他曾做过一任父母官的兰州感情颇深。

蔡将军十分健谈，又问我："知道不知道大陆有个了不起的数学家华罗庚？"我告诉他："不仅知道，还很密切，他是我的恩师！"接下来蔡将军的话可要令我"大"吃一惊："我们是50年的朋友了！当年我亲见华教授破了日本人的密码，1980年我们还见过面。"我的兴头上来了："愿闻其详。"蔡将军于是娓娓道来。

1943年，国民党政府听说美国有了原子弹，打算组团到美国考察。正式组团之前，政府邀请部分科学家如华罗庚教授等，和情治系统的特工如蔡孟坚将军等，到庐山"集训"，研究判断中国制造原子弹的可能性。华、蔡二位先生于是成了"室友"。

兵工署署长俞大维是留美数学博士，在数理逻辑方面颇有造诣，他很钦佩华罗庚教授的才学。听说华先生在山上，特地赶到住地拜访。谈话之间说到日军密码的困扰，恳请华先生助他一臂之力，破解日军军事密码。华先生深知事关重大，十万火急，便应允下来。他连夜观察、反复比对，仔细寻觅密码中数字的规律，彻夜未眠。次日清晨，华教授如厕，出来后手中拿着数张手纸，上面写满了字，交给蔡孟坚说："问题已经解决，但我没有时间重新抄写了。就请将军立即转交俞署长。"俞大维知道以后，火速派人把蔡孟坚接走，急不可待地阅读华教授的手稿，然后拍案叫绝，欣喜若狂，马上传令部下火速按照华罗庚教授指教的办法解码！破解密码大获成功，所截获、破译的日军密码都是极其紧要的军事情报。

蔡将军对华先生钦佩得五体投地。破译日军密码，一个故事，两人讲述，内容吻合，互鉴互补。

华先生是蔡将军终生难忘的尊敬的朋友。无巧不成书，1980年，华先生首次率团出访美国，就在一家饭店的大厅，两人不期而遇，并且刹那间都认出了对方。

那次重逢的 5 年之后，华先生仙逝于东瀛。

1984 年，作者与华罗庚在美国合影

"古来万事东流水"，蔡孟坚将军历尽沧桑，目睹兴亡，似已看破红尘。对于华先生的逝世他感慨："人间使命，圆满完成，驾返瑶池，何必留恋。我和华教授有缘分，还会再见面。"

作者简介

袁传宽，加州大学圣芭芭拉分校数学博士，曾先后执教于清华大学、加州大学圣芭芭拉分校等高校。

上帝掷色子

——2008 年美国统计年会杂记

万精油

关于美国的年会我写过好几个。比如数学年会（题目是《谁想当数学家》）、羽毛球全国老年年会（题目是《生命不息，拼搏不止》），以及美国围棋年会。但对我参加过多次的统计年会却一直没有写。一方面因为没想到好的标题，另一方面担心大家觉得统计很枯燥。最近看一篇关于量子力学的文章，提到爱因斯坦的著名论断："上帝不掷色子。"统计学实际上就是关于掷色子的学问。根据观测到的数据来推出色子的一些性质，或者已知色子的性质算出某种情况出现的概率。用"上帝掷色子"作标题，借着爱因斯坦的名气或许可以抓一些眼球。

有了标题算是有了好的开头。每年的统计年会有意思的事情不少，写起来就比较容易了。

一英里高的城市

还是老习惯，先来一段与统计无关的轻松话题。

2008 年的年会在美国科罗拉多州的丹佛市召开。飞机刚着陆喇叭里就传出机长的迎宾词："欢迎来到一英里高的城市"（Welcome to the Mile-High

City）。丹佛的海拔正好是一英里（1609 米），这也算是很巧合的事。这个高度比起其他一些高原城市来说算不了什么，比如拉萨的海拔就比这里高出一倍还多。但对于我们这些居住在平原地区的人来说，这个高度就有明显的效应了。

首先，天显得出奇的蓝。这种蓝天我只在云南大理看见过。回来查了一下，大理的海拔比这里还要高。其次，就是感到氧气不足。一般地，走路似乎还没有什么感觉，但跑起来就明显喘不过气来。刚来的第一天开会开到很晚，已经不能出去跑步，只好到旅馆里的健身房去跑。没想到平均每七分钟一英里的速度竟然坚持不下来，只好往下调。最后调到每七分半钟一英里的速度才勉强跑完三英里，而且已经累得不行。第二天早上起来时的静止心跳也蹿到每分钟 70 多下（在家时一般都在 50 以下），难怪跑不动。后来听人说一般人要好几个月才能完全适应这种情况。跑步不行就做重力训练，缺氧的情况对此没有影响。因为海拔高，这些铁块应该比标明的重量轻一点。或许是心理原因，在旅馆健身房几天下来，我竟然打破了我平常的重量纪录，压腿终于可以压到三倍于我的体重的重量。

这里的人已经习惯了这种状况，跑步不受影响。我抽空去了一趟科罗拉多斯普林斯（Colorado Springs），路上看见很多跑步和骑车的人。最有意思的是有些马路上还专门给自行车留一条道（比一般的车道窄三分之一左右），在美国其他地方我还没有见过。为此这里给我留下了很好的印象。

因为接近民主党大会召开，城市里到处挂着民主党的宣传条幅，也算是一景。

上帝掷色子

爱因斯坦的话"上帝不掷色子"针对的不是统计，而是对海森堡测不准原理所给的一个哲学断语，属于可知论与不可知论的争议范畴。统计在物理上的重要性是毫无争议的，它作为热力学、量子力学的理论基石之一也是众所周知的事实。

爱因斯坦于 1905 年发表的 5 篇重要文章中，除了相对论与光电效应（因此获诺贝尔奖）的文章外，还有一篇关于布朗运动的。这布朗运动可就是实打实地依赖于统计。统计不单是在物理这样的理论上有用，在现实的应用中更是到了无所不及的地步。如政治、经济、管理、体育、制药，你想得出来的领域都或多或少地可以找到统计的应用。来开会的人除了学校的教授、研究生外，还有相当一部分来自政府各部门、各大制药公司、华尔街投行等。洋洋五六千人，可谓声势浩大。

大会的演讲程序表，单是题目及主讲人就列了好几十页。"线性回归""蒙提卡罗""基因矩阵""棒球比赛数据""选举加权"，五花八门的题目真是应有尽有。这也是我很喜欢来参加这个大会的原因之一。总能找到有兴趣的演讲听，开会效率很高。

最近看到一本书上有一章的题目是"上帝不掷色子，或许会玩牌"，其实还是一个意思。规律定在那里（比如万有引力、电磁场），剩下的就是按这些规律的运动。变量多了，系统就很复杂，宏观上的结果就带有很多随机性，与掷色子差不多。因为有大数定理（或者叫中心极限定理），统计总会在现实中到处派上用场。上帝的色子总是要继续掷下去的。

有偏差的样品

斯坦福大学的统计学教授迪阿孔尼斯（Persi Diaconis）在课堂上给学生表演掷硬币，说是想掷头就掷头，想掷尾就掷尾，可以掷出任何给定的概率。如果用它掷出的结果做样本去估计那个硬币的性质就不会得到正确的结果，因为样本有系统误差。

迪阿孔尼斯是数学界很传奇的人物。他能准确地掷出头尾，是因为他从 14 岁到 24 岁，是在各地巡回演出的职业魔术师。24 岁时他想弄清楚一些组合游戏里面的原理，就请人给他推荐一本概率书。

别人给他推荐了费勒的概率数学原理，可惜他看不懂，因为他不懂微积分。为了弄懂费勒的书，他决定上大学，两年本科毕业。这时他已经被数学、统计学这些理论东西所吸引，决定继续读研究生。而且说要读就读最好的，于是就申请了哈佛。本来，凭他的成绩是进不了哈佛的，因为他第一年的微积分得了 2 个 D。所幸的是他有著名趣味数学专栏作家加德纳给他写推荐信。推荐信说："数学的东西我不是太懂，但我知道在过去十年里发明的最好的十个数学魔术中，这小子发明了其中两个。凭这点你们是不是应该多考虑一下？"几乎每个数学家都是加德纳的粉丝，哈佛数学教授也不例外。加德纳的话分量很重，迪阿孔尼斯当然就进了哈佛。事实证明加德纳的眼力是不错的。迪阿孔尼斯经过哈佛的熏陶终于成了数学、统计学上的大家。他的研究范围很广，证明的定理当然也很多。其中一个定理在非数学界也很有名气，那就是"洗牌定理"。说的

斯坦福大学的统计教授迪阿孔尼斯掷硬币可以掷出任何给定的概率

马丁·加德纳（1914—2010），名声显赫的业余数学大师、魔术师、怀疑论者，他曾经为《科学美国人》杂志趣味数学专栏写作长达 20 多年。加德纳没有数学博士学位，但是他的作品能让广大普通读者和数学家为之着迷

是一副 52 张的牌要洗 7 次才能洗匀。洗少了不匀，洗多了没必要。所以你下次打牌一定要洗 7 次。如果洗太少，上次有人出拖拉机，就要影响下次牌的分布。

迪阿孔尼斯的故事很多，可以写一本书。我们还是言归正传，谈我们的样品偏差。

样品偏差有些是人为的，比如迪阿孔尼斯掷的硬币；有的是无意识的，比如有人用佛罗里达的数据得出结论说富人死亡率高于穷人死亡率。事实上因为很多老人搬到佛罗里达去度晚年，最后死在那里。这些老人平均起来比当地人要富很多，大大地影响了死亡人员的经济情况。

这次会议中听到一个有意思的样品偏差的例子。说是二次世界大战时，美国国防部有人研究战斗机应该把飞行员放在什么位置比较安全。他从所有飞回来（没有被击落）的飞机上的弹孔取样做统计。发现有个位置弹孔很少，于是得出结论那个位置最安全。后来有人说：那个位置上有弹孔的飞机大概都被击落了，所以，飞回来的飞机上那个位置的弹孔最少，或许那是最不安全的位置。显然这个人的统计没有学好，或者说战争年代高人都去造原子弹去了。

这种偏差样品现实生活中也能找到很多例子。比如你如果用三鹿奶粉来测一般奶粉的成分，那就有系统偏差。

博览会

数学会也好，统计会也好，与年会同时进行的都有一个博览会。首先就是与它有关的各个商家在这里宣传他们的产品，还有各政府部门在这里摆摊招工。最多的当然是书商，其次是各种各样的数学与统计软件。十几个篮球场那么大的大厅被这些厂家占得满满的。

每个厂家为了吸引顾客，都在自己的亭子里放一些免费小礼品，各种各样的笔、书签、鼠标垫，等等。大家边看边拿，一圈走下来，差不多装半个塑料袋。有些礼品还真是很实用。比如房利美（Fanniemae）的笔形螺丝刀，体积比一支笔大不了多少，却有四种不同的螺丝头，很实用。谷歌的闪光胸针设计得也别致有趣。

还有些艺术家在这里卖数学艺术品。比如那个卖克莱茵瓶的就是每会必到。克莱茵瓶是二维无定向曲面。虽然怀特定理说可以把它嵌入欧氏空间中，但那需要四维空间。要在三维里做克莱茵瓶，就必须要自相交。这自相交在什么地方交，以什么方式相交，不同的情况可以产生各种各样的克莱茵瓶。

这些克莱茵瓶怎么把水倒进去、倒出来都可以研究一番。我没有买过，但每次看见都要想如果里面脏了怎么洗。另一个每会必到的是卖科学衫的。在T恤衫上印出各种科学幽默、卡通。我每次都买一两件。最喜欢的一件是：一个有曲面积分的式子，里面有椭圆函数等一长串数学符号，下面是一句问话：到底哪一步你不懂？（Which part of this don't you understand？）我们家的T恤衫除了跑步比赛发的以外，差不多都是这些科学衫。

对我来说当然主要是转书铺。这里买书可以比书店便宜20%。与工作有关的书可以报账，便不便宜也无所谓。

但自己买书便宜20%还是比较可观的。有时还会有意外惊喜。上次买一本趣味数学书，正遇到作者（Peter Winkler）在那签名。我对趣味数学有很大的兴趣，正好借机与他聊了半天，收获很大。

对数学软件我也很有兴趣。我并不是要买这些软件，而是对他们的一些设计或相关的东西有兴趣。有一次我走到软件公司Mathematica的亭子面前。亭子里一个工作人员过来与我打招呼。我随便瞟了一眼他衣服上别的名片，眼睛突然发亮。

我：哇，你就是大名鼎鼎的Eric。

E：大名鼎鼎不敢当，我就是 Eric。

我：你的"数学世界"（Math World）给我太多的帮助，我真应该谢谢你。

E：很高兴它能对你有帮助。

我：你知不知道你的"数学世界"是我浏览器上的第三个常用地址。

E：让我猜一猜，第一个肯定是谷歌，第二个大概是维基。

我：全说对了。

E：很荣幸能排到第三，我一个人的能力也不能与它们竞争。

我：难道"数学世界"都是你一人之力吗？

E：以前都是我一个人，后来有些人帮忙。不过 95% 以上都是我自己搞的。

我：厉害厉害。谢谢。

埃里克·韦斯坦因（Eric Weisstein）是加州理工学院的物理博士。从高中开始就收集数学公式及相关信息。后来把它放到网上，一直发展成现在的"数学世界"。"数学世界"是数学方面的网上百科全书，相当于维基，在数学界享有盛誉。不过它比维基早很多，而且运作方式也不一样。加入 Wolfram Research 公司以后，"数学世界"已经扩展成"科学世界"，其中包括数学世界、物理世界、生物世界等，建议大家去看一看。韦斯坦因现在是美国国家电子图书馆的活跃人物之一，也算是厉害的人。与他聊天收获很多。后来我们又聊了一些数学软件的设计，Mathematica 与 Matlab 的比较，非常有趣。临走时我给他们提了一些建议，没想到回来以后收到他们发展部门的邮件说我的建议非常好，他们正在考虑采用。

埃里克·韦斯坦因，1969年出生于美国，是数学方面网上百科全书"数学世界"的创始人。主要编辑 MathWorld、ScienceWorld 等著名网站

每次开这种会，我都要在博览会（EXPO）里待好几个小时。收获虽赶不上听学术报告，但也算相当重要的一部分。

高维问题

虽然说是讲故事，但统计会杂记总免不了要讲一些理论性的东西。还是挑一样现在比较热门的东西来讲一讲。

传统的统计一般是三五个参数、几十上百个样本，用这些样本来估计那几个参数或者建分类模型。现在差不多倒过来了。经常出现十来个样本，几万个变量的情况。比如常见的基因矩阵数据（Micro Array），十几个矩阵数据，几万个"基因"都是变量。学过数学的都知道，一般情况下，如果变量比方程多，可以有无数多个解。通过传统方法用这些数据建模型，几乎可以得到任何你想要的结果。实事上现在有不少人就是这

本科毕业于复旦大学的范剑青现在是普林斯顿大学统计学讲座教授，2000 年 COPSS 会长奖获得者

样做的，把原始数据做这样或那样的变换然后用来建分类模型。这样做出来的结果，按范剑青的话说"与随机猜测同样糟糕"。

范剑青出国前是中国科学院应用数学所的研究生，现在在普林斯顿大学当教授。算是中国出来的留学生中出类拔萃的人物，照网上的流行语，算是"大牛"。他在这次会上给了一个"高维数据"的报告，讲的就是这个问题。因为是"大牛"作报告，听的人把大厅挤得满满的。他用实例指出没有选择地全用这些高维数据推出的结果等同于随机猜测。

另一个由高维数据带来的问题就是假正问题（False Positive）。一般的

假设检验都用 5% 作为分界线，小于 5% 的事件被认为是小概率事件。可是，如果对每个变量做假设检验，几万个做下来，小概率事件也几乎成了肯定事件。

这就是所谓假正问题。一米八五的个子是小概率事件，但在全中国找几十万个也不会有问题。当然，假正问题变量少的时候也存在，只不过当变量多的时候，这个问题就变得更加突出。

基因矩阵数据是现在很热门的话题，大会中有很多报告都是围绕这个问题在展开。其中很多方法涉及很深的数据分析知识（比如非负矩阵分解），对我这种有数学背景的人来说正对胃口，所以这种报告我几乎都去听。这也算是我现在的工作中最接近前沿的了。

统计会上的中国人

最后还是谈点轻松话题结尾。

这个大会与数学大会一样，也搞了一个知识竞赛。数学大会的竞赛叫"谁想当数学家？"统计大会这个竞赛叫"统计杯"。本来想谈一下这个竞赛，可是不论从形式到内容都比数学大会的竞赛差太多，不谈也罢。还是另选话题吧！

五六千人的大会大概有 1/4 的中国人。大会花名册的最后几页（从 W 到 Z）几乎被张王赵周这些中国大姓占满了（还有于俞余的统一拼法 Yu）。有些小讲座从主持人到演讲者几乎都是中国人。

我读书的时候，读数学的都去摘皇冠上的明珠，搞数论、几何之类的，统计学算冷门。现在讲究实用主义，统计一下变热了。学数学的如果不改行，只有在学校当教授。学统计的却可以在学校、公司、政府部门等找到工作。统计现在是如此的热门，以至于许多从前不搞统计的人现在也往统计上靠。这次会议上碰到十几年前的一个邻居，学经济的，也摇身一变成了统计学家。在博览会上看见一个人觉得面熟，聊起来原来在羽毛球比赛时见过，现在也搞起统计来了。看到大会材料中一个什么委员会的主席名字很眼熟，后来见面才发现是与我在中文学校一起打乒乓球的家长。这阵势大有全民搞统计的味道。

前几年开会还能碰到一些过去的同学，现在很少碰到了。

大部分参会的中国人是年轻人。与一帮中国人一起吃饭，聊天中得知其中一位今年博士毕业，他的导师是我在科学院读研究生时的同学的学生。按照金庸武侠小说的说法，他应该叫我师叔祖了。相当一部分的参会者都是这样的年轻人，我这个年龄的人越来越少了。不过我现在来开会主要是来长长知识，顺便逛一下开会的城市及周边，能不能碰见老朋友不是很重要。当然，如果碰见了老朋友就多一分惊喜。

明年的统计会在华盛顿哥伦比亚特区，希望到时候能碰见更多的朋友。

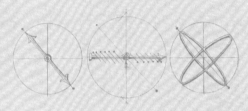

数学教育

EDUCATION AND CAREERS

发达国家数学英才教育的启示 [1]

张英伯

引子

近 30 年来，随着国民经济取得长足进展，我国已经迅速地进入了大众教育阶段，教育普及的成就有目共睹。与此同时，也有越来越多的人开始发出这样的疑问：我们的学校为什么培养不出像华罗庚、钱学森、杨振宁这样的大师级人才？对于这个问题，不同的人会有不同的答案，但几乎都绕不开需要正视我们的大学与世界名校的差距。

事实上，拔尖人才的培养，从大学开始已经太晚了，拔尖人才对某个专业领域的兴趣，应该从他们的少年时代，从高中甚至初中时代就开始了。就拿钱学森先生来说，他中学阶段是在民国时期的北京师大附中读书。他当时的数学老师傅种孙先生，是我国近代数学教育的先驱。在 20 世纪 20 年代，他第一个将数理逻辑引入中国，第一个将西方的数学基础介绍到中国。傅先生在平面几何课上用当时西方大数学家刚刚发表的几何基础当作蓝本，为学生讲授欧几里得几何，在这些刚刚度过童年，进入少年时代的学生当中，有几十年后成为两弹元勋的钱学森院士、群论专家段学复院士、数论专家闵嗣鹤教授、代数学家熊全淹教授。钱学森曾深情地回忆道："听傅老师讲几何

---

[1] 整理自作者在北京师范大学第二附属中学数学组的讲话。

课，使我第一次懂得了什么是严谨科学。"

发现和保护一个天才很难，忽略一个天才却很容易。比如华罗庚，如果当年熊庆来教授没有把他招到清华，没有送他去剑桥大学，也许他还在江苏金坛的小店里工作，我们也就不会有天才的数学家华罗庚了。

再比如 2006 年菲尔兹奖得主陶哲轩，如果没有父母的精心呵护，没有澳大利亚宽松的学习环境，允许他在五岁刚上小学就去读中学课程，八岁半就去附近的大学学习数学分析和物理学，那么他也许仅仅在中学时得到奥数金奖，为学校和国家争光，而不会成为世界一流的大数学家了。

毋庸置疑，我国中小学数学教育的整体水平及中小学教师的整体学科素养不比发达国家差，有些方面甚至强过他们，这是我们的优势。但是与此同时，我们不得不看到，发达国家从进入"大众教育阶段"伊始就高度重视"英才教育"，大众教育与英才教育相辅相成，逐步形成了一套成熟的教育体系。在这个方面，我们与发达国家相比有一定的短板。

北师大二附中校园

近半个世纪以来，发达国家曾经在数学教育中出现过对大多数学生标准过低的问题，这些另当别论，我觉得我们应该着重学习他们成功的经验。应该看到，美国能够在科学技术领域走在世界前列，发达国家科技人才辈出，必有过人之处。

美国的分流培养

美国高层对自己大众教育的看法比较悲观，这集中地体现在布什总统 2006 年初的国情咨文中，在那里特别提到了中国和印度的中小学教育要比美国好。甚至为改进自己的数学教育成立了总统顾问委员会。他们有很强的危机感。

我们北师大的一位毕业生在位于硅谷的美国宇航局的一个研究部门工作。他的孩子读小学，班里 17 个同学，大部分是印度移民。前些日子去美国，他陪我们到谷歌、英特尔、甲骨文、惠普几个大公司走走，真的有不少黄面孔，甚至在华尔街上，中午吃饭时间，你会看到很多从大银行、大公司出来的中国白领匆匆而过。至于每一个美国大学的数学系都有中国教授，已经是众所周知的事实。但是这位毕业生告诉我们，他认为美国的教育是非常成功的，因为所有这些地方的最高决策层和学术带头人，几乎都是美国本地人，不是由于人种，而是基于实力。

众所周知，美国的教育体系是多元化的，没有全国统一的教育制度。50多个州就有 50 多种不同的教育体系。在数学教育方面，虽然从 20 世纪 80 年代末开始，有了 NCTM（美国数学教师协会）的全国统一课程标准，但这些标准仍然是选择性的，而非强制性的。

我们也经常看到或听到关于美国数学教育水平的一些负面评论，但实际上，美国高层对英才教育的问题始终保持着清醒的头脑。

　　20 世纪 50 年代美国的教育开始普及，1958 年他们的国会就通过了《国防教育法案》，要求联邦政府提供奖金培养数学、科学和外语等天才学生；1965 年成立"白宫资优及特殊才能特别委员会"；1972 年和 1973 年美国教育委员马兰向国会提出报告后，美国教育署成立了天才教育处；1978 年美国国会通过《天才儿童教育法》；1987 年再次通过相关法案，并拨款建立联邦办公室和全国研究中心；1988 年通过《杰维斯资赋优异学生教育法案》，此后每年由国会确认，并决定联邦政府的拨款额度；1990 年成立了美国国家英才研究中心（National Research Center on the Gifted and Talented，简称 NRC/ GT），开展英才教育方面理论与实践的研究工作。

　　美国虽然各州的课标法规有诸多不同，但却有一个共同的特点：因材施教，突出英才。

　　美国英才教育的主要形式是在各个学校中把 5％的天才学生（Gifted students）划分出来，天才学生从小学到大学都有特殊的教育方法。最常见的是让天分较高的学生去修他们擅长的高一年级或高两年级的单科课程。有些学校的天才学生每周集中半天，分成小组开展一些项目，小组间展开竞赛。

　　学校对数学等单科比较突出的少数学生提供特殊辅导，在某中学有一位数学成绩优异的学生，每当上数学课的时候，学校都会派校车送她到附近的一所大学，由学校为她聘请的一位教授专门授课。

　　美国有一个委员会，负责制定在中学讲授的大学课程（Advanced Placement Courses）的标准，并负责审查中学讲授大学课程的资格。对于数学来说，这些课程包括微积分、线性代数、初等数论、理论概率，等等。而学习过高中的 AP 课程，是进入较好大学的必要条件之一。一般进入常春藤大学数学系的美国学生，早已熟知微积分，并且不必在大学里重修，而是直接进入更深层次的数学训练。

美国有一些非常出色的中学：除了优秀的私立中学之外，还有一些高质量的公立中学。在弗吉尼亚州费尔法克斯县有一个全美闻名的杰弗逊科技高中（Thomas Jefferson High School for Science and Technology），在美国100所金牌高中的排行榜中连年第一。我读过这所高中的课程介绍，微积分和高等代数使用的都是美国正规的大学课本，他们的学生在高三毕业时，不但学完了一元微积分，还学完了多元微积分、线

被誉为全美第一中学的杰弗逊科技高中

性代数、微分方程、数论、概率论，在课程介绍的后面还特别注明，这些课程只是初步的要求，老师会在课堂上根据学生的情况加深内容。学校提供十分优越的实验条件和学习环境，学生可以修习附近大学的课程，进行一些相当于博士生或硕士生水平的科学研究。这所高中的全部学生都是通过考试，择优录取的。

法国的大学校

法国的数学在国际上是非常引人注目的，法国历史上伟大的数学家很多，比如伽罗瓦、庞加莱、阿达马、埃尔米特，这几位竟然都毕业于巴黎的同一所中学：路易大帝高中。

直到现在，法国政府都非常重视数学研究，他们前些年曾从世界各地高薪聘请数学教授，德国、西班牙、南北美洲等地一些优秀的数学家到那里应聘。

近些年来，菲尔兹奖得主几乎每次都有法国数学家，这是一个有着深厚的科学文化底蕴的国度。

前些日子法国国家教育部数学督察到我们学校访问，了解中国中小学的数学课堂教学，我借机详细地询问了法国的数学教育。他笑了，说你们了解法国的愿望比我们了解中国的愿望更强烈啊！他说法国的孩子初中毕业后有40%去职业学校，60%升入普通高中，我记得瑞士有70%去职业学校。这一下子就引导了孩子的分流，一些希望掌握某种特殊技能的孩子，比如汽车修理技师、园艺师、理发师、面包师等，可以去读职业学校，出来后能够顺利地找到对口的工作。在60%升入普通高中的学生当中，20%属于技术类型，15%为纯理科，65%读经济和文科。

法国高中理科部分的教学大纲已由我们的邓冠铁教授译成中文在《数学通报》上发表了。法国与美国不同，教学大纲由国家统一制定并监督实施。

巴黎著名的路易大帝高中，培养了雨果、莫里哀等大文学家，以及伽罗瓦、庞加莱等大数学家

大纲按照年级分别编写，与我们国家的（理科）课程标准相比，内容要深很多。比如高三的教学大纲包括复数、复平面、实部、虚部、共轭复数、加减乘除四则运算、复数的模和幅角、两个复数商的模和幅角、复数的三角表达式、实系数一元二次方程的复数解。

高三大纲还要求系统地讲解微积分：包括数列极限、函数的极限、复合函数的极限、函数的连续性、中值定理、函数的求导、函数切线研究、复合函数求导、指数函数和对数函数的研究、积分和原函数、分部积分、简单的微分方程。此外还要讲数学归纳法、空间解析几何、概率论，值得注意的是，大纲同时为有余力的学生制定了特殊教育的内容，包括数论中整数的整除性、裴蜀定理、高斯定理和平面的相似变换，等等。

据法国数学督察说这个大纲是几年前制定的了，现在他们又重新进行了修订。

法国基础教育中最突出的一个特点是大学预科，这些预科都设在中学，进入预科的学生要经过严格的考试，只招收不到10%的高中生，也就是不到6%的同龄青少年。被选中的学生两年后毕业时再经过一次严格的考试，通过考试的预科毕业生不到一半，只有这些学生才具备进入法国的大学校的资格。

法国的大学校是独立于大学之外的高等学校，由300多所学校构成，包括155所高等工程师学院、70所高等商学院和5所高等师范学院，如巴黎综合理工学院（每年招收一百多位学生）、巴黎高等师范学院、巴黎高等商学院等。大学校通过高水平的课程和严格的训练，培养了一大批学术、政治、经济界的精英，在法国教育界占据着独特的地位。就拿数学来讲，法国的菲尔兹奖得主几乎全部出自巴黎高师。

在法国，只要是合格的高中毕业生，就可以根据自己的学习成绩和兴趣爱好，选择适当的普通综合性大学，直接注册，额满为止，不需要进行考试。但对于各类名牌专科大学，学生必须经过两年预科班的学习，通过严格的考试，竞争入学。

预科班相当于大学低年级，两年预科班毕业后需要参加大学校单独或联合举行的难度很大的考试（初试和面试），成绩好的学生进入大学校深造，成绩不够好的学生可以直接进入普通大学3年级，继续完成大学阶段的学业。

法国的中学数学教师要经过严格的考试才能上岗，不只考教师教育。首先是考数学，数学分成基础、计算和应用，其中基础部分有数学分析、几何、代数方面的所有大学课程，计算和应用可任选一门。初中教师的录取率是1/4，而高中，特别是预科教师，录取率只有不到17%。这也许是他们的数学教学之所以如此优秀的基础吧！

建立我们的英才教育体系

亚洲的发达国家紧随欧美发达国家，纷纷建立起了自己的英才教育体系。

日本一贯善于将西方的先进社会模式学为己用，他们在2002年建立了26所理科高中，2006年一下子增加到99所。在这之前英才教育基本由私立学校去做，而现在的理科高中很多是公立学校，在那里为挑选出来的优秀的理科生讲授大学课程。

韩国在2006年发布了《英才教育振兴法实施令》，2007年就建立起了18所科技高中，实行移动授课，中学可以选修大学课程。

综合美国、法国、日本、韩国的情况，我们看到目前理工科学生的高中数学教学，已经到了将高等数学的基础课程下放到中学，大学与中学打通的阶段。

按照法国中学生分科的比例，技术类和纯理科占全国学生的20%左右，他们的数学课程有相当的深度。如果考虑到法国的预科，则有6%的学生在学更高一级的课程。事实上法国的大学校和预科班皆以理工科为主，经济类有一些，文科很少。

按照美国的情况，则是从小学开始，不断地逐级选拔出 5% 的学生，在中学已经基本学完了大学的若干门基础课程。如果放到中国，5% 在全国的学生中，是一个多大的数字啊。

有着 5000 年文化底蕴的中华民族，是一个非常优秀的民族。我们有那么多优秀的中学老师，有那么多聪明好学的中学生，让我们的学生全国齐步走地学习同样的课本，采取同样的进度，甚至用高三整整一年的时间操练题型备战高考，岂不太可惜了？发达国家对英才施以适合他们的教育，而我们却把英才和优秀的老师集中在重点中学，然后和一般的中学施以同样的教育。因为评判学校的标准是高考成绩，而不是培养人才。

目前炒得沸沸扬扬的数学竞赛，之所以会在全国各省市盛行，根本原因还在于没有一种科学的、切实可行的小学升初中，初中升高中的办法，竞赛这种形式就成了官方升学体制的自然补充。

多年以来，英才教育似乎是教育领域的一个禁区，曾经的政治运动使得文化平均主义深入人心。事实上，一方面每个孩子都有受教育的权利，在教育面前人人平等，另一方面教育者要对孩子因材施教，根据每个孩子不同的特长，让他们受到最适当的教育。这是两个不同范畴的问题，受教育的平等权利，并不等同于所有的孩子都接受同样的教育，因为孩子原本就是千差万别的。

孩子的才能体现在各个不同的方面，有些孩子喜欢数学，不费劲就能学得挺好，为何不诱导他们多学一些呢？有些孩子不擅长数学，费挺大劲也不见得能够学好，但是这并不表示他们不行，他们一定具有其他方面的才能，比如文学、艺术、体育，或实际操作能力，为什么非得让他们都学同样的数学呢？有人可能会说，中国实行统一高考，根本不可能像发达国家那样在中学实行分层教学。但是，我觉得统考的局面正在一点点地改善，比如我们的大学已经开始有了自主招生的名额，从 5% 的比例开始逐年上升。当然，目前大学的自主招生在出题、招生的形式等方方面面还不成熟，但是有了自主招生的可能，我们是否可以在现行体制允许的范围内做些工作呢？在西学东渐的清末民初，我们能够在内忧外患的国情下从零起步，学习西方先进的思想，建立起自己的现代数学教育体系，并在短短的几十年时间迅速接近发达国家的教育水平，为什么不能在目前体制改革的进程中，学习西方教育的先进之处，使我们的数学教育体系逐步向良性化、科学化迈进呢？我们的中学老师，承担着为祖国培养人才的重任，也就是肩负着祖国的未来。我们有这么多优秀的中学老师，数学教育一定会有长足进步。

我们也一定能够实现陈省身先生的美好愿望，在 21 世纪将中国从一个数学大国变成数学强国。

2010 年 3 月于北京

作者简介

张英伯，德国比勒费尔德大学博士，北京师范大学教授，曾任《数学文化》期刊编委。

北航怎样选拔尖子生？

李尚志

为了培养优秀人才，北京航空航天大学创办了高等工程学院。从 2002 年开始，每年从录取的大学本科新生中选拔一部分有潜力的学生进入高等工程学院学习。以下就是我们 2007 年选拔考试中的一幕。

（一名学生进入教室。）

老师：请坐。（学生就座。）

老师：你知道什么是圆锥曲线吗？

考生：圆、椭圆、抛物线、双曲线是圆锥曲线。（也有人回答：到一个定点和一条定直线距离之比为定值的点的轨迹称为圆锥曲线。）

老师：它们既然叫圆锥曲线，总应当与圆锥有关系吧。不然为什么叫作"圆锥曲线"而不叫"鸡蛋曲线"或者"正方体曲线"呢？比如，我国有个女子体操运动员吴佳妮，她首创了一套体操动作，这套动作就要以她的名字来命名，叫作"佳妮腾越"，而不能叫作"马拉多纳腾越"或者叫别的名字。

考生：哦……想起来了，圆锥曲线可以由平面去截圆锥得出来。从不同的角度去截，分别得到圆、椭圆、抛物线、双曲线。

圆锥曲线的内心：（1）抛物线；（2）圆和椭圆；（3）双曲线

老师：你面前的桌子上有一个茶杯，里面有水。请观察，水面的边缘是什么形状？

考生：是圆。（心里也许在想，这个问题太简单了哟！）

老师：请把茶杯端起来，稍微倾斜，现在水面的边缘是什么形状？

考生：好像是椭圆。

老师：真是椭圆吗？请说明理由。

考生：这个杯子是圆柱形吗？

老师：请自己观察。杯子的上下是一样粗吗？

考生：不一样粗，而是上面粗下面细。不是圆柱，是圆台。……（思考）……因此，水面的边缘不应该是椭圆，应当是一头尖一头平的曲线，像鸡蛋一样。……（感到奇怪）……但是看起来怎么还是像椭圆呢？

老师：只有上下一样粗的圆柱被平面截才能得到椭圆吗？你刚才不是说过椭圆也是圆锥曲线吗，能不能用平面截圆锥得到？

考生：（似有所悟）哦……将杯子侧面向下面延伸就是圆锥，所以水面边缘还是由平面截圆锥得到的，应当是椭圆。

老师：很好！谢谢。（以下问答别的问题，略去。）

圆锥曲线是数学中的重要概念。让学生叙述书本上的圆锥曲线的定义，是一道常规的数学考试题。但这并不是我们考试的重点，我们将它作为一个引子，埋下的一个伏笔，暗示和引导考生在以后的问答中将现实生活中的例子与书本上的圆锥和平面联系起来。我们发现，大部分考生会背诵圆锥曲线的定义，但面对现实生活中茶杯的水面，却将刚才所背的定义忘得干干净净，不知道茶杯壁可以看作圆锥侧面的一部分，水面可以看作平面，截出来的也是圆锥曲线。不能认为只有书本、考试卷子上的平面和圆锥才是正宗的数学，生活中的水面和茶杯就不是数学，就都是左道旁门、歪门邪道。我们这样考学生，不仅是为了选拔，更是为了引导学生将眼光从书本和考卷的狭窄天地中解放出来，放眼到现实生活中去体会数学。当然，各个考生对我们所提的问题并不都是像前面那样回答的。但前面所写的回答确实能够代表相当一部分考生。他们虽然在一开始有疑惑，没有得出正确的答案，但在考官的启发下能够很快地醒悟过来，我们对这样的考生就很满意，决不因为开始的答案不对就扣他们的分。考生从疑惑到醒悟、从错误到正确的转变过程更能够令人信服地表现他们的思考能力，比起最后答案的对或错更加重要。

本文开始叙述的只是我所问问题的一个例子。另外一个例子是：将一张纸卷成圆柱形，用一个平面斜着去截，试画出截痕展开图的草图，通过观察猜想它是什么曲线。这个问题是中学数学中没有讲到的，难度相当大。我们不要求学生一开始就给出正确答案，而是引导他们经历试验、观察、思考、猜想，以及不断纠正错误的过程去得出自己的答案，这实际上就是他们以后要进行的科学研究的过程。考官根据考生在这个过程的表现来判断考生自主学习的能力、思维能力、自己纠正自己的错误的能力，也就是判断他们从事科学研究的潜力。这个问题的答案其实是中学必学的内容，但中学考试涉及的不多，因此善于自主思考的学生不难猜测到正确的答案，而那些虽然经历过备战高考的题海战术训练却不会用自己的大脑思考的考生就只能茫然无措。当然我们还问了其他一些数学和物理的问题，这里就不一一列举了。

对考生进行口试，只是北航选拔考试的一部分。

在口试之前，已经出了数学、物理、英语的笔试题对考生全面掌握知识的情况进行了系统的考察。而口试由于时间较短（每位考生问答时间一般不能超过 10 分钟），不可能也没有必要再对掌握知识的情况再进行系统的考察，而只能着重考察他们的思维能力、发展潜力、学习态度等。从口试的情况看来，大多数考生在口试中的表现与笔试中的表现基本一致，也就是说：笔试分数高的学生在口试中表现也好一些。但也有一部分学生口试的情况与笔试的表现不一致，对这样的考生就要结合笔试和口试的情况综合考虑能否将他们选拔到尖子班。不但这次选拔尖子班学生是这样，在 2007 年初招收保送生的时候也同样有笔试与口试。在那次口试中有这样一幕：

教师：你的笔试感觉怎么样？

考生：我觉得已经尽力了，发挥出了自己的水平。

教师：如果你现在发现在笔试中有哪道题目做错了，马上告诉我应当怎样纠正。如果在笔试中有哪道题目没做出来，现在想出来了，马上告诉我这道题目应当怎样做。只要你的纠正或补充是正确的，我马上给你加分。你要不要加分？

考生：我们中学教师告诉我们，考过了的题目就不要再去想，想了也没有用。因此我考了过后没有想。

这位考生说"想了也没有用"是因为：既然已经考过了，再去想也没有用，想出来也不会加分了。因此当我承诺给他加分的时候他无法利用这个机会。所谓加分，当然不是再去改动笔试分数，而是在口试中为他加分。在参加那次保送考试的几十名学生中，只有一名学生可以得到我的这个加分，不过他已经不需要这个加分，因为他的分数本来就很高了。这次选拔尖子生的考试，也采用了同样的方式，将某位学生笔试中不会做或者做错了的题目在口试中再问他，给他一个弥补自己错误的机会。这不仅是考他们的知识，更

249

是考察他们的学习态度和对科学是否有兴趣。考生在高考之前巴不得有人告诉他们高考将要考什么题，在考场上巴不得找一个人来教他高考题目怎样做，或者找一本书来寻找答案。在我们的笔试之后，考生有足够的时间去查书本、请教别人、自己重新思考，找到问题的答案并不困难。

但是令人遗憾的是，大部分学生没有这样去做，这说明他们学习的唯一目的就是考试分数，而对于所考的知识本身毫无兴趣。我认为：对科学的兴趣，思维的能力，是从事科学研究的基本素质。考生只有具备这方面的素质，将来才有可能为国家作出大的贡献，现在才能学好大学的课程。我的指导思想就是希望将那些对科学有兴趣、不指望天上掉馅饼而愿意自己认真思考的学生选拔出来，加以培养。

我们现在很多考试，在考场上考官和考生好像是一场战争的双方，互相敌对，相互提防。

在笔试场上，为了保证考试的公平和真实性，这也是没有办法的事情。但在口试时学生的一切表现都在我们的观察之中，就没有必要搞得这么对立，更不能将口试变成对学生的审问。

我们在口试中始终将考生作为朋友，平等相待，努力使口试以轻松的对话和聊天的方式来进行，在聊天之中观察他们对科学是否有兴趣、基础知识掌握得如何、是否能将所学的知识与现实生活结合起来。因此，一开始我们可能要说一些与数学物理无关的话来减轻学生的紧张情绪。比如有一名学生来自湖南汨罗，我就说那是屈原投江的地方吧。又比如在解释圆锥曲线与圆锥的关系时，举了体育运动中的"佳妮腾越"不能叫作"马拉多纳腾越"为例。这当然不是为了考查学生的历史知识或者体育知识，而是为了活跃气氛，启发学生。即使学生不知道屈原投江，不知道体操明星吴佳妮和足球明星马拉多纳，也不影响对他的录取。

我们的口试分为三组，考题并没有统一的规定，完全由各组的老师自由发挥。据说有某一组的考官问过一个脑筋急转弯的问题，引起某媒体记者极强的兴奋感，用了一个耸人听闻的标题"北京航空航天大学通过考脑筋急转弯选拔尖子生"来加以炒作，而且按照他们的职业习惯加以移花接木，说成是我的主张。我所在的小组绝对没有问过这样的问题。即使某一组的老师问过这样的问题，至多也只是一种活跃气氛的笑料而已，在最后的录取中绝对没有将考生怎样回答作为考虑的因素。我本人认为，在口试中提出这样的问题是不妥的，容易使学生产生误会，以为这也是选拔考试题的一部分，担心自己的答案有错而产生紧张情绪。因此，在以后的考试中应当禁止这一类问题。某些媒体组织的选拔竞赛，喜欢将参赛选手像猫捉老鼠那样捉了又放，放了再捉，直到他们的眼泪再也控制不住而哗啦哗啦流出来，再怀着欣赏的心情假惺惺地说几句安慰话，以达到最大的煽情效果。我们是教师，不能像媒体对待选手那样来对待考生，我们是学生的朋友，一切应当从爱护学生出发。

我们的选拔考试不但要尽量选出真正的好苗子，而且要有利于所有的考生（包括被选上的和被淘汰的）今后一辈子的成长和发展。有些考生是保送上北航的，在2007年初曾经参加过我们的选拔考试，这次又来参加选拔进高等工程学院的考试。我发现这些学生看问题的方式比起没有参加过上次考试的考生更灵活一些，眼界更开阔一些，这说明我们上次的考试对他们起到了好的作用，我为此感到十分欣慰。

作者简介

李尚志，中国科学技术大学数学博士，北京航空航天大学数学与系统科学学院教授。

美国的数学推广月

蒋 迅

每年的 4 月是美国数学与统计推广月（Mathematics and Statistics Awareness Month），主办单位为美国数学会（AMS）、美国统计学会（ASA）、美国数学协会（MAA）和工业和应用数学学会（SIAM）。这四家都是美国大的数学机构，AMS 创建于 1888 年，主要面向高校和研究所，现有 3 万多个个人会员和 570 个社团会员；ASA 创建于 1839 年，主要面向统计研究者和使用者，现有会员 1.8 万人；MAA 创建于 1915 年，主要面向中学、大专和大学的老师和学生，侧重于教学和学习，现有会员 2 万人；SIAM 成立于 1951 年，侧重于实际应用中的数学问题，现有 1.3 万个个人会员和 500 个企业机构会员。美国的数学推广月已有 25 年的历史，2010 年的主题是"数学和体育"。

体育运动的科学研究中出现的数据、策略和机遇等问题都是很好的数学课题。除了最简单地给运动员打分以外，数学还被运用于诸如跑车轮胎的合成、高尔夫球表面模式的动力学模拟、比赛成绩预测、游泳池和游泳衣对速度的影响，等等。科学松鼠会有一篇文章《世界杯的数学预测》，用的公式还挺复杂。数学也被运用到体育教育的研究中。

美国数学会为此发表了一篇名为"Mathematics and Sports, Some of the fascinating mathematics of sports scheduling..."的文章，讲的是图论在比赛时间表的安排上的应用。到 4 月底，已有数十篇论文发在网上，内容涉及美式足球、棒球、田径、高尔夫球、足球、网球、篮球等。我想，这样的课题还有很多。这些课题正在等待数学家与体育工作者一起来研究。我们应该用科学的方法而不是投机取巧的方法来建成体育强国。

下面是历年来数学推广月的主题：预测的未来（2016），数学驾驭职业生涯（2015），数学、魔术和玄虚（2014），可持续发展的数学（2013），数学、统计学与数据洪流（2012），揭开复杂系统（2011），数学和体育（2010），数学和气候（2009），数学与选举（2008），数学和大脑（2007），数学和因特网安全（2006），数学和宇宙（2005），网络数学（2004），数学和艺术（2003），数学和基因组（2002），数学和海洋（2001），数学跨越全时空（2000），数学和生物（1999），数学和成像（1998），数学和因特网（1997），数学和决策（1996），数学和对称（1995），数学和医药（1994），数学和制造（1993），数学和环境（1992），数学是基础（1991），通信数学（1990），发现模式（1989），美国数学一百年（1988），数学美感和挑战（1987），数学—基础训练（1986）。

作者简介

蒋迅，美国马里兰大学数学博士，科技工作者和科普作家。

谈数学职业

张恭庆

前言

20 世纪 50 年代，《数学通报》刊登了苏联数学家柯尔莫哥洛夫的《论数学职业》的译文 [1]。我上大学时，这是我们"专业教育"的材料。对于我们这代学数学的人产生了很大的影响。然而半个多世纪过去了，数学的面貌发生了很大的变化，数学相关的职业也多样化了。2009 年的《华尔街日报》上，发表了一篇文章，其中附有一张以工作环境、收入、就业前景、体力要求、体力强度为指标的职业排行榜。在这排行榜中，数学家荣登榜首，保险精算师和统计学家分列第二名和第三名，后面是生物学家、软件工程师、计算机系统分析员等。从这 5 个指标来看，数学家的收入不算很高，但综合起来还排在第一名，可见其在其他方面占有优势。

The Best and Worst Jobs

Of 200 Jobs studied, these came

The Best

1. Mathematician
2. Actuary
3. Statistician
4. Biologist
5. Software Engineer
6. Computer Systems Analyst
7. Historian

2009 年《华尔街日报》列出的职业排名表的部分内容

[1]　柯尔莫哥洛夫:《论数学职业（中译）》,《数学通报》1953 年第 5 期。

数学和它的基本特征

（一）什么是数学？

从中学起，我们就知道数学是研究"空间形式"和"数量关系"的学科。数量关系，简称为"数"，空间形式简称为"形"；"数"的对象比如说自然数、复数、向量、矩阵、函数、概率等，"形"的对象比如说曲线、图、空间、流形等。

数学实际上是一门形式科学，它研究的是抽象元素之间的"相互关系"和"运算法则"。

这些"相互关系"和"运算法则"构成了数学"结构"。判断数学结论的真伪，主要看其逻辑演绎是否正确，被实践检验的只是构成这些"相互关系"与"运算法则"的"结构"是否与实际相符。

我们举一个例子来说明。大家都知道平面几何中的"平行公设"：在平面上过直线外一点，有且仅有一条直线平行于该直线。这是公设、是假定，可以由此推出平面几何的很多定理。但为什么在平面上过直线外一点有且只有一条直线平行于该直线呢？可不可以没有？可不可以不止一条？就几何学来说，假定只有一条，可以推出一大堆几何命题，例如：三角形三内角之和为 180°，这是欧氏几何；假定有不止一条也可以推出另外一大堆命题，例如：三角形三内角之和小于 180°，这是双曲几何；假定一条也没有照样还可以推出一大堆命题，这是椭圆几何。

双曲几何与椭圆几何都是非欧几何。那么到底哪一种几何的结论是正确的？这要看你把这些几何结论应用在什么范围内，应用到什么问题上去。在以地球为尺度的空间范围内，欧氏几何是适用的，实际上它与非欧几何中双曲几何的差异不大。当把宇宙作为一个整体来描述时，就要用双曲几何了。这有点像牛顿力学与相对论力学的关系。由此可见，决不能认为凡是数学上证明了的定理就是真理。只能认为这些结论是在它的"结构"中在逻辑上被正确地证明了。至于其是否与实际相符，还要检查它的前提。从这个意义上说，数学只是一个形式体系。

如果把数学的研究对象只用"数"和"形"来概括，那么有些东西还无法概括进去，比如数学语言学。各种计算机的语言都是根据数学原理制作出来的，可语言是"形"还是"数"呢？看来都不是。又比如在"选举"办法上，有一个非常有名的结论——阿罗不可能性定理[1]。阿罗（K. Arrow），经济学家，诺贝尔奖获得者，学数学出身。他证明了一条定理：对于不少于 3 个候选人的选举按"排序"投票，不存在任何同时遵循以下四条原则的群体决策：

1. 无限制原则（任何人可对所有候选人任意排序）。

2. 一致性原则（如果每个人的态度都是"A 优于 B"，那么群体决策结果也应"A 优于 B"）。

3. 独立性原则（添加或减少候选人，"排序"不变）。

4. 非独裁原则（不能一个人说了算）。

这也是一条经济学上的定理：没有同时遵从以上四条原则的"社会福利函数"。这是数学在其他领域（政治学、经济学）的一个重要的应用。在这条定理中，哪里有"数"？哪里有"形"？可见"数"和"形"已经不能完全概括数学的研究对象了。现代人们不再限定研究对象是不是"数"和"形"，只要能对其建立数学模型，就能通过模拟计算来研究其中的规律，例

[1] Arrow, K. J. *Social Choice and Individual Values*, John Wiley and Sons, 1951（中译本:《社会选择与个人价值》，成都: 四川大学出版社，1957 ）。

如对于社会心理、动物行为等方面的数学分析。所以，数学研究的范围扩大了，现在人们说数学的对象是："模式"（pattern）、"秩序"（order）、"结构"（structure）。

（二）纯数学与应用数学

数学又划分为纯数学和应用数学，纯数学在我国又称为基础数学。研究数学自身提出的问题，划归纯数学；研究数学之外（特别是现实世界中）提出来的问题划归应用数学。

应该说，这种划分只是大致的，并没有严格的界限。一方面，纯数学中的许多对象，追根溯源还是来自解决其他方面的问题，如天文学、力学、物理学等。比如几何来源于测量：天文测量、大地测量。就在数学已经高度发展了的今天，从外部提出来的数学问题照样可以转化为非常有意义的纯数学的问题，刺激出深刻的数学理论。比如说，Navier-Stokes 方程是流体力学中的重要的方程，NP 问题是从计算理论中提出来的问题，到现在都还没有被解决，成为"千年七大难题"中的两个。另一方面，纯数学的理论在适当条件下也能在其他科学中放出异彩：群论和几何对物理的贡献是众所周知的。大家都认为数论是很"纯"的数学，但数论在现代密码学中起重要作用，此外如傅里叶分析与通信、随机过程与金融、几何分析与图像处理等都是这方面的例子。特别是，许多在应用数学中行之有效的方法都有深刻的纯数学背景，如快速傅里叶变换、有限元方法等。

纯数学大致有数理逻辑、数论、代数、拓扑、几何、分析、组合与图论等分支，它们之间的融合与渗透又产生出许许多多的交叉分支，如代数几何、代数数论、微分几何、代数拓扑、表示理论、动力系统、泛函分析等，以及更多的子分支。

微分方程与概率论是介于纯数学与应用数学之间的分支，它们的理论部

分属于纯数学，其余部分则是属于应用数学。计算数学与数理统计是应用数学最重要的两个分支。

纯数学对于问题的解答往往只停留在研究解的存在性以及个数上，未必讨论解的具体算法（如代数方程求根）。但实际问题的解答一般总要求具体的数据，单有纯数学的结论不能满足要求，因此还要研究算法，以及如何对待巨大的计算量、存储量、复杂性、精确性、速度、稳定性等问题。这些就是计算数学要解决的问题。

以概率论为基础的统计学称为数理统计。日常生活、社会调查、科学实验都积累了大量的数据，如何从这些数据中科学地得到有用的信息？数理统计研究如何通过有效的收集、整理和分析带有随机性的数据，对所考察的问题做出推断、预测乃至决策。

当代的数学已被应用到很多领域。自然科学：物理、化学、生物、天文、地质、气象等，人文社科：经济、金融、精算、语言、考古、管理等。

这么多有用处的数学，表面上看都属于应用数学。然而，正如 Borel 说的："纯数学和应用数学就像是一座冰山——水面上的是应用数学，因为它有用，大家都看得见；水底下的是纯数学。"没有水底下纯数学的深厚积累，上面的应用数学是建立不起来的。

（三）数学的基本特征

因为数学研究的是抽象的对象，所以应用范围必然广泛；又因为它的研究手段不是实验，而是逻辑推理，这就决定了它必须是严密的和精确的。因此数学明显有如下 3 条基本特征：

（1）高度的抽象性与严密的逻辑性。

（2）应用的广泛性与描述的精确性。

印在茶杯上的麦克斯韦方程组

数学应用的广泛性不仅表现在：它是各门科学和技术的语言和工具，数学的概念、公式和理论早已渗透到其他学科的教科书和研究文献中去了；而且还表现在：许许多多数学方法都已被写成软件，有的还被制成芯片装置在几亿台电脑以及各种电气设备之中，成为产品高科技含量的核心，还有些数学软件则是作为商品在出售。

在这些应用中，我想特别指出：数学是探求知识的重要手段。举一个例子，历史上许多重要的发现，没有数学，光靠实验是不够的。现在大家人人用手机，不论多远几秒钟就能通上话，为什么信息能传输得这么快？靠的是电磁波。电磁波是怎样发现的？英国理论物理学家、数学家麦克斯韦运用电流的法拉第定律、安培定律、电荷的高斯定律和磁场的高斯定律，推出一组偏微分方程。在推写过程中，他注意到原来的安培定律和时间无关，而且与其他几个定律不相容。为了解决这个问题，麦克斯韦提出加上一"位移电流"到原先的安培定律中去，写出了今天通用的麦克斯韦方程组，这个修正后的方程组导出波动方程，由此预见了电磁波。麦克斯韦以液体流动、热传导及弹性力学作为模型，认为"以太"是传导电磁波的媒介[1]，尽管这种解释在物理上是不对的，也讲不清楚，但它的数学形式——麦克斯韦方程组却是正确的，它奠定了电磁学的基础。后来赫兹在实验上证实了电磁波的存在。

同样地，在量子力学、相对论的理论建立过程中，数学也起了极为重要的作用。

在当今时代，科学计算更是在一定程度上取代实验。

一旦研究对象的机理已经清楚，准确的数学模型已经建立，就可以用模拟计算替代部分试验，如核试验等。

---

[1] Kline, M. *Mathematics and the search for knowledge*, Oxford University Press, 1986（中译本:《数学与知识的探求》，上海：复旦大学出版社，2005）。

(3) 数学研究对象的多样性和内部的统一性。

随着数学研究对象的扩充，数学分支不断增加，方向繁多，内容丰富。同时数学分支之间的内在联系也不断被发现，数学内部的千丝万缕的联系被愈厘愈清。希尔伯特－诺特－布尔巴基（Hilbert-Noether-Bourbaki）利用数学分支间的这些被厘清过的联系和公理化方法，从规定的几条"公理"及其相关的一套演算规则中提炼出数学"结构"，如代数结构、拓扑结构、序结构等。数学的不同分支是由这些不同的"结构"组成的，而这些结构之间的错综复杂、盘根错节的联系又把所有的分支连成一个整体。在这方面反映了数学的统一性。

对统一性追求的意义在于：对于同一个对象可以从不同角度去认识，不同分支的问题可以相互转化，理论和方法可以相互渗透，从而发展出许多新的强有力的工具，解决许多单个分支方法难于解决的重大问题。

回顾以下历史是颇有裨益的。历史上有三大几何难题：倍立方问题、化圆为方问题、三等分角问题，都是"圆规直尺"的作图题。

2000 多年了，光用几何方法研究，不知有多少人费了多少心血，可就是解决不了！在那些时代，代数学主要研究解方程。后来笛卡尔用解析几何统一了几何与代数。18 世纪末到 19 世纪初，多项式方程可解性的研究继高斯代数基本定理证明之后应运而生。高斯研究正多边形的圆规直尺作图就换了一个角度，把它看成一个多项式方程的可解性问题，从几何问题转化到了代数问题。后来阿贝尔、伽罗瓦在代数上把方程的可解性研究推向了高峰。

什么样的"数"能被圆规直尺做出来？对于事先给定了的一组实数 Q，能从它们"尺规作图"出来的数 x，就是从它们出发，作加减乘除以及开平方所能得到的数。也就是说：尺规作图问题可解等价于存在正整数 m，使得 x 属于 F_m，其中

$$F_i = \{a_i + b_i\sqrt{c_i} | a_i, b_i, c_i^2 \epsilon F_i\}, F_1 = Q \text{ 。}$$

三等分角问题是：对任意给定的角 θ，做出一个大小为其三分之一的角 $\theta/3$。令 $\alpha = \cos\theta$，要做出数 $x = \cos(\theta/3)$。x 是多项式

$$4x^3 - 3x - \alpha = 0$$

的根。只要证明对于任意的正整数 m，它的根 x 都是不属于 F_m 的，就证明了三等分一个任意角只用圆规与直尺是不可能的！

1837 年，法国数学家 Wantzel 证明了以上方程连同倍立方问题对应的方程在 $\{F_m \mid m = 1, 2, \cdots\}$ 都是不可解的。后来，1882 年，林德曼（vonLindemann，希尔伯特的导师）证明了 π 的超越性，从而确立了尺规作图化圆为方也是不可能的。2000 年前的三大几何难题就是这样用代数和数论的方法以否定的形式解决了！

现在数学已经发展成为一个庞大的、内部和谐与统一的、充满活力的有机的整体，它是人类文化宝库中一座既宏伟又精致的创造物。

当代社会对数学家的要求

当今世界，数学已被应用到几乎一切领域。然而现实情况是：一方面，许许多多新的领域要求人们用数学的眼光，数学的理论和方法去探讨；另一方面，科学的发展使人们的分工愈来愈细。18 世纪以前的数学家中有不少人同时也是天文学家、力学家、物理学家；在 19 世纪，许多数学家还可以在数学的几个不同分支上工作；但自庞加莱（Poincare）和希尔伯特之后，已经没有一个人能够像他们当年那样通晓数学全貌了。大多数的数学家只能在狭窄的领域内从事研究。这种过于专门化的趋势对于数学学科的发展是十分有害的！这确实是个矛盾的现象。如果我们不能对当今数学的发展与趋势有一个大致的了解，那么我们就不知道如何应对，也不知道应该怎样培养学生。

（一）当代数学发展的趋势

当代数学发展的趋势大致有如下 3 个特点：

（1）数学内部的联系进一步加强在指数增长的研究文献中，尽管数学的各个分支的前沿都在不断推进，数学在深度与广度两个方面都得到快速发展，然而不同分支之间的融合与相互渗透则是一个重要的特征。这表现为：原来长期处于纯数学边缘的分支，比如偏微分方程和概率论，现在已经进入了纯数学的核心。相隔很远的分支间的内在联系不断发现，如 deRham-Hodge 定理、阿蒂亚 - 辛格（Atiyah-Singer）指标定理等。许多困难的问题都需要很多学科的知识综合起来才能解决，例如，庞加莱猜想的提法本来纯粹是拓扑学的，后来转化为几何问题，光从几何也解决不了，最后是综合使用偏微分方程、拓扑、几何的思想、理论和方法才把这一个复杂问题解决了的。

（2）数学与其他科学的交叉形成了许多交叉学科群，比如，科学计算就是数学与物理、化学、材料、生物、力学等很多学科的交叉。数学与控制论、运筹学交叉形成了系统科学。

数学与物理交叉，形成了数学物理。此外还有计算机科学、信息科学、数量经济学、金融数学、生物数学、数学化学、数学地质学、数学心理学、数学语言学等很多的交叉学科。

（3）数学应用的领域空前扩张，成为开发高新技术的主要工具。信息安全、信息传输、图像处理、语音识别、医疗诊断、网络、海量数据处理、网页搜索、商业广告、反恐侦破、遥测遥感，包括当代制造业、成衣业等都大量应用数学。

（二）数学家的职业

长期以来人们心目中的数学职业只是限于学术界和教育界：大学、中学教师和科研机构的研究人员。这种现象如今逐渐有所改变，有些公司也开始雇用学数学的人了。在一些发达国家，过去工业界（比如计算机）和商业界（比如统计、保险）雇用一些数学硕士、学士从事计算、统计、程序编制和数据处理工作。随着工业中有趣的应用数学问题越来越多，近年来吸引了一定比例的数学博士和优秀的数学家，像弗里德曼（M. Freedman），现就职于微软公司。

许多发达国家现在都有专门的机构支持工业应用数学的发展，这标志着数学在这些国家的应用已相当广泛。我查了美国最近几期的《美国数学会通讯》（Notices of the American Mathematical Society），从 2003 年到 2008 年，美国大概每年有 800 多名数学博士毕业后在美国求职。这 800 多个人中大约有 200 人，约占 1/4，到工商业界去；其他的人都就职于各种类型的学校，有研究型的，也有教学型的。不过，从读数学研究生到拿到数学博士学位，其人数比大约是 4 : 1，除去其中有些人转到别的学科攻读博士学位外，其余大多数或是直接，抑或是再读一个其他学位，如统计、精算等之后，到工商业界和政府部门去工作了，这个数字可是惊人的。

学术界和工商界对数学的要求很不一样。在学术界，要求发表论文，证明定理，推进数学的进展；工商界的要求则是解决问题，尽快给出结果。

对学术界来说，研究结果深刻、精确、有新思想的是好工作；工商界则要求有针对性和可用性，如果得到的公式虽然很广泛、很精确，但计算起来太费时费钱，就不一定会被采用。对于学术界的人，做研究可以自由选题，不受限制；但是在工商界，数学家的工作是被指定的，开发的项目也是被指定的。大家在选择自己的出路时要注意这些差别。

（三）对数学家的要求

主修数学的人在学习过程中提高了抽象能力和逻辑推理能力，思考问题比较严密，学习那些属于符号分析方面的新知识比较容易入门，这是学数学的人的优势。他们当然也有劣势，比如不擅长做实验等。

（1）到工商界工作的数学家主要从事符号分析、数据处理、建模、编程等方面的工作。然而数学的宝库是非常丰富的，如何采用更有效的理论和方法来解决问题，则要求更多地懂得该工作领域以及数学两个方面的知识。要想工作有成绩，就不能只掌握几套现成的方法，而是要拓宽数学的知识面。

（2）在交叉学科从事应用数学研究的数学家，更要深入这个新领域中去，了解研究问题的来龙去脉。这些数学家并不以证明定理为成果的主要表现方式，而是创建好的模型。创建好的模型正如证明深刻定理一样有意义，它是利用数学工具寻找客观规律的重要手段。实际问题很复杂，要抓主要因素，使之既能反映出主要现象，又能在数学上有办法处理。这种抽象、简化以及解决问题的方法是一种数学艺术。

然而在有些数学家中流行一种看法，认为应用数学是搞不了纯数学的人才去搞的。这是极为错误的，也是有害的观点！20世纪不仅有许多极有才华的应用数学家开创了许多应用数学分支，把数学的疆界空前地扩大了，如阿兰·麦席森·图灵、克劳德·艾尔伍德·香农等；而且还有些在纯数学领域中有卓越成就的数学家后来又在应用数学领域作出了极富开创性的贡献，如冯·诺伊曼、维纳、托姆、斯梅尔，以及2007年获得邵逸夫奖的芒福德和吴文俊等。

（3）纯数学的研究是非功利的。从这个意义上看，有点像文学和艺术，也没有统一的评价标准。研究的成果贵在创新。

然而这种创新并不是数学家没有目标地、随心所欲地创造。

正如柯朗说过："只有在以达到有机整体为目标的前提，在内在需要的引导下，自由的思维才能做出有科学价值的成果。"[1] 整个数学是一个有机整体，

[1] R. 柯朗、H. 罗宾:《什么是数学——对思想和方法的基本研究》，左平、张饴慈译，复旦大学出版社，2005。

学科之间是相互牵连在一起，互相补充、互相促进的。一项工作如果很孤立，和主流上的问题都没有联系，也没有多少新的思想，那么就很难说其意义有多大了。

数学分支间的融合与渗透是当代数学发展趋势的一个特征，要想在有意义的问题上作出贡献，知识面一定不能太窄。然而当代大多数数学家工作面过于专门化是一种普遍现象。这有其内在的原因：数学的体系太庞大，内容又极为丰富，要想在前人工作的基础上有所拓广就很难有精力去了解其他分支；同时，也有其外在原因，数量剧增的研究人员产生了大量的研究论文，发表的论文多就逼迫研究人员多读，而且"发表论文的压力"又逼迫他们多写，如此互为因果，也就无暇他顾了。这是当今国际学术界普遍存在的严重问题。然而研究贵在创新！真正的"原创"思想往往来自那些能"精通"看来相距遥远的几个领域，而且能"洞察"到把一个领域的结果用于解决另一个领域问题的途径的人。那是建立在全面了解、长期思考、过人功力的基础之上的。

（4）有人说，我不想做研究，只想当老师教书。不错，本来教书就是学数学的一个重要出路。大学，甚至中学的数学老师，对他们所教的学科也不能只掌握教科书上所写的那一点内容，如果那样的话，或者会把书教得枯燥无味，或者不得要领。反之，如果教师的知识渊博，又愿意学习新东西，并把它们教给学生，那学生对学习一定会产生很大的兴趣。事实上，只有那些热爱数学，并能把数学看成活生生的、不断发展着的人才能激发起学生的好奇心和求知欲。很多数学家回忆自己走过的道路时，都怀念当年的数学老师，正是这些老师把他们引进了数学的殿堂。我们现在正处于数学理论和应用空前大发展的时代，怎么改革数学教育？怎样的师资才能适应大发展的需求？这些都是需要我们认真思考的问题。

数学教育的重要性

作为一种"思想的体操",数学一直是中、小学义务教育的重要组成部分。现在大学理、工、文、法、农、医等科都有数学课,说明了人们认识到数学的重要性。不过,在许多学校,这些数学课的收效并不理想。原因可能是多种多样的,要具体分析。比如某系课程表上规定要上数学课,任课老师未必知道为什么这个系的学生需要开这门课。是作为"语言"的需要,专业课的需要,看书看文献的需要,还是做研究的需要?这是不同层次的要求。不按需要教,就是无的放矢,学生自然没有兴趣,效果也不会好。所以我建议教非数学专业学生的教师首先要了解一下这个专业的需求。

(一)改善数学教育

几千年数学发展的丰富积累是人类的知识宝库。在知识社会,这个知识宝库是一种重要的资源。怎样能让这些资源共享?那就要靠老师传承给各行各业的人。

如何改善我国现行的数学教育,我认为要综合考虑以下 3 个方面:

(1)知识。既重视基础,也照顾前沿,特别要考虑受教育对象的需要和基础。

(2)能力。"数学是一种普遍适用的,并赋予人以能力的技术。"在教学过程中,不能只灌输知识,更重要的是培养能力,包括计算能力(包括使用计算机进行计算的能力)、几何直观能力、逻辑推理能力、抽象能力、把实际问题转化为数学问题的能力。

而具体通过哪些内容培养哪些能力,或者培养哪几方面的能力,教师要做到心里有数。

(3)修养。数学是一种文化。数学不只是一门自然科学,它有文化的层面。受过良好数学教育的人看问题的角度和一般的人不完全一样,数学能开阔人的视野,增添人的智慧。

一个人是否受过这种文化熏陶，在观察世界、思考问题时会有很大差别。会不会欣赏数学，怎样欣赏数学，与数学修养有关，就如同欣赏音乐一样，不是人人都能欣赏贝多芬的交响乐的。

西蒙斯是世界级的数学家，曾和陈省身做出了以他们的名字命名的定理。他也是顶级对冲基金经理之一

数学修养不但对数学工作者很重要，对于一般科学工作者也重要。具备数学修养的经营者、决策者在面临市场有多种可能的结果，技术路线有多种不同选择的时候，会借助数学的思想和方法，甚至通过计算来做判断，以避免或减少失误。詹姆斯·西蒙斯就是一个最好的例证。在进入华尔街之前，西蒙斯是个优秀的数学家。他和巴菲特的"价值投资"不同，西蒙斯依靠数学模型和电脑管理自己旗下的巨额基金，用数学模型捕捉市场机会，由电脑做出交易决策。他称自己为"模型先生"，认为建立好的模型可以有效地降低风险。西蒙斯的公司雇用了大量的数学、统计学和自然科学的博士。

发达国家在大型公共设施建设，管道、网线铺设以及航班时刻表的编排等方面早已普遍应用运筹学的理论和方法，既省钱、省力，又提高了效率。可惜，运筹学的应用在我国还不普遍。

其实我们不能要求决策者本人一定要懂很多数学，但至少他们要经常想想工作中有没有数学问题需要咨询数学家。

数学修养对于国民素质的影响，正如美国国家研究委员会发表的《人人关心数学教育的未来》所说："除了经济以外，对数学无知的社会和政治后果给每个民主政治的生存提出了惊恐的信号。因为数学掌握着我们的基于信息的社会的领导能力的关键。"[1]

---

[1]　美国国家研究委员会：《人人关心数学教育的未来》，方企勤、叶其孝、丘维声译，世界图书出版公司，1993。

（二）对于教学改革的几点意见

"十年树木，百年树人"说明教育的成果需要经过相当长的时间才能收获。因此教学改革的效果也不可能立竿见影。这就决定了教学改革只能"渐进"不能"革命"。20世纪中期美国的"新数学运动"以及1958—1960年中国的"教育大革命"的历史教训必须记取！要"改革"就可能有成功也可能有失败，而且成败未必就那么容易察觉，有时很可能所得之处就含有所失，所以做改革实验之前必须考虑到可能出现的问题与补救方法。

我们应当鼓励实验的多样化。事实上每个教师都可以通过自己的教学实践对具体教学内容进行改革，这是应当受到鼓励的。所以教学改革的关键在教师，特别是教师的学术水平和知识视野。

我对于数学教学改革的具体意见是正确处理好一般与特殊、抽象与具体、形式与实质的关系。特别在讲述中，要避免过分形式化。大多数人学习数学并不是为了从事专门的纯数学研究，形式化的教学会使人或如坠云雾，或如隔靴搔痒，或令人望而生畏。即使是培养专门的纯数学研究人才，形式化方法有时虽有其直截了当、逻辑清晰的优点，但过于形式化也不利于更深刻地理解。

我们不仅要关注主修数学学科学生的课程改革，也要关心其他学科的数学课程改革。事实上，数学在其他学科中应用的新的生长点往往首先是由该学科的研究者开始的，而且要使数学家能够进入这个领域工作，也必须有该学科的研究者的帮助与支持。在这个意义上说，其他学科数学课程的改革和数学学科的课程改革一样重要。

（三）人人学好数学

我们不必过分夸大数学需要特殊的才能。数学特别难的印象往往是由于数学的书和文献在表达中过于形式化的缘故。如果课堂教学是干巴巴地以"定义—定理—推理"形式来讲，自学时也是亦步亦趋地跟着复习，那么必然会感到枯燥乏味。但如果喜爱数学，而且"教"与"学"都得法，普通中等才能的人照样可以学好数学，顺利地完成大学数学的学业。学习方法很重要，每个人要根据学习的不同阶段，来调整自己的学习方法。不断认识自己、明确目标，不断改进学习方法。

中国青年数学家的使命

（一）中国要成为数学大国

中国没有理由不能成为数学大国。

第一，中国有辉煌的古代数学——祖冲之、刘徽等都遥遥领先于他们的同辈西方学者，只是由于我国的封建社会太长，在很长一段时间里不鼓励科学发展，才落后于西方。

第二，老一辈数学家在20世纪初才从西方引进近代数学的"火种"。在不到100年的时间里，几代数学家艰苦奋斗，承上启下，终于以2002年国际数学家大会（ICM2002）在北京召开为标志，登上了世界数学舞台。

然而怎样才算"数学大国"呢？我认为：第一，在基础研究方面能在有重大意义的问题上，做原创性的、有自己特色的工作。或者是对数学的有机整体作出贡献，或者是在交叉学科中另辟蹊径。我们要逐渐改变跟在别人后面走的状态，争取引领潮流，逐渐形成中国自己的学派。第二，在应用研究方面，中国数学家要为自己的国家，在科学技术、国防建设、经济建设等方面作贡献，使数学真正扎根在我们自己的土地上。

我们在这方面确实还有相当长的路要走。过去我国自主创新的产品与我国的经济状况很不适应。许多在发达国家工商业界早已应用成熟的数学理论和方法，在我国却还没有需求，也应用不上。因此我国和世界强国在研究基金和数学毕业生就业方面差别很大。以美国为例，美国数学研究基金除美国国家科学基金（NSF）外，还来自海军、空军、陆军、国家安全局、高技术局、宇航局、能源部、健康医疗等方面。除此之外，在美国，不仅传统的科技领域，而且金融、保险、医药、信息、交通运输、材料等行业也大量应用数学。所以学数学的学生出路很广，除了大学和研究机构外，还有许许多多、大大小小的公司雇用数学家。不管经济好坏，不大会有拿了数学博士学位却没有工作的情况。这是因为：数学已经成为他们社会发展的需要。

现在我国经济的发展已经到了提高 GDP 中科技含量的阶段，对于我国青年数学家来说这是一个空前的机会，也一定是大有可为的！真正用数学来提高我国的科技、国防、经济、管理等方面的水平是我们大家共同努力的方向。

（二）抗拒"诱惑"，锲而不舍

青年人要有充分的自信。"数学是年轻人的学问"。大家都知道天才的阿贝尔、伽罗华在很年轻的时候就作出了划时代的贡献。如今尽管数学的内容已经如此丰富，体系如此庞大，研究人员如此众多，然而真正有能力的青年数学家照样可以脱颖而出！每四年一次的菲尔兹奖就是奖给 40 岁以下青年数学家的。从历届菲尔兹奖得主的成就来看，"数学是年轻人的学问"这句话至今依然未变。

我国当今青年一代数学家享有中国历史上最好的学习和工作条件，包括图书资料、网络信息和学术交流等方面都与发达国家相差无几。因此没有理由说在中国不能做出第一流的成果。问题在于当今我们的学术环境不理想：急功近利、虚夸浮躁，正在腐蚀人们的思想，败坏我们的学风。

中国有志气的青年数学家要自觉抗拒各种"诱惑"、抵制学术不端行为；

要继承优良学术传统，要脚踏实地、不畏艰难、锲而不舍、团结奋斗；这样就一定能够实现中国的数学大国和强国之梦。

说明：本文的主要内容曾在《数学通报》上发表。承蒙《数学通报》允许，作者根据本书的风格进行了修改，使本文能够和读者见面。在此对《数学通报》及其作者表示感谢。

作者简介

张恭庆，中国科学院院士，北京大学数学科学学院教授。

做数学一定要是天才吗?

陶哲轩 / 文   谢敏仪 / 译

陶哲轩接受西班牙国王颁发菲尔兹奖

这个问题的回答是一个大写的 NO!为了达成对数学有良好的、有意义的贡献的目的,人们必须要刻苦努力;学好自己的领域,掌握一些其他领域的知识和工具;多问问题;多与其他数学工作者交流;要对数学有个宏观的把握。当然,一定水平的才智、耐心以及心智上的成熟是必需的。但是,数学工作者绝不需要什么神奇的"天才"基因,什么天生的洞察能力;不需要什么超自然的能力使自己总有灵感去出人意料地解决难题。

大众对数学家的形象有一个错误的认识:这些人似乎都是离群索居(甚至有一点疯癫)的天才。他们不去关注其他同行的工作,不按常规的方式思考。他们总是能够获得无法解释的灵感(或许是经过痛苦的挣扎之后突然获得),然后在所有专家都一筹莫展的时候,在某个重大的问题上取得了突破性的进展。这样浪漫的形象真够吸引人的,可是至少在现代数学学科中,这样的人或事基本没有出现过。在数学中，我们的确有很多惊人的结论、深刻的定理，但那都是经过几年、几十年甚至几个世纪的积累，在很多优秀或者伟大的数学家的努力之下一点一点得到的。每次从一个层次到另一个层次的理解加深的确都很不平凡，有些甚至非常出人意料。尽管如此，这些成就也无一例外地建立在前人工作的基础之上，绝不是全新的。例如，安德鲁·怀尔斯（Andrew Wiles）解决费马最后定理的工作或者佩雷尔曼解决庞加莱猜想的工作。今天的数学就是这样：一些直觉、浩繁的文献，再加上一点点运气，在大量连续不断的刻苦工作中慢慢地积累、缓缓地进展。事实上，我甚至觉得现实中的情况比前述浪漫的假说更令我满足，尽管我当年做学生的时候，也曾经以为数学的发展主要是靠少数的天才和一些神秘的灵感。其实，这种"天才的神话"是有其缺陷的，因为没有人能够定期地产生灵感，甚至都不能够保证每次产生的这些灵感的正确性（如果有人宣称能够做到这些，我建议要持怀疑态度）。相信灵感还会产生一些问题：一些人会过度地把自己投入问题中；人们本应对自己的工作和所用的工具抱有合理的怀疑，但上述态度却使一些人的这种怀疑能力渐渐丧失；还有一些人在数学上极端不自信；还有很多很多的问题……

当然了，如果我们不使用"天才"这样极端的词汇，我们会发现在很多时候，一些数学家比其他人会反应更快一些、会更有经验、会更有效率、会更仔细，甚至更有创造性。但是，并不是这些所谓的"最好"的数学家才应该做数学。这其实是一种关于绝对优势和相对优势的很普遍的错误观念。

有意义的数学科研的领域极其广大，绝不是一些所谓的"最好"的数学家能够完成的任务，而且有时候你所拥有的一些想法和工具会弥补一些优秀数学家的错误，而这些优秀的数学家也会在某些数学研究过程中暴露出弱点。只要你受过教育、拥有热情，再加上些许才智，一定会有数学的某个方面在等着你做出重要的、奠基性的工作。这些也许不是数学里最光彩照人的

2006 年陶哲轩及另三位菲尔兹奖获得者和颁奖的西班牙国王合影

地方，但却是最健康的部分。往往一些现在看来枯燥无用的领域，在将来会比一些看上去光彩照人的方向更加有意义。而且，应该先在一个领域中做一些不那么光彩照人的工作，直到有机会和能力之时，再去解决那些重大的问题。看看那些伟大的数学家早期的论文，你就会明白我的意思了。

有的时候，大量的灵感和才智反而对长期的数学发展有害，试想如果在早期，问题解决得太容易，一个人可能就不会刻苦努力，不会问一些"傻"的问题，不会尝试去扩展自己的领域，这样迟早会造成灵感的枯竭。而且，如果一个人习惯了不大费时费力的小聪明，他就不能拥有解决真正困难的大问题所需的耐心和坚韧的性格。聪明才智自然重要，但是如何发展和培养显然更加重要。

要记住，专业做数学不是一项运动比赛。做数学的目的不是得多少分数，获多少个奖项。做数学其实是为了理解数学，为自己，也为学生和同事，最终要为它的发展和应用作出贡献。为了这个任务，它真的需要所有人的共同拼搏！

作者简介

陶哲轩，加州大学洛杉矶分校数学系教授，菲尔兹奖得主。

谢敏仪，香港浸会大学英文系毕业，大学行政人员。

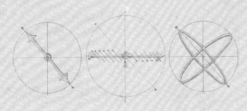

数学趣谈

MATH IN
REALITY

坐地日行八万里

——近代数学在航天飞行中的应用

万精油

小时候常常拿着星座图对着天空找星星。浩瀚的太空充满了神秘，令人向往。对大多数爱好科学的青少年来说，星际旅行都是永恒的幻想之一。星球大战的科幻片把这些幻想实现在了银幕上。当然，实际的情况并不是那么容易。别说恒星之间的旅行，能游一游太阳系就已经很了不起了。20 世纪 60 年代末美国把人送上了月球，算是迈出了第一步。阿姆斯特朗的名言"一个人的一小步，全人类的一大步"（One small step for a man,one giant leap for mankind）传遍全球。后来美国又把机器探测器送上了火星。人类开始向更远的地方迈步了。

远距离航天的最大问题之一就是燃料问题。这不仅是来回的燃料，有时还有在远处几个星体之间穿行的燃料。比如对木星的观测，木星有好多卫星，在其中一些卫星上发现有水，说不定可以居住。所以对木星的卫星的研究很重要，对它的每一个卫星我们都想观测。从一个卫星到另一个卫星如果完全靠燃料，则需要很多，总不能观测完一个就回地球来加油。木星离我们太远，跑一趟要好几年的时间。如何解决燃料问题就成了太空飞行的当务之急。这本来是一个物理问题，没想到竟然在近代数学的动力体系理论中找到了答案。根据动力体系的理论，太空中各星体产生的重力场在各星体间有

"传送带"。从一个星体到另一个星体几乎不需要燃料。靠着引力传送，"坐地日行八万里"。这并不是天方夜谭，而是已经经过实践验证的事实。这篇文章的目的就是要把这个"传送带"的原理作一个简单的介绍。

星际之间的高速公路

对于航天飞行，过去人们都单纯地只考虑二体问题。从地球出发，这二体就是飞船和地球。到达月球，这二体就是飞船和月球。要从地球到月球，根据二点之间直线距离最短的原则，出了地球轨道就径直向月球飞去。后来考虑三体问题，甚至多体问题，人们意识到我们可以借助太空中星体的引力场来省油，距离最短不见得最省燃料。比如在现实生活中，我们出门开车，稍微远一点就几乎不会走最短路线，而是走高速公路。前面提到的这些传送带就相当于星际之间的高速公路，这些高速公路不仅不收费，而且连汽油都不用，所以我把它们称为"传送带"。这些"传送带"是怎么形成的呢？

初中物理告诉我们，每个物体都受万有引力作用。我们处在地球，地球的引力最大，一切都只考虑地球的引力。当然，也有受别的引力影响的例子。比如海水的潮汐就受月球引力的影响，而我们地球本身的运行又主要是受太阳引力的影响。各个星体的万有引力在太空中形成一个重力场。每个星体运行几乎完全受这个重力场影响。靠近某个星体，该星体的引力就起主要作用，离它远一点，重力就小一点。现在我们考虑地球重心与月球重心的连线。离地球近的时候地球引力大，离月球近的时候月球引力大。中间必有一点两边重力相等，这一点叫不动点。实际上，由于地球和月球都在动，这一点也在跟着动，只不过相对位置不动而已。我们这里只是在地球重

277

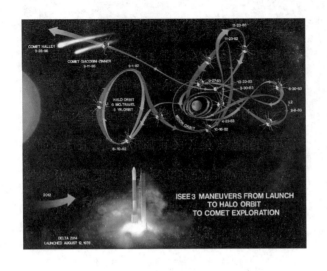

光环轨道

心与月球重心的连线上考虑，放宽到整个三维空间，实际上有一个经过这一点的曲面，这个曲面上月球与地球的重力相等。如果飞船在这个曲面上运行，既不会掉向地球，也不会掉向月球。当然，飞船只是在重心连线方向上不受地球和月球的重力影响。在垂直于连线的方向上仍然受其影响。如果它在连线之上，则地球与月球的合力把它向下拉，反之，则向上拉。同样，前后也有这样的影响。似乎是在这个不动点上有一个星体在吸引它做向心运动。事实上，采集太阳风的飞船 GENESIS 就绕着太阳与地球之间这个质量为零的不动点转了两年多收集各种材料和情报，最后才回到地球。如果没有理论的研究，怎么能想象并得出一个飞船会绕着一个空点转圈。飞船成了这个空点的卫星，这个轨道被称为光环轨道。纯粹的理论研究就这样通过天体实践得到了验证，与 20 世纪初利用日食观测到的星光弯曲来验证相对论一样，令人惊叹。

虽然这个空点有类似于"引力"的作用，但是，与一个有质量的星体不同，这个点它并不是在所有方向上都有"向心"的引力。在重心连线上它实际上相当于有排斥作用。靠地球方的掉向地球，靠月球方的掉向月球。这种同时有吸引和排斥作用的点，有时又被称为鞍点。数学家对这种鞍点有过很深的研究。由这种鞍点引出来的不变曲线或曲面，在吸引方向上叫稳定流形，在排斥方向上叫不稳定流形。在太空中这些流形的表现形式就是一个个管道。

上面的解释只适用于两个星体都是静止的时候。现实的情况是，较小的星体绕大的星体转，比如月亮绕地球转，地球绕太阳转。这个时候考虑不动点就必须考虑绕大星体转动的速度。第三物体（卫星、飞船）受两个星体影响，转动速度会因为离两个星体的距离而受影响。比如地球与太阳，在地日的连线上会存在一点，地球对飞船的重力恰好使其绕太阳转动的速度与地球绕太阳转动的速度相等，这样就与地球同步。转动中的不动点，这个点叫拉格朗日点 L1。围绕两个天体与此相似的平衡点还有 4 个，依次被记为 L2，L3, L4, L5。一个很重要的发现是，太空中由这些点的稳定与不稳定流形管道组成一个网络。飞船在这些管道中飞行，只需要借助引力而不需要任何燃料就可以从一个点附近飞到另一个点附近。做一些小小的方向操作（用一些燃料），又可以搭上另一个管道去另一个点。这样在太空中穿行，虽然不一定省时间，但更省燃料。这些平衡点仿佛成了这些高速公路的中转站。

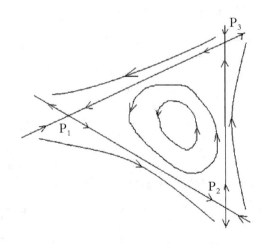

"走远路省燃料"二维图

数学家在研究这些体系的时候，有时为了几何直观或便于讨论，把三维的问题通过一些变换（比如用庞加莱映射）化成二维问题来研究。我们可以用上面的二维图来解释一下走远路省燃料的问题。假设要想从平衡点 P_1 走

到 P_3，如果走最短直线，则是逆着重力场走，要费很多燃料。如果沿着重力场管道从 P_1 走到 P_2 附近，通过小方向操作，再搭上通往 P_3 的管道，就可以几乎不用燃料从 P_1 到 P_3 了。

这套太空管道网络理论不仅仅是纸上谈兵，而是已经被用于实践。20 世纪 90 年代初，日本曾送出两个飞船去观测月球。原定计划是 A 飞船留在地球轨道上做信号传递工作，B 飞船去月球轨道。但由于技术问题，B 飞船没能进入月球轨道。如果直接从地球轨道送 A 飞船去月球轨道，A 飞船燃料不够。于是 JPL 实验室的人为 A 飞船设计了一条利用管道网络走远路去月球的方案，成功地把 A 飞船送到了月球轨道，使日本成了全球第三个把飞船送到月球轨道的国家。

目前，美国正在设计一个在木星各卫星之间利用管道穿行的方案，从而使飞船不用返回地球加燃料，直接在木星各卫星之间跳来跳去做观测。

中国的神舟七号已经上天了，以后还会有八号、九号，还会去月球，去火星、木星。这方面的研究人员可以大派用场。有志青年可以在这方面多做研究，把飞船送向太空深处，实现"巡天遥看一千河"的梦想。

后记

这篇文章是 10 多年以前写的。在这 10 多年里，人类在航天飞行上又有了长足进步。文章的最后一段说："中国的神舟七号已经上天了，以后还会有八号，九号……"现在中国的神舟号飞船已经发到神舟十四号了，确实是长足进步。

在航天飞行中利用动力体系也有了更多应用。比如，观测宇宙背景辐射的 MAP（Microwave Anisotropy Probe）就是利用了太阳与地球体系中的 L2 拉格朗日点；再比如，收集太阳风粒子的 Genesis 飞船就利用了地球与太阳体系中的 L1 拉格朗日点。

特别值得一提的是最近很热门的韦伯天文望远镜。

人类要探索宇宙秘密，就必须要能观测到宇宙深处、远处的微弱信号。地球上的温度太高，背景光太强，不能观测到这些微弱信号，所以我们要把望远镜送到太空中去。在韦伯以前，这项任

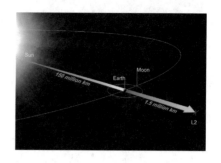

太阳与地球体系中的 L2 拉格朗日点

务是用哈勃望远镜来完成的。哈勃以后，人类新科技的发展使我们有了更高的精度，而年代已久的哈勃望远镜不能实现这些新进展，于是有了替代哈勃望远镜的韦伯天文望远镜出现。

要让一个望远镜能长期在太空中存在，那一点必须满足很多条件，比如低温、黑暗、离地球不远、与地球位置相对稳定、耗能不多等。首选点当然是 L2 拉格朗日点。韦伯天文望远镜正是被送到地球与太阳体系中的 L2 拉格朗日点。因为那里长期在太阳的阴影中，温度低而且很暗，可以观测到宇宙中更弱的信号，特别是那些从可见宇宙边缘，很早以前出来的信号，可以揭示宇宙大爆炸初期的宇宙信息。而且那一点与地球绕太阳公转同步，便于信号操作。

本来把望远镜放在 L2 拉格朗日点可以最省能，但是，L2 不是一个稳定点，一般来说飞船或望远镜都在其附近做周期旋转。另外，L2 点在地球远离太阳那一面，永不见日。而韦伯天文望远镜是用太阳能的，所以要在 L2 附近绕圈，可以得到阳光。还有一个有趣点是，因为太阳的直径与地球的直径比大约是 109，大于 100，而 L2 在 1/100 地日距离处，所以会有一部分光从边上漏出来。L2 点永远在日食之中。从那里看太阳永远是一个环状，那是多么令人向往的美妙景色啊！

数学史上的一桩错案

万精油

洛必达

从前教微积分时感觉最难过的关就是极限的概念。反反复复许多遍很多学生仍然是不得要领。有关极限的题目当然大多数人都不会做。偶尔不小心做对了也是因为考试前刚好复习过同样的题目。概念上是绝对没有搞清楚的。大多数学生见到极限的题目就头痛。一直到下半学期讲到洛必达法则，学生高呼救星到了，甚至埋怨我为什么有这么省事的公式不早点教，害得他们辛苦大半学期。没有极限概念哪里来的导数？没有导数又怎样用洛必达法则？这中间的道理学生是不会去管的。总之有好公式不用就是老师坑人。几学期微积分学下来，大多数定理概念都已经还给了老师，但洛必达法则是一定记得住的。这是他们最喜欢的公式，而且把它当作灵丹妙药，该用不该用的地方都乱用一气。

洛必达法则对许多极限问题确实很有效。不过很奇怪的是，历史上其他的数学家如高斯、欧拉、莱布尼茨、黎曼等在数学的各个领域都留下了他们的名字。唯有洛必达只有孤零零的这么一个定理。能搞出这么重要的一种算法，怎么能在其他方面没有丝毫建树呢？原来，洛必达并不是什么大数学家。这所谓的洛必达法则也不是他搞出来的，而是他花钱买来的。

洛必达是一个贵族，业余时间喜欢搞一些数学，几乎到了上瘾的地步，甚至不惜花重金请当时的大数学家伯努利兄弟给他长期辅导。可惜他的才气远远不如他的财气。虽然十分用功，但他在数学上仍然没有什么

伯努利兄弟

建树。伯努利兄弟当时正与莱布尼茨这样的大数学家交流合作，又正赶上微积分的初创时期，所以总有最新成果教给洛必达。这些最新成果严重地打击了他的自信心。一些他自己感到很得意、废寝忘食搞出来的结果，与伯努利兄弟教给他的最新结果比起来只能算是一些简单练习题，没有丝毫创意。同时，这些新结果又更激起了他对数学的热情。他继续请伯努利兄弟辅导，甚至当他们离开巴黎回到瑞士以后，他还继续通过通信方式请他们辅导。如此持续了一段时间，他的"练习题"中仍没有什么可以发表扬名的东西。他内心深处越来越丧气，却又不甘心。心想，我对数学如此热心，一定要想办法在数学上留下一点东西让人记住我的名字。终于有一天，他给伯努利兄弟之一的约翰写了一封信，信中说：

很清楚，我们互相都有对方所需要的东西。我能在财力上帮助你，你能在才智上帮助我。因此我提议我们做如下交易：我今年给你 300 里弗尔（注：一里弗尔相当于一磅银子）。并且外加 200 里弗尔作为以前你给我寄的资料的报答。这个数量以后还会增加。作为回报，我要求你从现在起定期抽出时间来研究一些固定问题，并把一切新发现告诉我。并且，这些结果不能告诉任何别的人，更不能寄给别人或发表……

约翰收到这封信开始感到很吃惊，但这 300 里弗尔确实很吸引人。他当

时刚结婚，正是需要用钱的时候。而且帮助洛必达，还可以增加打入上流社会的机会。约翰想，洛必达最多不过就是拿这些结果到他的朋友那里去显摆一下，没什么大不了的。算盘打下来，这笔交易还是比较划算的。于是，他定期给洛必达寄去一些研究结果，洛必达都细心地研究它们，并把它们整理起来。一年后，洛必达出了一本书，题目叫《无穷小量分析》（就是现在的微积分）。其中除了他的"练习题"外，大多数重要结果都是从约翰寄来的那些资料中整理出来的。他还用了一些莱布尼茨的结果。他很聪明地在前言中写道：我书中的许多结果都得益于约翰·伯努利和莱布尼茨，如果他们要来认领这本书里的任何一个结果，我都悉听尊便。伯努利拿了人家的钱当然不好意思再出来认领这些定理。这书中就包括了现在的学生最喜爱的定理——洛必达法则。伯努利眼睁睁看着自己的结果被别人用却因与人有约在先而说不出来。洛必达花钱买了个青史留名，这比后来的人花钱到克莱敦大学买个学位划算多了。

当然伯努利不愿就此罢了。洛必达死后他就把那封信拿了出来，企图重认那越来越重要的洛必达法则。现在大多数人都承认这个定理是他先证明的了。可是人们心中先入为主的定理名字恐怕是再也变不回来了。

人挤成照片之维数变化

李尚志

有一次与几名中国学者和两名俄罗斯数学家一起吃饭，然后，照例问了一个问题：吃什么主食？于是用英文问："Rice or noodles？"（米饭还是面条？）谁知这两名俄国人听不懂 "noodles"（面条）这个词。几名中国人用手比画了好一会儿还是没能让他们搞懂。我急中生智地说："Rice is zero-dimensional, but noodles is one-dimensional."（米饭是零维的，面条是一维的）不愧是数学家，这两名俄罗斯数学家马上就懂了。

维数是数学上常用的概念，点的维数是 0，线的维数是 1，面的维数是 2，立体图形的维数是 3。说米饭是"零维的"，就是说它可以看成是一个一个孤立的"点"，说面条是"一维的"，就是说它是一条一条的线。以此类推，"飞饼"很薄，厚度可以忽略不计，可以认为是二维的；馒头自然就是三维的了。当然，严格说起来，米饭、面条、飞饼都是三维的。

说起维数，还有一件有趣的事：1969 年，我第一次路过重庆，那时的公共汽车非常拥挤。有人形容这是"把人挤成照片了"。人是三维的物体，被挤成二维的照片，虽然太夸张了一些，但将拥挤的程度形容得活灵活现。

人是三维的物体，体积不为 0。挤成二维的照片，体积就变成了 0。行列式也是这样：三阶行列式表示平行六面体的有向体积，如果其中有某两行相等，就是说平行六面体的三条相邻的棱中有两条重合，平行六面体退化成平面图形，也就是被"挤成照片"了，体积变成了 0。

类似地，二阶行列式表示平行四边形的有向面积，如果两行相等，"平行四边形"的相邻两边重合，平行四边形退化为一条线段，面积为 0。一般地，n 阶行列式可以想象成一个 n 维立体的 n 维体积，如果它有某两行相等，"n 维立体"退化为 $n-1$ 维或者更低维数的图形，"n 维体积"当然就等于 0。

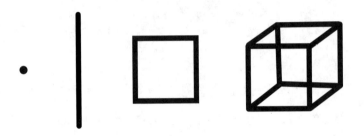

从左至右：零维是一点，一维是线，二维是一个长和宽的平面（或曲面），三维是二维加上高度形成的体积

飞檐走壁之电影实现

——微积分基本定理

李尚志

小时候看电影，看见电影中的人物轻轻一跳就上了房顶，觉得演这些人物的演员真是了不起。世界跳高纪录也只有 2 米多一点，还不如这些演员跳得高。于是就想：如果这些演员到国际上参加跳高比赛，不就可以打破跳高世界纪录并且拿到世界冠军了吗？后来知道了这些演员并不能从地面跳到房顶上，电影镜头可以通过特技来实现。比如说可以让演员从房顶往下跳到地面，将往下跳的过程用电影胶片拍下来，将拍得的胶片颠倒顺序由后往前放映，看到的效果就是从地面往上跳到房顶了，甚至可以从水中往上跳到跳板上。数学中像这样"倒过来放映"的事情也不少。

比如，如果已知运动物体的路程对时间的函数关系 $s = s(t)$，求导数就可以得到速度函数 $v = s'(t)$，这比较容易。

反过来，要由速度 $v = s'(t)$，求路程 $s = s(t)$，就要做定积分，也就是要将所经过的时间划分成许许多多很短的时间间隔，在每一小段时间内将物体的运动近似地看成匀速运动求得一小段路程，将各段路程相加得到总路程的近似值，再让各时间间隔长度趋于 0，求极限得到总路程的准确值。但是，这样太困难，就好像从地面跳到房顶上那样困难。我们也可以化难为易，采用"从房顶往下跳"再"倒过来放映"的方法，找到一个函数 $F(t)$ 使得由

287

它（通过求导数）得到的速度函数 $v = F'(t)$ 正好等于预先已知的 $v = f(t)$，这样就可以比较容易得到所需的 $s = F(t)$。这样的 $F(t)$ 称为 $f(t)$ 的原函数。通过这样"倒过来放映"的方法求定积分，这就是微积分基本定理。

另一个例子是由数列的通项公式 a_n 求前 n 项之和 S_n。比如，已知 $a_n = n^2$ 求 S_n，也就是求前 n 个正整数平方和公式。中学数学中将这个公式作为数学归纳法的证明的例子来讲。但这个公式很难想出来，就好像从地面跳到房顶上那么难。反过来，如果已知数列的前 n 项和的公式 S_n 反过来求通项公式 a_n，就很容易：

$$a_1 = S_1, a_n = S_n - S_{n-1}, n = 2, 3 \cdots$$

比从房顶跳到地面还容易，能不能用"倒过来放映"的方法，设法找一个 S_n 使它求出的通项

$$a_n = S_n - S_{n-1}$$

正好等于已知的 n^2？容易发现，当 S_n 是 k 次多项式时，$a_n = S_n - S_{n-1}$ 是 $k-1$ 次多项式。因此考虑三次多项式 $S_n = an^3 + bn^2 + cn$，就很容易通过解方程求得待定系数 a, b, c 使得

$$S_n - S_{n-1} = n^2.$$

问题就迎刃而解了。

算 24 之不可能问题与难题

李尚志

算 24，是很多人都知道的一种用扑克牌玩的游戏。每张牌代表一个正整数。（为了简单起见，可以将大小王去掉，并约定 J, Q, K 代表 10，A 代表 1。）参加游戏的 4 个人每人出一张牌，4 张牌就代表了 4 个正整数。4 个人就开始竞争，看谁最先将这 4 个正整数通过加减乘除算出 24 来，而且每一个正整数恰好用一次。所用的数学知识虽然只是简单的算术，但要算得又快又正确也不容易，并且还有很多难题出现。

例如，如果 4 个数是 1, 1, 1, 1，你能算出 24 吗？这个题目很难，所有的数学家都算不出来。你会不会因此而拼命地算这道题，希望有朝一日能将这道题算出来，将所有的数学权威都打倒？只要你具有一点算术常识，就能看出用 4 个 1 按上述规则算出 24 是不可能的。因此你也不会白费力气去算这道"难题"。这不是难题，而是不可能问题。

其实，现在有很多"民间数学家"拼命想解决的问题，比如用尺规作图三等分任意角、找出 5 次以上的一般代数方程的求根公式等，也和这个问题一样是不可能问题。只不过这些问题的不可能性不容易看出，是前辈数学家用较高深的数学知识才证明出来的。不过，既然已经证明了，就不再是难题，而是已经解决了的问题。

又例如，4 个数是 5, 5, 5, 1，让你算 24，你能算出来吗？还有，如果 4 个数是 3, 3, 7, 7，或者 4, 4, 7, 7，或者 3, 3, 8, 8，你能算出来吗？也许，经过努力之后你仍然算不出来，于是你相信它们都是不可能算出的。不过，如果你看见这样的答案：

$$5 \times (5-1 \div 5) = 24,$$

就知道用 5,5,5,1 算 24 不是"不可能问题"，至多只能算是一个"难题"。其实，这个难题也不太难。只要你解除思想束缚，不要求中间每一步的计算结果都是整数，而允许出现分数，就能自己凑出答案来。不过，这样"凑出来"的答案让人感到是偶然的巧合。能不能有一个更自然的思考方法呢？

先用 5, 5, 1 算出 24：$5 \times 5 - 1 = 24$。还剩下一个 5 没有用上，我们可以对 $5 \times 5 - 1$ 进行恒等变形，利用乘法对于加法的分配律将两项的公因子 5 提到括号外：

$$24 = 5 \times 5 - 1 = 5 \times \left(5 - \frac{1}{5}\right),$$

这样既保持了答数 24 不变，又将算式中 2 个 5 变成了右端的 3 个 5。

你不妨自己试一下，用类似的方法用 4, 4, 7, 7 或 3, 3, 7, 7 算 24。3, 3, 8, 8 稍微不同，但也可以用同样的思路解决。$24 = 3 \times 8 \times (3 \times 3 - 8)$，对其进行变形得：

$$24 = 8 \div (3 - 8 \div 3)$$

当然，这个游戏 2 个人也可以玩。

最后给大家留一个作业：用 3, 3, 7, 7 这 4 张扑克牌，你能算出 24 吗？另外，用 4, 4, 7, 7 这 4 张扑克牌，你还能算出 24 吗？

乐谱速记法

——不可能问题的可能解

李尚志

1970 年，我从中科大数学系毕业，被分配到川陕交界的大巴山区教公社小学附设初中班。除了教数学、物理、化学、外语外，还负责组织和指导学生的文艺宣传队。搞文艺自然就需要乐曲，那时也不可能像现在这样有录音机甚至 MP3，更不可能到网上下载，只能从广播里听。听见一些好听的乐曲，就想把它们的曲谱记下来。好在我有一点起码的音乐素养，听见乐曲就能够写出谱。问题是乐曲进行得快，人写得慢，一边听一边记录是来不及的。还没有把前一句记录下来，后面又演奏了很多句了。

怎样提高记录速度？当然，可以加强训练，尽量写得快些。我用的是简谱，也就是用表示数字的"1""2""3""4""5""6""7"来作音符。这些数字虽然简单，但乐曲中每一拍中往往就有好几个音，要在乐曲进行的这么短的时间内将表示这几个音的数字写完，无论怎样练习也没有这么快。

于是我想到将这些数字简化，自己规定一些尽可能简单的符号来表示各个音。最简单的符号就是一个点。能不能将所有的音都用点来表示呢？如果将所有的音都用一个点来表示，那就没有区别了，不能表示不同的音。要表示各个不同的音，各个符号的形状总得有区别。这样，每个符号就不可能太

291

简单，书写的时间就无论如何也追赶不上乐曲的进行。

由此看来，要用不同形状的符号来表示不同的音，记录速度是无论如何都达不到要求的。

出路何在？我想起了自己在小学音乐课学过的一点点五线谱的知识，想到五线谱的基本原理：将同一个符号放在不同的位置来表示高低不同的音（五线谱符号形状的不同只是为了区别音的长短而不是区别高低）。为了提高记录速度，我想到可以用同一个最简单的符号，即点放在不同的位置来表示不同的音。

可以预先将表示声音高低的五条线画在纸上作成五线谱纸，在乐曲进行时将表示各个音的点画在纸上。为了表示各个音的长短（节拍），也为了进一步提高记录速度，还可以将表示不同音的点用适当的方式连接成折线段。

在那些年，我曾经用自己发明的这个速记法记录了一些自己喜欢的乐曲。后来有了录音机，有了MP3，这个速记法似乎也没有用处了。但我还是利用这个速记法从所录的歌曲中记录下了一些乐曲的乐谱，只不过条件更好了，可以多放几次，直到全部记录下来为止。

以上设计的乐谱速记法，看起来似乎没有用到数学知识，但是思维的方式却是数学的。其中关键的思考是："只要形状不同，符号就不可能太简单，就不可能写得很快。要写得很快，一个出路是所有的音都采用最简单的符号点来表示。点的形状没有区别，只能用位置来区别。"这里并没有讨论哪一种具体的符号，而是讨论所有这些符号的共同点："用形状的不同来区别音的高低"，然后一网打尽全盘否定了具有这个共同点的所有的符号方案。考虑许多不同东西的共同点，这正是数学中典型的抽象思维方式。

这与证明"尺规作图不可能三等分任意角"类似，不论哪种具体的尺规作图方法，不论是以前的人想过的，或者是以后的人将要想出的，只要具有共同点"符合尺规作图的规则"，就都讨论过了并且被一网打尽全盘否定了。

当然，利用形状区别来记谱也有另外的出路：假如你的音乐素养足够好，就不需要记下全部音，只要记下一些重要的部分就可以将其他部分补充出来。不过，我还没有这样好的素养，所以只好采用这个笨办法了。

数学与选举

万精油

　　每到大选，美国社会各界就全体总动员。政治家当然是到处拉选票，各大媒体更是评论加民意调查加八卦候选人，各种招数都使出来吸引眼球，连不食人间烟火的数学家也不例外。2008 年初的美国数学年会就有一个关于选举中的数学问题的报告，临近大选的那一期《数学会刊》又有一篇相关文章。文章中的一些例子很容易对大众讲清楚，我这里就把它们整理出来与大家分享。

　　主要结论是：在竞选者实力接近的时候（各方支持者数量差不多），选举结果只是对选举规则的反映，而不一定是对选民意见的反映。

　　什么叫对选举规则的反映？这结论听起来怎么有点违背常理。要说清楚这个问题，我们先来看一个例子。

　　假设有三个候选人 A，B，C。11 个人来投票，每个投票人列出他们对这三个人的支持程度，也就是给这三个人排一个从支持到不支持的序。结果如下：

3 人：A ＞ B ＞ C

2 人：A ＞ C ＞ B

2 人：B ＞ C ＞ A

4 人：C ＞ B ＞ A

如果选举规则是每人只选一个人，我们可以看出 A 会赢。只选一个人的结果是 A > C > B（得票依次是 5，4，2）。如果选举规则是每人可以选两个人，然后再从前两名中挑出得票最多的（相当于初选加复选），我们可以看到其结果是 B > C > A（得票依次是 9，8，5）。这个例子说明，同样的选民、同样的意向，因为选举规则的不同可以得出完全相反的结论。还有一些地方（比如欧洲一些地方的选举）对意向采用 Borda 加权（起始于 1770 年）。对每个意向表，第一名得两分，第二名得一分。最后把每个人的得分加起来，看谁得分多谁当选。如果对上面的意向表采用这个 Borda 加权，我们得出另一个不同的结果 C > B > A（依次得分是 12，11，10）。如果用另外的加权方法，我们还可以得出别的不同结果。

同样的意向表，不同的加权，到底会产生多少个不同的结果？有定理说：对 N 个候选人，存在一个意向表使得不同的加权会产生 $(N-1) \times (N-1)!$ 个不同的结果。

显然，对加权的限制是前面的权要大于等于后面的权。另外还要求最后一名的权是 0。在这种条件下，如果有 10 个候选人（比如美国的总统初选），同样的意向表可以产生超过 300 万种不同的结果。

有人说数学上证明的存在例子都是人为造出来的特殊情况，实际选举出现这种特例的机会是不多的。对这些怀疑者正好有另一个定理等在那里回答。该定理说：如果有三个候选人，他们的支持度差不多（没有人有特别大的优势），则有大于 2/3 的可能性（实际数是 69%）选举规则会改变选举结果。

2/3 可不是一个小数，比一半大多了。即当各方实力接近的时候，选举规则会改变选举结果的影响力比不会改变选举结果多一倍。

以 2008 年的大选为例，如果把全体美国人的意向列一个意向表，我们几乎可以肯定不同的规则会产生不同的结果。也就是说对这个意向表不同的加权可以产生以下不同结果：希拉里赢，或者奥巴马赢，或者麦凯恩赢。

这种现象并不只在选总统的时候出现，在日常生活中也会冒出来，甚至影响到你自己。比如你去面试一个工作，总共 4 个面试者 A，B，C，D。4 个人每人作一个报告，听报告的一共 30 个人。听完报告后，这 30 个人给出每人的意向表，结果如下：

$$3 人：A > C > D > B$$
$$6 人：A > D > C > B$$
$$3 人：B > C > D > A$$
$$5 人：B > D > C > A$$
$$2 人：C > B > D > A$$
$$5 人：C > D > B > A$$
$$2 人：D > B > C > A$$
$$4 人：D > C > B > A$$

因为只有一个位置，所以只有一个人能得到。按第一票算，其次序是 A > B > C > D（得票依次是 9，8，7，6）。假设你是 D，根据这个意向表，你就没有戏了。

显然 A 胜。正当他们准备打电话通知 A 面试成功的时候，C 打电话来说他弃权，因为他已经接受了另一个工作。

初看起来，C 排第三，他的弃权对只选一个人的结果不会有影响。其实不然，如果你把上面的意向表中的 C 都去掉，你会发现结果完全不同了。因为 C 的 7 票有 2 票给了 B，5 票给了你（D）。最后的结果是 D > B > A（得票依次是 11，10，9）。

如此的例子还有很多，单就上面的这个例子看，任何一个人弃权都会改变结果的次序。对这样的混乱现象有人用混沌来形容。

最后再回到开始的那句话：在竞选人实力差不多的情况下，选举结果是对选举规则的反映，而不一定是对选民意向的反映。

作家笔下的数学与数学家

万精油

有关物理学家或化学家的文学作品不少，因为物理或化学研究的东西有很多实用性，比较容易在生活中找到联系。与此相反，有关数学家的文学作品却非常少。一方面，数学的东西太抽象，不太容易被大众接受。另一方面，大众心目中的数学家都有怪癖，不好写。然而，正常的东西写多了就没有了新意，不正常的怪癖反倒变得更有吸引力。于是，被夸大了的怪僻数学家就有了市场。好莱坞有关数学家的两部大片都是走的这条怪僻路子。

电影《心灵捕手》的海报

《美丽心灵》（A Beautiful Mind）干脆就是写一个精神病，虽然是写数学家，其实没有多少数学内容。另一部电影《心灵捕手》（Good Will Hunting），也是写数学家的，而且有不少数学内容，可以评一评。

《心灵捕手》讲的是一个具有超级数学天才的麻省理工学院清洁工的离奇故事。清洁工小伙子没有受过什么高等教育，却可以在扫地之余，在黑板上随便画画就解决了第一流数学家几年都解决不了的问题，或者是在餐巾纸上胡乱涂两笔就得出了女朋友（哈佛大学学生）有机化学考试题的答案。故

297

事编得很离奇，很讨观众的喜爱，票房结果还不错。但影片对数学的描述，以及对一个获过菲尔兹奖的数学家的处理让我很不舒服。

菲尔兹奖相当于数学界的诺贝尔奖。据说诺贝尔的女朋友被一个大数学家拐走了，他恨透了那个数学家。牵连下来，殃及无辜，在他设奖的时候就没有设数学奖。菲尔兹奖弥补了这个空缺。但因为它每四年才颁发一次，而且只颁发给研究结果出在 40 岁以下的年轻数学家，相对于每年都有的诺贝尔奖来说，获得的难度要大许多。

得菲尔兹奖的人都是当今数学界的领袖人物。而《心灵捕手》里这个清洁工没有把一个得了菲尔兹奖的麻省理工学院教授当一回事，挥来呼去，当小孩一样来教训。甚至有一个镜头是这个菲尔兹奖得主跪在地上去抢救一张被清洁工有意烧掉的写有数学证明的字条。这也太过分了，弄得我们这些搞数学的一点尊严都没有了。

电影《心灵捕手》用爱因斯坦、拉马努金来比喻这个清洁工，意思是说其与他们是一个重量级的，而且都有相同的背景。也就是说都是从默默无闻一下跳到科学前沿。但我们知道，从瑞士专利局出来的爱因斯坦，并没有对玻尔、海森堡这些人不尊重。从印度来到英国的拉马努金对发现他的大数学家哈代也是尊敬有加，并没有像《心灵捕手》里的清洁工一样不把一个第一流数学家当一回事。

顺便扯点题外话。拉马努金是数学史上的奇才。他的数学可以说都是自学的，没有受过正规教育，却对现代数学有着惊人的洞察力。他解决了一系列超高难度的数论问题，而且为后人开创了许多新的方向。我的印度朋友告诉我，拉马努金在印度是家喻户晓的英雄人物。最近读了一篇关于他的传记，才知道他不是一般的呆。因为专注数学，他对其他课完全不重视，竟然到了多门不及格而毕不了业的地步。因为他是天才，别人又给他一次机会，他竟然还是毕不了业。没有学位，找不到工作，后来混到饭都吃不饱的地步。他给许多人写信，其中一封写给当时的大数论家哈代，里面列了一大堆等式和方程，都是他发现的"定理"。但信中没有证明。哈代回信让他补上证明。他回信说："我如果在信里写下我的思路你肯定看不懂。我想要告诉你，请用你的传统证明方法验证我给你的这些公式。如果这些公式是对的，这说明我的方法是有根据的。我现在最需要的就是像你这样的知名学者承认我是有价值的。我现在几乎饿得半死。有了你的承认，我就可以在这里搞到一些钱……"可见他还不是完全的呆，知道给自己找出路。

拉马努金对数字有特别的敏感。据说在他生病住院的时候，哈代去看他。进门就说："我今天来时坐的车，车牌号是 1729。这真是一个乏味的数，找不到一个有趣的性质。"谁知拉马努金却说："你完全说错了，我的朋友，1729 这个数真是太有意思了。它是第一个可以用两种不同方式写成两个数的立方和的数（12^3+1^3 或 9^3+10^3）"。

再回头来接着谈这部电影。《心灵捕手》的问题不光表现在清洁工的行为方面。从技术上，也就是从数学上来说，这样的数学天才也是不可能存在的。电影里说，清洁工看见数学、化学问题就像莫扎特看见钢琴上的键盘，感觉自然就来了。这真是乱弹琴。需知道，音乐可以凭感觉，而以逻辑思维为依据的数学是不可以单凭感觉的。现代数学发展到今天，各种概念与理论都包含很深的思想，已经不可能仅凭一点感觉就走到第一线。也许有人会说，难道不可以突然冒出一个天才，摒弃一切现有概念，凭感觉创造出一套他自己的体系来解决现有问题吗？我说不可能。不管是什么体系，要解决现有问题，至少要看懂是什么问题。现代数学上的绝大多数前沿问题，单单是看懂题目就需要许多专业训练，而不可能凭感觉得到。比如现在数学界的第一大问题"黎曼猜想"，单是要把这个猜想讲清楚，就需要很多"感觉"不到的知识。我觉得这部电影这样平庸化数学，比较容易让公众对数学及数学家的认识更加扭曲。

电影或者小说要讲数学家，当然是好事。但是他们常常为了讨好观众而人为地夸大或扭曲一些事实，以至于公众心目中的数学家形象都有一些扭曲。大家认为数学家都是不食人间烟火、行为怪僻的人。似乎大学数学系的人都要修一门"怪僻课"。如果有谁表现正常，就会有人感到惊讶。常常有这种情况，新认识的朋友对我的最大恭维居然是："你看起来简直不像学数学的。"听到这种恭维真是让人哭笑不得。学了一辈子数学，居然还没有学像。

峨眉山的佛光

——连续函数介值定理

李尚志

　　到峨眉山旅游，最重要的莫过于到舍身崖看佛光。1984 年 8 月，我第一次上峨眉山，到达山顶时将近中午。安顿好住处后，我就直奔舍身崖，希望能看到佛光。天上艳阳高照，舍身崖下面是万丈深渊，山腰白云缭绕。如果云的高度合适，太阳以合适的角度照到云上，就会产生彩色光环，自己的人影还会投到光环中间，这就是佛光。那时舍身崖还没有什么游客，只有一名摄影师在那里等生意。我问摄影师："今天能看到佛光吗？"摄影师答："不能。已经有一个星期没有出现佛光了。"他还进一步解释道："你看，山腰的云层太矮。所以今天不会有佛光。云如果太高，也不会有佛光。云的高度不高不矮正合适，才会有佛光。要想不高不矮正合适，这样的机会很难碰上。所以只有运气最好的人才能看到佛光。"我观察了一会儿，发现山腰的云层在一阵一阵往上涌。就问摄影师："你看：开始的时候云层太矮。但是云层在往上涌，越涌越高。会不会涌到后来又太高了呢？在太矮和太高之间总有一个时候的高度恰到好处吧，那个时候不是就应当出现佛光了吗？"摄影师没想到我发此怪问，无话可答。

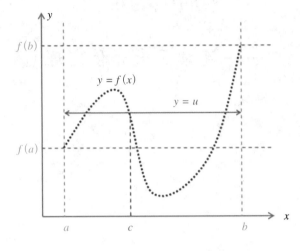

连续函数介值定理示意图

　　他当然不知道，我在问这个问题的时候心里想的是高等数学中的连续函数介值定理：一个连续函数如果在某一点的值小于零，另一点的值大于零，从小于零向大于零过渡的过程中必然有一点的值等于零。我虽然靠这个定理把摄影师说得哑口无言，但心里也知道这个定理未必能让佛光出现，在悬崖边看了一会儿便打道回府，回住处去休息。还没有走到住处，就听见舍身崖那边传来人群的叫喊声："快来看佛光呀！"转身一看，舍身崖边已挤满了人。我赶快返回，好不容易挤到崖边。趴在地上将头伸到外边往悬崖下看。山底的云层往上涌，涌到一定高度时就出现了彩色光环——佛光。随着云层继续升高，佛光消失了。再升高，这一堆云便散去不见了。山底又涌起新的一团云，升到一定高度再出现佛光。这个过程循环往复，我们便一次又一次看见佛光，好像是一次又一次观摩连续函数介值定理的教学片。一直观摩了三个多钟头，到下午四点左右才"下课"。

峨眉山云层的涌动是连续的，所以介值定理成立。黄山则不然：你刚才还看到山谷中充满了云雾，一瞬间云雾就消失得无影无踪，简直看不出有中间过程，接近于"阶梯函数"，这样的函数图像可以从大于零直接降到小于零而不必经过零值。

和介值定理相关的中值定理在北京珠市口的桥上

杯中水面与墙上光影

——生活中的圆锥曲线

李尚志

如果问什么是圆锥曲线，很多中学生就会马上回答：到一个定点和一条定直线的距离之比为定值的点的轨迹，称为圆锥曲线。这是书上写的，当然不会错。但是，如果再问一句："既然叫作圆锥曲线，总应当与圆锥有关系吧！这样定义的轨迹与圆锥有什么关系呢？"能够回答出来的中学生就会少得多了。

如果知道圆锥曲线可以用一个平面去截一个圆锥来得到，将它们称为圆锥曲线就很自然了。但是，很多学生不知道这件事。这不能怪学生，因为书上不讲。即使有的书上讲了，也不是教材的正文，至多是个阅读材料，因为不考试，所以老师也不讲。为什么不能作为正文来讲？我猜想：课本正文的内容大概都必须"既要知其然，还要知其所以然"，反过来就是"如果不能知其所以然，就不让你知其然"。如果只知道"不经过圆锥顶点的平面截圆锥得到的曲线是圆锥曲线"，这只能算是"知其然"。而要"知其所以然"，就必须给出证明。

但是，这个证明比较难，不宜作为教材正文的内容。既然不能讲"所以然"，因此就将"然"也一刀砍了！"知其所以然"，当然是好事情。但是，好事情做得太过分就会变成坏事情。比如你去买一个电视机，目的就是用它来看电视节目。如果还要求你"知其所以然",了解电视机的内部构造和元件原理，甚至了解无线电原理、麦克斯韦尔方程，一般老百姓做不到。是否就不准这些"不知其所以然"的人们买电视机了呢？当然不是。

只要他会插电源，打开电视，会用遥控器调整频道，就能看电视了。如果有人想学修电视机，那就需要了解元件。如果其想发明新型的电视机，这才需要精通无线电原理等更深的科学知识。在每一个人的知识结构中，能够"知其所以然"的只能是少数核心的知识，大量的知识只能是"知其然而不知其所以然"，其中有的知识在需要的时候再去"知其所以然"。

平面截圆锥得到圆锥曲线，要"知其所以然"虽然比较困难，但要"知其然"却很容易。一句话就讲了，并且也很容易理解。不过，只是宣布一个结论让学生去死记硬背，也不是好办法。能不能有一个折中办法，不讲严格证明，但还是给一点理由让学生相信并且留下深刻印象？有一个办法，就是做实验。拿一个圆锥和一个平面，用平面截圆锥让学生观察截痕，看它的形状是否像圆锥曲线。

这个实验说起来容易，真做起来就不那么容易。用什么做圆锥？用木头、金属吗？老师和学生要加工出一个比较精确的圆锥恐怕很难。将圆锥加工好了，再用平面去截也很难实现。用泥巴做圆锥，加工起来倒是容易，不过很难保持精确的形状。

比泥巴更容易加工的原料是水。能不能用水做一个圆锥，再用平面去截它？答案是：可以。

水的形状由容器的形状决定。只要容器的形状是圆锥的一部分，其中装的水的形状也就是圆锥的一部分。比如，喝水用的一次性杯子，上面粗，下面细，可以看作是圆台形，其内表面可以看作是圆锥面的一部分，其中装的水的外表面也就是圆锥的一部分。由于重力的作用，水面可以看成是平面。水面与容器分界线就自然是平面与圆锥面的交线。当杯子平放时，水平面与圆锥的轴垂直，交线是圆。

将杯子倾斜，交线就是椭圆。如果想得到抛物线或者双曲线，水就不能装在杯子里而要"装"在杯子外，也就是将水装在盆或桶里，再将杯子泡在水里，让水平面与杯子的外表面相交得到交线，就可以得到抛物线或者双曲线（的一支）。

比水更容易"加工"的原料是光。光不能装在容器里，但可以从"容器""倾泻"出来形成一定的形状。

比如，手电筒射出来的光束，圆形灯罩里的台灯照出来的光束，天花板上的筒灯里照出来的光束，都是圆锥形。光束照到墙上，就好比用平面（墙）去截圆锥，光照到的亮处与没有照到的地方的暗处的分界线就是平面与圆锥的交线，就是圆锥曲线。调整手电筒照射的方向，可以得到圆、椭圆、抛物线、双曲线。台灯和筒灯照射出来的圆锥形光束的轴基本上与墙平行，得到的交线是双曲线（的一支）。

台灯照射出来的光束

很多学生知道平面与圆锥面的交线是圆锥曲线。但在他们的心目中，只有考卷上给出的"已知一个圆锥"才是圆锥，手上拿的杯子、台灯射出的光束就不是圆锥。

我在对学生进行口试时问过倾斜的杯中的水面边缘的形状是什么曲线，很多学生认为当杯子上下一样粗、形状是圆柱时水面边缘是椭圆，而当杯子上面粗下面细时就认为不是椭圆，而是一头尖一些、一头平一些、像鸡蛋那样的曲线。他们把书上的知识与现实生活完全割裂开来。我们必须帮助他们改变这个不良习惯。还有的学生看见筒灯在墙上照出的光影边缘就认为是抛物线。我问他抛物线与双曲线有什么区别。他回答说：到一个定点和定直线的距离之比等于 1 的点的轨迹是抛物线，距离之比是大于 1 的常数的点的轨迹是双曲线。这当然不错。

但是，在墙上找不到所说的定点、定直线，也很难度量距离之比，所以不能用这样的定义来作出判断。其实，抛物线与双曲线有一个重大区别是：双曲线有渐近线，抛物线没有。我们在墙上不能直接看见双曲线的渐近线，但可以间接看到：既然双曲线无限趋近于这两条渐近线，也就是无限趋近于两条相交直线，那么当双曲线向两端无限延伸时，自身的形状就应当越来越接近两条相交直线。而抛物线则不然，其越来越接近于两条相互远离的平行直线。

不小心搞乱了行李箱的密码，怎么办？

李尚志

2008 年 8 月 6 日晚，北京奥运会前夕，我在青海西宁完成了高教司组织的国家精品课程《高等数学》的培训讲课任务之后飞回北京。同行的还有承担培训会议组织工作的高等教育出版社的几位工作人员。正在排队等候办理登机手续时，高教社的一位同志说她不小心将行李箱密码锁的号码搞乱了，箱子打不开了。问我是否有办法尽快找到正确的密码？行李箱密码锁的号码由三个数字组成，总共可以有 1000 个不同的号码。如果一个一个号码去试验，需要试验 1000 次，时间太长。但是，考虑到她不是故意将号码弄乱，而是不小心碰到了某个号码才弄乱的，我假定她最多将三个号码中的某一个弄乱了，而不大可能同时弄乱两个或者三个号码。这样，在试验时就可以只限于与原来的号码只有一个数字不同的那些号码。与原来的三位号码只有第一位数字不同的号码只有 9 个，只有第二位数字不同的也是只有 9 个，只有第三位数字不同的还是只有 9 个。只要试验这 27 个号码，就可能找到正确的号码。

她按照我说的这个方法去试验，果然很快就找到了正确的密码，打开了箱子。原来，她的初始密码是 000，弄乱之后变成了 900。如果按从小到大的顺序穷举 1000 个号码进行试验，从 000 开始，要试验 901 次才能到 900。而且还有可能一不小心将 900 跳过去。而按照我所说方法先固定后两位数字，只试验了 10 次就找出了正确答案。

我告诉她，其实还可以做进一步假设：不小心弄乱号码，最有可能只弄乱一个数字，而且可能性最大的是将这个数字只改变一"格"，也就是说将这一个数字加1或者减1。按照这样的假设，只要试验6次就行了：在原来密码的基础上将第一位、第二位、第三位分别加1或减1。比如，她的原始密码是000，弄乱之后的密码很有可能是100,900,010,090,001,009这6个号码之一。

最近，同样的故事在我自己身上又发生了一次，我自己也在机场办登机手续之前发现自己的箱子的密码被弄乱了，原来的密码打不开箱子。我胸有成竹地按照所说的方法去试验，试验了6次果然打开了箱子。

有人告诉我："千万不要将这个办法告诉别人。否则，你会被怀疑有本事打开别人的箱子偷东西；如果小偷知道了你这个方法，也可以用来打开箱子偷东西。"我告诉他："这个担心是多余的。箱子的主人知道原来的密码，所以可以采用我的这个方法只实验少数几次就找到新的密码。只要行李箱的主人将原来的密码保密，别的人都不知道原来的密码，就不能在保持原来密码两位数字不变的基础上搜索出新的密码。"

数学思想中的人文意境

张奠宙

数学和中国古典诗词，历来有许多可供的谈助。例如：

> 一去二三里，
>
> 烟村四五家；
>
> 楼台六七座，
>
> 八九十枝花。

把 10 个数字嵌进诗里，读来朗朗上口，非常有趣。郑板桥也有咏雪诗：

> 一片两片三四片，
>
> 五六七八九十片；
>
> 千片万片无数片，
>
> 飞入梅花总不见。

这首诗抒发了诗人对漫天雪舞的感受。不过，以上两首诗中尽管嵌入了数字，却实在和数学没有什么关系，游戏而已。数学和古典人文的连接，贵在意境。

自然数的人文意境

人们熟悉的自然数，现在规定从 0 开始，即 0，1，2，……那么自然数是怎么生成的呢？老子《道德经》说得明白："道生一，一生二，二生三，三生万物。"

《道德经》陈述的关键在一个"生"字。生，相当于皮亚诺自然数公理的"后继"。由虚无的"道"（相当于 0）开始，先生出"一"，再生出"二"和"三"，以至生出万物。

这里，包含了自然数的三个特征。

1．自然数从 0（道）开始；

2．自然数一个接一个地"生"出来；

3．自然数系是无限的（万物所指）。

这简直就是皮亚诺的自然数公理了。

再看大数学家冯·诺伊曼用集合论构造的自然数。他从一个空集 Φ（相当于"道"）出发，给出每一个自然数的后继，即此前所有集合为元素的集合。具体过程如下：

空集 Φ 表示 0；

以空集 Φ 为元素的集合 $\{\Phi\}$ 表示 1（道生一）；

以 Φ 和 $\{\Phi\}$ 为元素的集合 $\{\Phi,\{\Phi\}\}$ 表示 2（一生二）；

以 $\Phi,\{\Phi\}$ 和 $\{\Phi,\{\Phi\}\}$ 为元素的集合 $\{\Phi,\{\Phi\},\{\Phi,\{\Phi\}\}\}$ 表示 3（二生三）；

以前面 N 个集合为元素构成的新集合，表示 $N+1$（三生万物）；

……

我们了解自然数，何不从《道德经》开始?

关于"无限"

小学生就知道，自然数是无限多的，线段向两端无限延长就是直线。平行线是无限延长而不相交的。无限，是人类直觉思维的产物。数学，则是唯一正面进攻"无限"的科学。

无限有两种：其一是没完没了的"潜无限"，其二是"将无限一览无余"的"实无限"。

杜甫《登高》诗云：

风急天高猿啸哀，渚清沙白鸟飞回。

无边落木萧萧下，不尽长江滚滚来。

万里悲秋常作客，百年多病独登台。

艰难苦恨繁霜鬓，潦倒新停浊酒杯。

我们关注的是其中的第三、第四句："无边落木萧萧下，不尽长江滚滚来。"

杜甫草堂；杜甫的登高诗里也有数学

前句指的是"实无限"，即实实在在全部完成了的无限过程，已经被我们掌握了的无限。"无边落木"就是指"所有的落木"，这个是无限集合，已被我们一览无余。

后句则是所谓潜无限，它没完没了，不断地"滚滚"而来。尽管到现在为止，还是有限的，却永远不会停止。

数学的无限显示出"冰冷的美丽"，杜甫诗句中的"无限"则体现出悲壮的人文情怀，但是在意境上，彼此是沟通的。

关于"极限"

"极""限"二字，古已有之。今人把"极限"连起来，把不可逾越的数值称为极限。"挑战极限"，是最时髦的词语之一。

1859 年，李善兰和伟烈亚力翻译《代微积拾级》，将"limit"翻译为"极限"，用以表示变量的变化趋势。于是，极限成为专有数学名词。

极限意境和人文意境的对接，习惯上用"一尺之棰，日取其半，万世不竭"的例子。数学名家徐利治先生在讲极限的时候，却总要引用李白的《送孟浩然之广陵》，其诗云：

故人西辞黄鹤楼，烟花三月下扬州。

孤帆远影碧空尽，唯见长江天际流。

孤帆远影碧空尽：无限的概念（钱来忠绘）

"孤帆远影碧空尽"一句，生动地体现了一个变量趋向于 0 的动态意境，它较之"一尺之棰"的意境，更具备连续变量的优势，尤为传神。

贵州六盘水师专的杨老师曾谈他的一则经验。他在微积分教学中讲到无界变量时，用了宋朝叶绍翁《游园不值》的诗句：

春色满园关不住，

一枝红杏出墙来。

学生听了每每会意而笑。实际上，无界变量是说，无论你设置怎样大的正数 M，变量总要超出你的范围，即有一个变量的绝对值会超过 M。于是，M 可以被比喻成无论怎样大的园子，变量相当于红杏。无界变量相当于总有一枝红杏越出园子的范围。

诗的比喻如此恰切，其意境把枯燥的数学语言形象化了。

关于四维"时空"

近日与友人谈几何，不禁联想到初唐诗人陈子昂《登幽州台歌》的名句：

前不见古人，后不见来者；

念天地之悠悠，独怆然而涕下。

一般的语文解释说：前两句俯仰古今，写出时间绵长；第三句登楼眺望，写出空间辽阔。在广阔无垠的背景中，第四句描绘了诗人孤单寂寞悲哀苦闷的情绪，两相映照，分外动人。然而，从数学上来看，这是一首阐发时间和空间感知的佳句。前两句表示时间可以看成是一条直线（一维空间）。陈子昂以自己为原点，前不见古人指时间可以延伸到负无穷大，后不见来者则意味着未来的时间是正无穷大。后两句则描写三维的现实空间：天是平面，地是平面，悠悠地张成三维的立体几何环境。全诗将时间和空间放在一起思考，感到自然之伟大，产生了敬畏之心，以至怆然涕下。这样的意境，是数学家和文学家可以彼此相通的。进一步说，爱因斯坦的四维时空学说，也能和此诗的意境相衔接。

语文和数学之间，并没有不可逾越的鸿沟。

关于对称

数学中有对称，诗词中讲对仗。乍看上去两者似乎风马牛不相及，其实它们在理念上具有鲜明的共性：在变化中保持着不变性质。

数学中说两个图形是轴对称的，是指将一个图形沿着某一条直线（称为对称轴）折叠过去，能够和另一个图形重合。这就是说，一个图形"变换"到对称轴另外一边，但是图形的形状没有变。

这种"变中不变"的思想，在对仗中也反映出来了。例如，让我们看唐朝王维的两句诗：

明月松间照，清泉石上流。

诗的上句"变换"到下句，内容从描写月亮到描写泉水，确实有变化。但是，这一变化中有许多是不变的。

"明"——"清"（都是形容词）

"月"——"泉"（都是自然景物，名词）

"松"——"石"（也是自然景物，名词）

"间"——"上"（都是介词）

"照"——"流"（都是动词）

对仗之美在于它的不变性。假如上联的词语变到下联，含义、词性、格律全都变了，就成了白开水，还有什么味道呢？数学上的对称本来只是几何学研究的对象，后来数学家又把它引入代数中。例如，二次式 x^2+y^2，当把 x 变换为 y，y 变换为 x 后，原来的式子就成了 y^2+x^2，结果仍旧等于 x^2+y^2，没有变化。由于这个代数式经过 x 与 y 变换后形式上与先前完全一样，所以把它称为对称的二次式。进一步说，对称可以用"群"来表示，各色各样的对称群成为描述大自然的数学工具。

世间万物都在变化之中，只单说事物在"变"，不能说明什么问题。科学的任务是要找出"变化中不变的规律"。如一个民族必须与时俱进、不断创新，但是民族的传统精华不能变；京剧需要改革，可是京剧的灵魂不能变；古典诗词的内容千变万化，但是其基本的格律不变。再如自然科学中，物理学有能量守恒、动量守恒；化学反应中有方程式的平衡，分子量的总值不能变。总之，唯有找出变化中的不变性，才有科学的、美学的价值。

关于"存在性"

数学上有很多纯粹存在性的定理，都十分重要。例如：

（1）抽屉原理。N 只苹果放在 M 格抽屉里（$N>M$），那么至少有一个抽屉里多于一个苹果。这一原理肯定了这样抽屉的存在性，却不能判断究竟是哪一格抽屉里有多于一个的苹果。

（2）代数基本定理。任何 n 阶代数方程，在复数域内必定有 n 个根。这一著名的定理，只说一定有 n 个根，却没有说，怎样才能找到这 n 个根。

（3）连续函数介值定理。在区间 $[a，b]$ 上的连续函数，如果有 $f(a)>0, f(b)<0$，则必定在区间内存在一点 c，使得 $f(c)=0$。

松下问童子（亚明绘）

同样，这个定理只保证函数 $f(x)$ 在 $[a，b]$ 有一个根 c 的存在性，却没有指出如何才能找到这个 c。

（4）微分中值定理。设 $f(x)$ 在 $[a，b]$ 上连续且处处有导数，那么必定在 $[a，b]$ 中存在一点 ξ，使得 $f(b)-f(a)=f(\xi)(b-a)$。这也是典型的纯粹存在性定理，即微分中值定理中的 ξ 只是肯定存在于 $[a，b]$ 之间，但不确切知道在哪一点。

在人文意境上，存在性定理最美丽动人的描述，应属贾岛的《寻隐者不遇》：

> 松下问童子，言师采药去。
>
> 只在此山中，云深不知处。

贾岛并非数学家，但是细细品味，觉得其诗的意境，简直是为数学而作。

关于局部

古希腊哲学家芝诺和他的学生有以下的对话：

"一支射出的箭是动的还是不动的？"

"那还用说，当然是动的。"

"那么，在这一瞬间里，这支箭是动的，还是不动的？"

"不动的，老师。"

"这一瞬间是不动的，那么在其他瞬间呢？"

"也是不动的，老师。"

"所以，射出去的箭是不动的。"

确实，孤立地仅就一个时刻而言，物体没有动。但是物体运动有其前因后果，即物体运动是由前后位置的比较反映出来的，有比较才会产生速度。

仔细琢磨一下微积分的核心思想之一，在于考察一点的局部。研究曲线上一点的切线，只考虑该点本身不行，必须考察该点附近的每一点，这就是局部的思想。

常言道，"聚沙成塔，集腋成裘"，那是简单的堆砌。

古语说，"近朱者赤，近墨者黑"，是说要注意周围的环境。

众所周知，要考察一个人，要问他／她的身世、家庭、社会关系，孤立地考察一个人是不行的。

微积分学就是突破了初等数学"就事论事"、孤立地考察一点、不及周围的静态思考，转而用动态地考察"局部"的思考方法，终于创造了科学的黄金时代。

考察局部，何止于微积分？人生处处是局部和整体的统一。

关于黎曼积分和勒贝格积分

苏轼《题西林壁》诗云：

> 横看成岭侧成峰，远近高低各不同。
>
> 不识庐山真面目，只缘身在此山中。

将前两句比喻黎曼积分和勒贝格积分的关系，相当有趣。苏轼的诗意是：同是一座庐山，横看和侧看各不相同。勒贝格则说，数一堆叠好了的硬币，你可以一叠叠地竖着数，也可以一层层地横着数，同是这些硬币，计算的思想方法却差异很大。

宋代大词人苏轼（范曾绘）

从数学上看，同是函数 $y = f(x)$ 形成的曲边梯形面积 M，也是横看和侧看不相同。实际上，如果分割函数 $y = f(x)$ 的定义域 $[a, b]$，然后作和 $\sum_{i=1}^{n} f(\xi_i)\Delta x_i$ 用以近似 M，那是黎曼积分的思想，而分割值域 $[c, d]$ 作和 $\sum_{i=1}^{n} y_i m(x, y_{i-1} \leq f(x) \leq y_i)$ 近似表示 M，则是勒贝格积分的思想（这里的 m 是勒贝格测度）。

横看和侧看，数学意境和人文意境竟可以相隔时空而得到共鸣，发人深思。

关于"反证法"

数学上常用反证法。你要驳倒一个论点，你只要将此论点"假定"为正确，然后据此推出明显错误的结论，就可以推翻原论点。苏轼的一首《琴诗》就是这样做的：

> 若言琴上有琴声，放在匣中何不鸣？
>
> 若言声在指头上，何不于君指上听？

意思是，如果"琴上有琴声"是正确的，那么放在匣中应该"鸣"。现在既然不鸣，那么原来的假设"琴上有琴声"就是错的。

同样，你要证明一个论点是正确的，那么只要证明它的否命题错误即可。就苏轼的诗而言，如果要论述"声不在指头上"是正确的，那么先假定其否命题："声在指头上"是正确的，即在指头上应该有声音。现在，事实证明你在指头上听不见（因而不在指头上听），发生矛盾。所以原命题"声音不在指头上"是正确的。

由此可见，人文的论辩和数学的证明，都需要遵循逻辑规则。

关于解题

数学研究和学习需要解题，而解题过程需要反复思索，终于在某一时刻出现顿悟。例如，做一道几何题，百思不得其解，突然添了一条辅助线，豁然开朗，欣喜万分。这样的意境，正如王国维在《人间词话》中所说：

古今之成大事业、大学问者，必经过三种之境界：

•"昨夜西风凋碧树。独上高楼，望尽天涯路。"此第一境也。

•"衣带渐宽终不悔，为伊消得人憔悴。"此第二境也。

•"众里寻他千百度，蓦然回首，那人却在，灯火阑珊处。"此第三境也。

数学问题的解决是一个曲折和艰难的过程。圆满地解决往往使人有豁然开朗的感觉

学习数学和做事业、研究学问一样，都需要经历这样的境界。一个学生，如果没有经历过这样的意境，数学大概是学不好的了。

作者简介

张奠宙，华东师范大学教授，著名数学教育家。

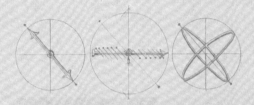

Assertiones Meæ
De miranda Magnetica Virtute.

Experimtum nouicum
quo sia falsa, hac de re, indicia facile cognoscuntur,
& Disputante, vera a fundamentis eruuntur at Stabiliuntur.

数学经纬

THEORIES AND DISCUSSIONS

关于广义相对论的数学理论

——爱因斯坦的引力场方程与黑洞

Ukim

爱因斯坦，闵可夫斯基，希尔伯特（从左到右）

1915 年 11 月 25 日，爱因斯坦向普鲁士科学院提交了广义相对论的论文。而在 5 天前，希尔伯特也向普鲁士科学院递上了一份关于引力学的手稿。长久以来，人们总是热衷于讨论究竟谁才是第一个提出广义相对论的人。然而这并不是我们想要讨论的问题，我们关心的是这两份手稿里共同包含的一个方程，这个方程现在普遍被称为"爱因斯坦引力场方程"。

首先让我们尝试在不写下精确的表达式的情况下来粗略地理解引力场方程。爱因斯坦认为，引力场或者物质的存在导致了时空的弯曲，而时空的弯曲恰恰体现了引力本身。

引力场方程本身诠释这个想法。方程的右边是能量－动量张量，这个张量描述了时空中物质的分布；方程的左边可以被认为是时空本身的 Ricci 曲率张量，恰如其名，这个张量描述了时空本身的弯曲。

从数学上来看，这个方程本身包含了 10 个变量和 10 个相互独立的子方程，并且是一个二阶双曲型非线性方程，仅仅写下这个方程就需要莫大的勇气和智能，更不要说是找到它的解了。实际上，关于爱因斯坦和希尔伯特对于广义相对论的优先权之争就是围绕着谁先写下了这个方程。

据说，1915 年初期爱因斯坦对于如何把引力数学化的想法已经相当的成熟，唯一的缺憾就是未找到描述引力分布的场方程。同年七月，他应希尔伯特的邀请去哥廷根大学作了一系列毫无保留的演讲。恰如这个众所周知的调侃之言"哥廷根马路上一个孩子，都可以比爱因斯坦更懂得四维几何"，希尔伯特由于比哥廷根马路上一个孩子懂得更多的四维几何，很快地得到了引力场方程的表达式，当然这丝毫不影响爱因斯坦的伟大，因为希尔伯特本人都说过，"发现相对论的，是作为物理学家的爱因斯坦，而不是作为数学家的爱因斯坦"。

言归正传，让我们致力于了解引力场方程的解。需要澄清的一点是，这个方程的解，不仅仅是一些经典意义下的场，除却这些描述物质分布的场以外，解方程还意味着来构造时空本身。换句话说，每一个解都对应着一个可能存在的宇宙。

在这个方程刚刚诞生的时刻，关于爱因斯坦本人到底知道多少个解，我们很难知道，但是无论如何，我们都可以断言他至少知道一个解，也就是现在被称为闵可夫斯基空间的解。这个断言的逻辑不是基于闵可夫斯基曾经是爱因斯坦在大学时期的数学教授这一个事实，而是因为闵可夫斯基空间是平坦而无弯曲的，它的曲率是零。这是一个最最简单的例子，在每一本关于四维几何的书上，这个例子一定是第一个出现的。而且整套的广义相对论在这

卡尔·史瓦西（1873—1916），德国天文物理学家

个特殊的时空上退化为狭义相对论。我们提到过，场方程的左边被 Ricci 曲率所决定。按照定义，Ricci 曲率是时空的曲率的某一些特殊的分量，所以对于闵可夫斯基空间而言，场方程的左边是零。毋庸置疑，右边也必须消失。

而我们又知道，场方程的右边描述了物质的分布，所以对于闵可夫斯基空间而言，是没有任何物质的，也就是说这是场方程的一个真空解。

我们能不能找到其他的解呢？同样是在 1915 年，这一年的圣诞节之前的一天，42 岁的德国人卡尔·史瓦西（Karl Schwarzschild）从德军在俄国方面的前线给爱因斯坦写了一封与战争毫无瓜葛的信，他提到："就像你读到的一样，这场战争对我还算不错，尽管硝烟弥漫，但是我还是能甩掉它们而随心所欲地沉浸在你的理论（广义相对论）之中。"随后，他附上重力场方程的第二个解，这个在一战战壕中诞生的宇宙现在被我们称为史瓦西解。史瓦西在第二年的三月去世，他的工作却表现出了令人惊讶的活力，越来越多的研究工作在史瓦西时空上展开，尤其是克鲁斯卡尔（Martin Kruskal）后来的工作最大程度上推动了我们对史瓦西时空的理解。让我们简单地描述一下史瓦西解，它是一个球对称的精确解，描述的同样是真空。很多物理模型都可以构架在这个时空之上，比如说一个球状星球以外的时空。在这个模型下，通过计算，我们可以容易地检验光在引力作用下的弯曲、近星点的进动和引力红移等现象。然而，这些都不是重点，史瓦西解最让人振奋、让人激动的一面是：它预言了黑洞。

黑洞，现在已是妇孺皆知的名词，用妇孺皆知的说法，是说一个星体的密度大到一定的程度，其引力使得附近的光都无法逃逸，那么既然我们看不到有光线从这个星体发出，"黑"的由来也就理所当然了。我们并不关心黑洞的精确定义而把精力放在史瓦西时空（在克鲁斯卡尔工作的意义下）的一个特定的区域上。在这个区域里，我们通过计算类光的测地线，可以发现光线永无逃逸的可能性，也就是说，这真的是黑洞的内部（在正确的定义下，这也是黑洞）。

自从黑洞被史瓦西解所预言的那一刻开始，它就成为了广义相对论的核心论题。专家们对它既爱又恨，直到今日，尽管我们对黑洞的理解有了长足进步，但是诸如黑洞的基本性质和黑洞的形成等很多基本问题仍然需要进一步的理解。在史瓦西时空里面，如果一个勇敢的观测者生活在黑洞的内部，那么他会发现对于一个二维的球面而言，如果我们由里向外沿着光线传播的方向将它撑大一点点的话，它的面积非但没有像我们想象的那样理所当然地增加，反而是减少。

牛津大学的数学物理学家罗杰·彭罗斯（Roger Penrose）是第一个体会到这个简单现象背后深刻意义的人，他把这种球面称为捕获曲面，其意义不言而喻：由于沿着光线传播的方向球面的面积越变越小，最后会坍塌为一个点，这样子光好像被这个曲面所捕获而在曲面坍塌的时刻最后也消失。彭罗斯著名的奇点定理说，在合理的物理假设下，如果时空当中存在一个捕获曲面的话，那么经过一个特定的时间之后，任何光不能被延伸，也就是说在未来有一个奇点，一切光都会消亡。直白地说，这个定理传达了一个骇人听闻的消息，一段时间之后，整个宇宙都会在引力的作用下毁灭。值得庆幸的是，这个"一段时间之后"是相当长的一段时间。这里需要一提

罗杰·彭罗斯爵士，牛津大学教授，1988 年沃尔夫奖获得者

的是，霍金有一个相当类似的定理，说如果我们向过去做时间旅行的话，我们会最终到达一个起点而不能够进一步地倒退到更加古老的过去，这个起点现在被称为"大爆炸"。那么，彭罗斯的定理和黑洞又有什么关系呢？根据彭罗斯的一个猜想，物理学家认为所有的在未来的奇点都藏在黑洞里面。这样子，在这个猜想成立的情况下，有奇点就必有它的藏身之处——黑洞。另外，彭罗斯的定理又说有捕获曲面就有奇点。这样子，是否存在捕获曲面就成为判别是否存在黑洞的重要依据。

我们再次回到爱因斯坦的引力场方程，从它简洁又不失华丽的外表，恐怕没有人能看到场方程竟然预言了黑洞的存在。近一个世纪后的今天，对于现实世界的人们来说，我们关心如何透过场方程读出未来的劫数；在数学家和物理学家眼中，这意味着能否把引力场方程当成一个发展性的方程来求解。Choquet-Bruhat 女士是这个方面的先驱，通过引进近代的偏微分方程的技术，她证明了至少对很短时间内要发生的事情，我们还是相当有把握预测的。由于她的工作运用了极为烦琐的数学，数学家们欢欣鼓舞，他们再次找到了一个借口可以插手物理学家的事务。当然，这里的问题仍然相当棘手，一些貌似简单的问题令他们一筹莫展。我们举一个具有划时代意义的猜想，叫作正质量猜想。在广义相对论中，质量的概念还是存在，但是质量是否是正的却变得不清楚了。直到 20 世纪 80 年代，这个猜想才第一次被理查德·舍恩（Richard Schoen）和丘成桐所证明，之后不久威腾（Witten）又给了另一个证明。正质量猜想不仅仅在广义相对论中，就是在微分几何当中也有着众多的应用。

由于闵可夫斯基空间的质量是零，根据正质量猜想它是具有最小的质量的时空，大家都猜想它应该是"稳定的"。

这个"稳定的"的意思是什么呢？简单来说，如果我们知道另外一个时空和闵可夫斯基空间在一个时刻相差无几的时候，那么对于无论多么遥远的未来，我们都可以说明这两个时空仍然非常近似。德梅特里奥斯·克里斯托多罗（Demetrios Christodoulou）和塞尔秀·克莱纳尔曼（Sergiu Klainerman）证实了这个猜想的正确性，他们在长达 600 页的论证中，通过发展了对引力场方程做能量估计的技术来理解引力波的衰减机制，并最终说明闵可夫斯基空间的稳定性。由于闵可夫斯基空间不含有黑洞，在这套理论开始发展的几年里面，没有人认为它对于理解黑洞有什么帮助。克里斯托多罗自有远见，他观察到在引力场方程中，不同的分量在引力波的

克里斯托多罗，希腊籍数学家和物理学家，普林斯顿大学教授

传播的机制中扮演着不同的角色，这个观察早在他与克莱纳尔曼的证明中已彰显出其无可替代的重要性。如果要理解黑洞的形成，直观告诉我们，时空的某一个部分要相当的扭曲，这恰恰对应了克里斯托多罗发现的短脉冲初始值。他论证道："如果给一个合适的短脉冲初始值，在一段时间之后，仍然基于引力波的衰减机制，一个捕获曲面就可以产生。这应该是迄今为止，通过爱因斯坦的引力场方程对黑洞形成的数学机制最有意义的一个尝试。"

在今后的研究中，关于黑洞和我们的宇宙，爱因斯坦的引力场方程还会说些什么呢？让我们拭目以待。

机器的光荣与人的梦想

木 遥

如果回忆一下中学数学的两门分支课程——代数和几何，就能清楚地看到，数学的两种最基本的推演过程——计算和证明，它们之间一直存在着一种巨大的差别。在初等代数问题里，一个问题的求解（例如解一个方程或者计算一个多项式乘法）是可以通过规范化的步骤顺序实现的，这使得这门课程本质上同一门按照操作手册动手的劳技课并无不同。然而，几何定理（哪怕是最基本的初中平面几何）的证明却不然，发现一个证明的过程中一定存在着那样一些"灵光一闪"的时刻，它们可遇而不可求，使得几何这门课程几乎成为本质上"不科学"的一门课程。我们都曾经面对过无从下手的证明题目而摇头叹息，也都在阅读一个自己想不出来的证明过程时体会过那种羚羊挂角无迹可寻的美感。纵然掌握了再多的定理和证明技巧，在脑海中发现

四色定理的一个简单示范；它的计算机证明在 1976 年被给出

完整的逻辑道路的过程仍然是一个自发而偶然的事件，反映了人类思维的某些最难于用语言刻画的能力。从某种程度上来说，这正是数学这门学科的神秘感的终极来源。

也正因为如此，计算——无论多么烦琐，本质上都是可以由机械实现的，在今天更是借助电脑的辅助成为一种相对平凡的任务。而证明才被认为是数学本质的困难之所在，是人类智慧的高度结晶。阅读并验证一个证明是否正确（或者哪怕仅仅是理解它在说什么）是一项辛苦而困难的任务，只有受过训练的数学家才能够得以完成。并且，和物理、化学、生物等牵涉真实世界的学科不同，数学定理是不能被实验所证明的，而数学家的阅读就成为本质上唯一可行的验证手段。这其实也正是今天数学界的真实运作方式：一个人写出一篇文章来宣称证明了一个定理，他的某些同行会在特定的审议机制下阅读这篇文章并且宣布是否接受其论证。

如果大家都认为证明无误，这个定理就被接纳为数学的一部分而存在下来。

这一流程的有效性已经为数学科学的茁壮生命力所证明。然而，任何人都能看出这个过程中蕴含极大的风险：我们究竟在什么意义上能够宣称一个定理真的是正确的？其作者可能犯错，审阅者也可能犯错，我们都知道数学证明中的微小错误有时候是多么难以发现，而这些错误也许永远都不会有人知道。当然，这并不是说数学这门学科完全是空中楼阁：越是重要的定理，其阅读者也就越多，出错的概率也就越是无限趋近于零。我们不能想象一个从阿基米德时代就流传至今，被无数学生学习过的四五行的证明还会存在逻辑错误。但是即便如此，只要翻开数学史，我们还是能看到大量重要的错误由于极其偶然的原因才在事隔多年之后被人们发现的例子。

到了现代，这个问题更是严重得多，数学的复杂程度和专业化程度已经使得任何一个分支的专业人员数量同证明的普遍难度完全不成正比。这种矛盾在某些极端的例子里尖锐到了荒谬的程度：图论中的罗伯逊－西摩定

数理逻辑学的巨人哥德尔和爱因斯坦在一起

理（the Robertson–Seymour theorem）的证明一共耗费了大约 500 页的篇幅，阿姆格兰（Frederick J. Almgren）对几何测度论中一个定理的证明总长为 1728 页，而代数中著名的有限单群定理（确切来说这不是一个定理而是一组定理）的证明总共包含超过 500 篇论文，总页数估计在 10000 页以上。世界上恐怕不存在任何一个人真的把这个证明从头读到尾，遑论验证其正确性了。有限单群方面的专家之一阿苏巴赫（Michael Aschbacher）曾经不无自嘲地说过："一方面，当证明长度增加时，错误的概率也增加了。在有限单群分类定理的证明中出现错误的概率实际上是 1。但是另一方面，任何单个错误不能被容易地改正的概率是 0。随着时间的推移，我们将会有机会推敲证明，从而对它的信任度也必定会增加。"我们也希望如此，但是以严谨而著称的数学体系是以这样远远难以称为严谨的方式被建立，终究构成某种吊诡而令人心生疑虑的现实。不仅如此，这一体系在某些情况下还会完全失效，一个著名的例子是四色定理在 1976 年的证明。

阿佩尔（Kenneth Appel）和哈肯（Wolfgang Haken）在那个证明中把所有的地图用通常的逻辑推演的方式化归为 1936 种类型，然后这是充满争议性的一步——编写了一个电脑程序逐个验证这些类型都满足四色定理的结论，从而完成了整个证明。一个立即存在的问题是：就算前面的逻辑部分是正确的，谁能证明后面的电脑程序中没有错误？难道数学家们应当逐行阅读代码以理解其正确性么？（写过程序的人一定晓得，阅读程序代码是比阅读一个通常的逻辑证明还要痛苦的经历）另一个时间上稍近的例子是黑尔斯（Thomas Callister Hales）对开普勒堆球定理的证明。这一证明包含了300页的文本部分和4000行的代码部分，投稿至数学界最重要的杂志《数学年鉴》，杂志的编辑最终接受了这篇论文，但是指出："在我的经验里，还没有一篇论文曾经得到过这样的审查。审读人专门建立了一个讨论班研究这篇文章，他们检查了证明中大量的论述并且确认其正确性，这种检查常常需要耗时数个星期……总的来说，他们并不能确认证明本身总体的正确性，而且估计永远无法做到这一点，因为他们在到达终点之前精力就耗尽了。"至于代码部分，估计并没有被任何人认真地审阅过。

于是在一部分数学家那里，另一种可能性开始渐渐浮上水面。既然一般来说数学定理的证明及其审查是如此困难和烦琐的一件事，我们有没有可能从根本上把它转化成电脑能够承担的任务呢，就像我们已经成功地让电脑代替人类实现的大多数烦琐劳动一样？注意，这种电脑的参与并不是像上面的例子里那样仅仅负责某些验证性的工作，而是从最底层介入逻辑推演的部分，从而严格地建立整个证明过程。这种思路，一般被称为形式证明（Formal Proof），有时也被称为机器证明。

> 两个哲学家之间的争论并不比两个会计师之间的争论更复杂，他们只需要掏出纸笔，然后对彼此说：让我们来算一算吧。
>
> ——《莱布尼茨通信》，1666

用计算的方式进行逻辑推演并不是什么新鲜想法，事实上，这是人类极为古老的梦想之一，它可以上溯到笛卡尔和莱布尼茨乃至霍布斯，甚至更早。霍布斯有名言曰："推理就是计算"，不过考虑到他的数学（特别是几何）之糟糕，人们一向怀疑他根本不知道自己到底想说什么。

莱布尼茨的观念则要清晰得多，在他看来，只要能够把一切逻辑论断用统一的语言确切地表达出来，并且采用严密的规则进行逻辑推演，那么世间的所有道理都是可以被严格推导出来的。

让我们抛开其间的哲学意涵不谈（莱布尼茨的梦想事实上已经涵盖了人类理性的全部领域），单就数学层面而言，这一框架听起来并不算特别不靠谱。从欧几里得开始，数学家就开始着手把全部数学定理建立在公理体系之上，于是从理论上来说，任何一个数学定理的证明，确实是可以用纯粹的逻辑语言"算"出来的。这里的计算当然不是说加减乘除这样的四则运算，而是形式逻辑的基本运算，例如命题 A 为真推出命题 B 为假，诸如此类。这种运算也有其特定的"运算法则"，也就是我们平时所默认的那些形式逻辑的法则，以此为基础，一个推导就是在这些法则下的一次"计算"，而一个复杂的证明只不过是一道复杂的"计算题"而已。

事实上，经过 20 世纪初那一场著名的数学革命以及随后的 ZFC 公理体系（这是今天数学界普遍承认的公理体系）的建立，这种把全部数学建立在逻辑演算之上的想法实际上并不存在理论上的障碍。实际困难在于，从人们熟悉的"人脑证明"到这种完全依赖于逻辑算符的"形式证明"之间，存在一个复杂度上的巨大鸿沟。我们在脑海中所进行的逻辑推导，其实大量地依赖于人类特有的直觉想象和经验，如果要把每一环逻辑链条都清清楚楚地写下来，每一次推理都追溯到公理体系那里去，任何一个简单的证明都会变得烦琐到超乎想象的程度。我们喜欢严格性，但是这样做的代价也太大了。

然而电脑的发明改变了一切。众所周知，电脑最擅长于做的就是这种严格而烦琐的工作。把基本公理告诉电脑，把推理法则教给电脑，不就万事大吉了么？差不多了，只剩下最后一步——非常微妙的一步。在上面的叙述里，一切传统的人脑证明都可以转化为逻辑算符的"计算"，这是对的，但是其前提是这种传统证明已经存在了，所需要的只是恰当的翻译过程而已。如何发现一个未知的证明则是一个完全崭新的挑战。我们对于人脑是如何想出一个证明的过程都不甚了了，又如何能教给电脑去自己发现一个证明呢？

于是人们采用了一种实用主义的策略。一方面，把人们已经知道的证明翻译给电脑，这同时也构成了对这些证明逻辑严密性的一次确认。虽然这件事情听起来很简单，但操作起来仍然很困难。另一方面，小心翼翼地探索让电脑尝试着去自动"发现"一个证明，哪怕只是很简单的证明而已。

让我们看看半个世纪以来人们已经让电脑做到了哪些事情：

• 1954 年，戴维斯（Martin Davis）成功地让电脑证明了定理：偶数加偶数仍然等于偶数。

• 1959 年，王浩让电脑证明了罗素和怀特海的名著《数学原理》中的所有谓词逻辑定理。

著名华人数理逻辑专家王浩教授

• 1968 年，德布鲁因（de Bruijn）用电脑给出了朗道（Lev Landau）为其女儿所写的一本关于实数的入门小册子中的全部数学定理的证明。

• 1976 年，莱纳特（Douglas Lenat）让电脑自发地开始探索数学世界，他的电脑从基本公理开始，自己发现了自然数、加法、乘法、素数这些词的意思，甚至还发现了算术基本定理。

• 1984 年，吴文俊发表《几何定理机器证明的基本原理》，用电脑证明了一系列平面几何中的著名定理。

• 1996 年，马库恩（Mc Cune）设法让电脑"自动"证明了布尔代数理论中的罗宾斯猜想。这里"自动"的意思是，把这个猜想输入电脑，回车之后，电脑花了 8 天时间给出了这个猜想的证明而没有借助人类的任何帮助。

• 2005 年，冈蒂埃（Georges Gonthier）建立了四色定理的全部电脑化证明。这一证明和 1976 年那个证明虽然都用到了电脑，但是其意义却根本不同。1976年的证明本质上仍然是传统证明，电脑只是起到了辅助计算的作用，而冈蒂埃的证明则是纯粹的形式证明，其每一步逻辑推导都是由电脑完成的。

到今天为止，人们已经用电脑证明了上百条重要的数学定理，甚至还曾经用电脑发现过一些猜想（这些猜想的命名恐怕会成为一个问题）。这一切还当然仅仅是个开始，人们还不曾让电脑做出过任何真正意义上的数学贡献，几乎所有被电脑证明的都是人类已经知道的事情，而且大多数都是很初等的结论。指望电脑帮我们证明哥德巴赫猜想的那一天还远远没有到来。

但是另一方面，任何人估计都可以看出来这条道路的远大前景。和人类相比，电脑不知疲倦和逻辑严密的优点使得其前途未可限量。电脑当然也会犯错误，但是这种错误归根结底是容易检验的——其正确性归结为这些软件内核的正确性，而内核一共也就几百行代码而已（这一点要归功于数学公理体系的简洁和精致）。一代一代数学家永远都要从零开始学习和成长，而电脑则总是"站"在已有成果的肩膀上（也许应当说机箱上），假以时日，电脑会不会成为有史以来最伟大的数学家呢？

一个好的数学证明应当像是一首诗，而这纯粹是一本电话簿！

——对1976年四色定理证明的一则著名评论

这条道路从第一天开始就伴随着巨大的争议和疑虑。

数学证明，正如我们在前面所提到的那样，是人类理性最光荣的成果之一。

蕴藏在美丽深刻的数学定理背后的那些苦心孤诣的劳动和成功之后宛若天成的光辉，吸引了一代又一代伟大的头脑投身其中。匈牙利数学家埃尔德什曾经发明过一个术语：the Book，用以描述他心目中由上帝所拥有的那本书，在那里记载了全部美妙和精致的数学定理的证明。他曾经说过："你可以不信仰上帝，但是你应该信仰那本书的存在。"大多数数学家是信仰的，而他们也衷心地希望自己所建立的定理和证明会出现在那本书里。

如果这些定理最终都只不过是被一些代码算出来的，这种美还有什么意义？2007 年，《美国数学会通讯杂志》采访了刚获得菲尔兹奖不久的陶哲轩，问题中包含了关于形式证明的看法。

陶哲轩的回答可以在很大程度上代表一般数学家对这个问题的意见：对一个证明来说非常重要的一点在于，它应当能够被任何人清晰地理解。在这一前提下，在一个令人满意的数学证明中，计算机的作用最好只限于确认一些显而易见的事实，比如某个方程的某个孤立解或者某个宽泛条件下参数的存在性，而不是用来证明一些从人类的思维过程中闪现出来的本质上非同寻常的结论。如果计算机证明的论断在人类看来是完全直观的，那么用电脑来确认一下这些结论的逻辑严密性当然没什么不好，但是基于人的阅读和理解的证明过程总是必要的。

于是这构成了某种颇具讽刺性的局面。计算机一般被认为是数学家最引以为傲的发明之一，然而当它转过头来开始侵蚀数学家的传统领地时，数学家的首要反应便是捍卫自己的尊严。一个由计算机生成的证明在广义上来说当然也是人类智慧的产物，可是如果有朝一日，困扰人类几百年的某个著名猜想被计算机所证明，那数学家情何以堪？人们对形式证明的批评多半集中于它极端的烦琐和不直观。然而，既然人们已经知道如何把一个传统证明翻译为形式证明，那么把一个计算机生成的形式证明翻译回人们可以直接阅读和理解的直观证明在理论上来说也并非全然不可能。从这一点上说，形式证明和传统证明之间的鸿沟并非不可逾越，尽管还有很长的路要走。我们可以设想，在未来的某一天，这两种证明之间的界面变得极其友好，于是任何一个数学家都会把形式证明作为日常数学工具加以掌握，任何一本数学杂志都会要求提交的证明必须是经过计算机验证的……而对于电脑来说真正的挑战，仍然体现在对未知证明的寻找上。如何让电脑学会迅速发现合适的证明路径，是这一领域里最困难也最迷人的问题之一。毕竟，即便是数学家自己，往往也说不清楚那些缥缈的灵感是怎样产生，又怎样被自己捕捉到的，更不用说让电脑来模拟这一过程了。对于电脑"思考方式"的设计和研究，本身就是深刻的数学问题——从某种意义上来说，这一自我缠绕的局面不但没有构成对传统意义上的数学之美的消解，反而是它的延续。归根结底，这一领域的任何进展，都标志着人们对于"智慧思考"这一问题更深刻的理解，这已经足以令人骄傲了，不是吗？不过还是让我们暂时抛开这些遥远的设想不谈，回到形式证明的初衷之一上来：为人类已有的证明建立可靠的逻辑基础。在这一领域里活跃的若干研究小组的通力合作，已经让一个宏伟的工程颇具雏形，在这个工程里，人们试图建立一个庞大的由电脑维护的"定理库"，其中包含了人类所了解的全部数学知识，而它们的正确性完全为电脑所确认。

人们所建立过的所有证明都被翻译成电脑可以理解的形式而加以保存，而人们也可以轻易地从这里查询任何已知的数学问题的答案。同让计算机彻底取代数学家去探索未知世界相比，这一设想无疑具有更高的可操作性。

这一工程被称为"Q. E. D"，任何一个数学家都明白这三个字母的含义：这是拉丁文的缩写，意为"证毕"。

你可以说这是巴别塔般的梦想，也可以说这是潘多拉的盒子，你也可以像大多数数学家一样投去怀疑甚至不屑一顾的目光。但是你不能无视它的存在，因为道路已经打开，纵然迷雾重重，但是没有理由不继续走下去。

"证毕"。(想象一下计算机说出这两个字的感觉……)

幽遐诡伏，靡所不入

——反问题在石油勘探中的应用

张　宇

从墨西哥湾的漏油事件谈起

2010 年 4 月 20 日晚，在距美国路易斯安那州 61 公里的墨西哥湾海面上，由 BP（英国石油公司）租用的"深海地平线"钻井平台在从事 Macondo 油田开发作业时发生爆炸，并引发火灾，11 名工作人员遇难。

经过约 36 个小时的剧烈燃烧，"深海地平线"于 22 日沉入海底。2 天后，在事故地点出现了严重的石油泄漏，破裂的油井管道每天向墨西哥湾海域倾

英国石油公司租用的"深海地平线"钻井平台发生爆炸并引发火灾。左图：灭火及营救现场。右图：泄漏的浮油污染了墨西哥湾海面

337

倒 5 万—10 万桶原油（约 0.8 万—1.6 万立方米），历时近 3 个月，造成了极为严重的环境污染。

直至 7 月 15 日，油井才被成功封堵。这是美国当时历史上最严重的海上石油泄漏事件，也是该年度的重要焦点新闻。

这次事件将对美国以至世界的能源开发、环境保护和生产安全管理政策产生深远的影响。

当关注的焦点聚集到英国石油公司时，我们发现这个公司在墨西哥湾地区寻找油气藏方面取得了巨大的成功。按照公布的数据，出事的 Macondo 油田约有可供开发的原油 5000 万桶（约 800 万立方米）。它的名字"Macondo"来自名著《百年孤独》中那个不幸的小镇，中文译为"马孔多"。

实际上，在英国石油公司的开发版图上，"马孔多"只是一个小油田。2009 年 9 月 2 日，英国石油公司宣布在墨西哥湾距休斯敦市东南 400 公里处发现了巨型油田 Tiber。外界估计其总储量可达 40 亿—60 亿桶，相当于约 100 个"马孔多"！英国石油公司的官方网站上列举了他们近几年在墨西哥湾深海地区开发的重要油田，预测产量都在 1.5 亿桶至 6 亿桶之间，包括 Horn Moutain（2002 年），Na Kika（2003 年），Holstein（2004 年），Mad Dog（2005 年），Atlantis（2007 年），Thunder Horse（2008 年），等等。可谓硕果累累！人们不禁会问：石油巨头们是怎样在墨西哥湾找到这些大油田的？以 Tiber 油田为例，此处的水深达到 1200 米，油藏深埋在 1 万米以下！据古书《西游记》记载，孙悟空在皈依佛门之前曾闯入过建在海底的东海龙宫，取走了龙王的定海神针作为打斗兵器（又名如意金箍棒）。但是至今还没有可靠的证据显示任何人或神仙曾经达到过龙宫以下深 9 千米的地方。另一方面，深海石油开采的费用高得惊人，即使从事深海石油开发的公司拥有雄厚的资本和先进的技术，也不可能在茫茫无际的墨西哥湾到处打井窥测。以已经开发的 Thunder Horse 油田为例：它的水上钻井平台有 3 个足球场大，建筑在海水深度约为 1800 米的海面上。据估计英国石油公司等公司投入该项目的建造费用高达 50 亿美元！投资的高风险要求对资源的定位和估算有一套较准确的科学方法，尽量减少决策失误。所以深海寻宝既是与大自然的经济博弈，也是极具诱惑力的智力挑战。

秘密就在回声中

数学物理史上有这样一个有趣的问题：不用眼睛来看，仅仅通过聆听鼓的声音能否判断出鼓的形状？即所谓的"盲人听鼓"问题。该问题于 1910 年由丹麦著名物理学家劳伦兹（Lorentz）在哥廷根的系列讲演"物理学中的新、旧问题"中提出。它的背景来自射线理论。

我们知道，当物体的材料确定后，它的音色和其形状密切相关。在数学上，一个物体的音色可以由一串谱 $\lambda_1 \leqslant \lambda_2 \leqslant \cdots$ 来确定，它们对应着物体的固有频率。"盲人听鼓"即是要求通过已知的谱来确定一个鼓面的形状。

左图：能否以耳代目，"听出"鼓的形状？右图：1992 年，数学家戈登（Carolyn Gordon）、韦伯（David L.Webb）和沃尔伯特（Scott Wolpert）找到了两面形状不同的"同声鼓"

劳伦兹在他的讲演中猜测鼓的面积可以由下面的公式确定。

$$鼓面积 = 2\pi \lim_{\lambda \to \infty} \frac{小于\ \lambda\ 的谱的数目}{\lambda}$$

据说，当初大数学家希尔伯特认为在他的有生之年不可能看到这个公式的严格证明。但是一代宗师希尔伯特这次作出了错误的预测。不到两年时间，鼓面积的公式就被他的得意门生外尔证明了。而且证明方法采用的正是希尔伯特此前不久修炼出的独门绝技——积分理论。1954 年，Pleijel 证明了从鼓声中可以"听"出鼓的周长。1967 年，麦金（Henry P. McKean）和辛格（Isadore Singer）证明了从鼓声中可以"听"出鼓的内部是否有洞、有几个洞。直到 1992 年，戈登等人构造出了两面奇怪的"同声鼓"：它们的形状不同，却有着相同的音色，单凭耳朵无法鉴别！

所以严格地来说，"盲人听鼓"问题的答案是否定的。但是，对这个问题的研究启发了我们。当不能用眼睛直接观测时，以耳代目也能够获得关于物体形状的很多有用信息。举一个生活中的例子，夏天人们挑西瓜，总是把瓜放在耳边，用手拍一拍，有经验的人就知道瓜瓤熟不熟。深海区的石油探测就是应用了类似的原理。勘探地球物理学家希望能够叩问地球，用耳朵"听"出地下的地质构造，从而判断出油藏的准确位置和产量。

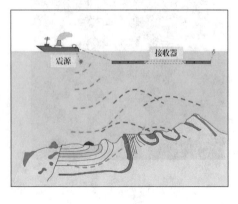

海上人工地震数据的采集

海上石油勘探的方法：数据采集船上带有气枪，当压缩空气被突然释放时，气枪会产生剧烈的爆炸声波。声波向地下传播，遇到构造变化会产生反射、散射和折射。这些回声中携带了地下的地质信息，被海面采集船拖带的检波器接收，记录为地震数据。海底宝藏的秘密就隐藏在这些数据里。

这是一个什么样的数学问题呢？

我们脚下的地球可以用三维坐标 (x, y, z) 来标定，其中 z 表示海平面下的深度。气枪在海面的某个位置 $(x_s, y_s, 0)$ 爆破，产生的声波按照速度 v (x, y, z) 在地下传播，满足波动方程

$$(\frac{1}{v^2}\frac{\partial^2}{\partial t^2} - \Delta)p(x, y, z; t) = 0 \ ,$$

在海平面 $(x_r, y_r, 0)$ 处，检波器接收到了气枪产生的回声数据 $D\ (x_r, y_r; x_s, y_s; t)$。我们勘探的目的是要从采集到的地震数据 D 中猜出代表地质构造的函数 v。

举一个最简单的例子，假设深度为 z 米的地方有一个平层，声波传播速度是 v 米／秒。如果把气枪和检波器放在海面的 $(x_0, y_0, 0)$ 处，气枪发射后经过时间 T_0 秒我们听到回声，那么很容易知道

$$T_0 = \frac{2z}{v} \ .$$

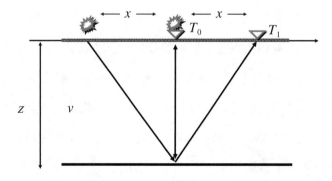

常速度、水平层模型可以通过两次实验来确定声波速度和反射层深度

上面的公式里有两个未知数 z 和 v，是不可解的。如果我们再做一次实验，将气枪和检波器分别放在 $(x_0-x, y_0, 0)$ 和 $(x_0+x, y_0, 0)$ 处（上图），这时听到回声的时间延长至 T_1 秒，而且回声来自同一个地下反射点。根据勾股定理，

$$T_1 = \frac{2\sqrt{z^2+x^2}}{v},$$

通过两次实验，我们就可以联立上面的两个方程，同时求出声波速度 v 和反射界面深度 z。

真正的地下介质不可能是常速度，地质构造也不可能都是水平层。深海石油勘探需要揭示的是深埋地下、历经沧海桑田的复杂地貌，其困难程度可想而知。我们注意到，地下的速度函数 $v(x, y, z)$ 是一个三维数据体，而我们接收到的地震数据 $D(x_r, y_r; x_s, y_s; t)$ 却是五维的，信息中有二维的冗余度。这说明我们对地下的每个反射点做了很多次的声波反射实验，而这些五维的实验结果都来自同一个三维模型函数 $v(x, y, z)$。这样就可以通过数据的多次覆盖来提高对于地下构造判断的准确度。这个思路奠定了勘探数据处理的基础。经过数 10 年的摸索，地球物理学家找到了一些行之有效的解法。现行的勘探技术主要分为如下三步：

第一步，数据处理：海上采集到的数据有很多噪音干扰，比如海浪、背景噪声、相邻采集船传来的气枪回声，等等。另外，潮汐现象周期性地改变海水的深度，造成反射时间的偏差错落；气枪的震源效应和海面多次反射的混声也会引起反射信号的畸变（成像实例图 A）。所以我们要对数据进行"整容"，使之更清晰、更干净、更可信（图 B）。

第二步，速度建模：利用多次覆盖的试验数据来构建一个统一的地下模型。由于反射波的传播时间对速度的短周期变化不敏感，一步到位求解 $v(x, y, z)$ 太困难。故退而求其次，我们可以利用数据中的冗余信息构造一个近

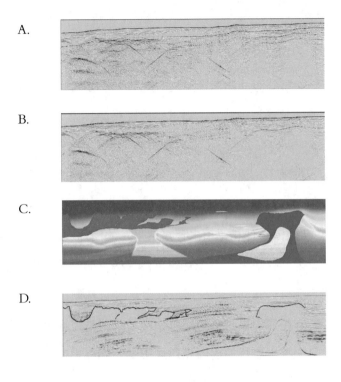

A.

B.

C.

D.

一个二维人工合成数据的成像实例。图 A：水面接收到的部分数据记录。图 B：经过去噪和校正过的部分数据记录。图 C：由数据分析出的背景速度模型。图 D：偏移成像后得到的地下构造变化细节

似速度 v_0 (x, y, z)。这如同绘画，先勾勒轮廓，敷设底色，留待下一步皴擦点染，刻画雕琢（图 C）。

第三步，偏移成像：从实践中，人们认识到在现有的方法和条件下，完全求出 v (x, y, z) 几乎是不可能的。必须采取更务实的态度，对 v (x, y, z) 做构造成像。也就是说只需要对速度函数的间断性变化进行比较精确地描绘，就可以提供给地质解释专家很多重要的石油埋藏线索。我们借助高性能计算机的帮助，将地震数据 D 和初始模型 v_0 综合起来进行处理，利用波动方程来推演各种反射信号的来龙去脉，输出的图像就显露出了地下山水的峥嵘面貌（图 D）。

漫话反问题

读者或许会感到石油勘探所涉及的数学问题有些别致。

在大学的数学物理课堂上，通常是给定震源、边界条件和介质速度，列出声波方程，再来探讨声波现象或计算接收到的声波信号。但是现在我们的问题"反"过来了，通过接收的信号来探测什么样的介质能够产生这样的观测现象。为了体现这个差别，我们把这类问题称作"反问题"。而传统的"已知模型、初边值条件和源项来计算结果"的问题就叫作"正问题"。世间的事物或现象之间往往存在着一定的自然顺序，如时间顺序、空间顺序、因果顺序，等等。所谓正问题，一般是按着这种自然顺序来研究事物的演化过程或分布形态，起着由因推果的作用。反问题则是根据事物的演化结果，由可观测的现象来探求事物的内部规律或所受的外部影响，起着倒果求因的作用。可以看出，正、反两个方面都是科学研究的重要内容。

以线性方程为例，它的正问题是已知矩阵 A 和向量 $\vec{x}$，求它们的乘积

$$\vec{y} = A\vec{x},$$

它的结果是存在的、唯一的，而且稳定的。现在我们观测到的是带有噪音的数据

$$\vec{y}' = \vec{y} + \vec{n},$$

可以有很多种反问题的提法：

(1) 已知 $\vec{y}'$、分离信号和噪音，求出 $\vec{y}$；

(2) 已知 $\vec{y}'$ 和 A，求出输入数据 $\vec{x}$；

(3) 已知 $\vec{y}'$ 和 $\vec{x}$，求出模型机制 A；

(4) 已知 $\vec{y}'$，求出输入数据 $\vec{x}$ 和模型机制 A，这时问题变成非线性。

上面任何一种反问题都比正问题要困难得多。

反问题通常体现了一种逆向思维。冯康先生在 20 世纪 80 年代初曾经著

文《数学物理中的反问题》，较早地介绍了这个新的研究方向。他将反问题的功能概括为"由表及里""索隐探秘""倒果求因"。在中国的传统文化中，只有智者高人才能透过现象看清本质，甚至参透因果，一语破的。科学化的反问题研究为我们在解决问题、增长智慧方面提供了很好的案例和方法论。

在西方，侦探小说有着悠久的传统，犹如武侠文化在中国。物理大师爱因斯坦在他与英费尔德（Leopold Infeld）合著的《物理学的演化》一书中，反复将物理学家探寻自然奥秘的工作和神探的破案过程进行类比："自柯南·道尔演绎出精彩的福尔摩斯探案故事以来，在侦探小说中总会出现这样一幕：侦破者针对案件的某个方面搜集到他所需的线索。尽管这些线索看上去支离破

神探福尔摩斯

碎、杂乱无章、怪诞费解，但是能力超凡的侦探认为不需要进一步调查了，眼前的证据已经足够，剩下的只是通过慎思明辨来发现事实背后的脉络。这时，他或者拉一段悠扬的小提琴曲，或者斜倚沙发，默默地叼着烟斗。突然间，灵光迸现！他不仅找到了对已知线索的合理解释，而且确信发生了一些迄今未了解到的情节。因为准确地推演了作案情境，他甚至知道可以到哪里去采集新的证据来证实他的推断。"上面描述的破案过程就像是在求解反问题。当理性穿透现实的迷雾时，那种清澈、喜悦和潇洒的感觉是多么具有诱惑力！我们下面看一个科学史上的著名的案例，来体会一下反问题的提出和解决过程。

1781 年，天王星被确认为太阳系的第 7 颗大行星。40 年后，法国天文学家布瓦尔（Alexis Bouvard）搜集了一个多世纪来的全部观测资料，包括了1781 年之前的旧数据和之后的新数据，试图用牛顿的天体力学原理来计算天王星的运动轨道。他发现了一个奇怪的现象：用全部数据计算出的轨道与旧

数据吻合得很好，但是与新数据相比误差远超出精度允许的范围；如果仅以新数据为依据重新计算轨道，得到的结果又无法和旧数据相匹配。布瓦尔的治学态度非常严谨，他在论文中指出："两套数据的不符究竟是因为旧的观测记录不可靠，还是某个外部未知因素对这颗行星的干扰？我将这个谜留待将来去揭示。"

布瓦尔等天文学家核查了1750年以后英国格林尼治天文台对各个行星所作的全部观测记录。结果发现，除天王星以外，对于其他行星的观测记录与理论计算结果都符合得相当好。似乎没有理由怀疑旧的天文观测唯独对天王星失准。既然如此，天文学家就需要对天王星的不规律运动作出科学的解释。

摆在天文学家面前的有两条路：

第一条路是质疑牛顿力学的普适性，或许万有引力定律不适用于距离太阳遥远的天王星，需要对之进行修正；

第二条路是寻找布瓦尔所猜测的"未知因素"，于是人们提出了"彗星撞击""未知卫星""未知行星"等多种可能。

发现天王星轨道异常现象的布瓦尔（左，1767—1843），成功地解决了这个难题并且预测了海王星轨道位置的亚当斯（中，1819—1892）和勒威耶（右，1812—1910）

在科学研究中，困难是智者的试金石。1841年的暑期，还是英国剑桥大学二年级学生的亚当斯（John Couch Adams）就定下计划，不仅要确认天王星的轨道异常是否来自未知行星的引力作用，还要尽可能地确认这颗新行星的轨道，以便通过观测来发现它。这不仅是一个新问题，而且是一个反问题。因为过去总是已知一颗行星的质量和轨道，根据万有引力定律计算出它对另一颗行星产生的轨道摄动。而现在则相反，亚当斯要假定已知天王星轨道的摄动，来计算出产生这一摄动的未知行星的质量和轨道。由于未知因素很多，实际计算起来是相当复杂和困难的。

亚当斯于1845年彻底地解决了这个反问题。他所运用的方法在当时是空前新颖的。令人遗憾的是，英国天文学家艾里（George Airy）先入为主地认为天王星的轨道问题是万有引力定律不再适用的结果，没有重视亚当斯向他提交的新行星的轨道计算结果。

几乎与此同时，法国人勒威耶（Urbain Le Verrier）独立地解决了同样的反问题。1846年9月23日，柏林天文台的嘉勒（Johann Galle）按照勒威耶提交的计算轨道着手观测，当晚就在偏离预言位置不到1度的地方发现了一颗新的八等星。连续观测的数据都与勒威耶的预测结果吻合得很好，证实这是一颗新行星。这时英国天文台才想起了亚当斯的工作，悔之晚矣。

案子破了。干扰天王星正常运行的那颗神秘天体正是太阳系的第8颗大行星——海王星！不仅长期困扰天文界的天王星轨道异常问题在牛顿力学框架内得到了完满解释，而且海王星的发现进一步验证了牛顿力学的正确性。

反问题的研究遍及各个领域，包括了定向设计、成像扫描、物性探测、逆时反演等技术，内容丰富，在工业、农业、国防、医学、金融、考古等方面都有重要的应用。

知之惟艰

《古文尚书》中有"非知之艰，行之惟艰"的说法，是讲"知道一件事情并不难，难的是把事情做好"。数千年来，中国的先哲对"知易行难"和"知难行易"两个命题的谁是谁非争论不休。

在科学研究中，如果是求解一个正问题，"知易行难"的描述可能是比较贴切的。因为问题的规律、初始状态和模型都是已知的，我们只需要继承前人的知识，花费一些努力来计算、观测、考察各种现象变化。总的来说，这种研究工作是比较直接的。

反问题的研究重在探测和发现。如前面所述，虽然不能直接上天入地，但是通过求解反问题可以使得我们找到极遥远的天体和极幽深的宝藏，这就如同让我们有了神通。这种神通的得来并非容易。相对于正问题而言，反问题的研究要困难得多，可谓"知之惟艰"。这是因为反问题的求解往往违背了事物发展过程的自然顺序，从而使正问题中的许多良好性质不再满足。更何况我们搜集到的资料经常是真伪交杂、缺失含混的，这就更增加了求解的困难。尽管如此，解决反问题仍然像破案猜谜一样引人入胜。

法国数学家哈达玛（Jacques Hadamard）认为一个有意义的物理现象的数学问题要满足适定性，即问题的解要具有存在性、唯一性和稳定性。这个观念深刻地影响了数学物理的发展。

但是反问题的出现为人们提出了一大批病态的方程和问题，违背了哈达玛的适定性要求，导致了研究上的困难。

我们前面提到的声波勘探技术就是一堆不适定性反问题的集合。我们简单举4个例子：

第一个，去除噪声：噪声是信号中的假信息。如果不能有效地去除噪声，可能将反问题的求解引入歧途，甚至导致矛盾方程，违背解的存在性。

把金粒和沙粒混在一起是一件再容易不过的事情，但是沙里淘金就颇费周折。我们要区分噪音与信号的不同性质，通过一些巧妙的变换来去伪存真，纠偏校正。例如：高频噪音可以通过信号的统计性质来进行鉴别；特殊的低频噪声可以在频率域中进行去除；干扰成像的横波、地滚波可以通过时空分布的特殊性在一些高维变换域中进行分离；多次反射可以用波场的线性变换来有效预测；等等。

第二个，层析成像：这是目前最流行的速度建模方法。它的主要部分是求解一个大型的病态线性方程，来估计各个网格点上的速度值。这个病态方程在一些区域是超定方程，需要利用信息的冗余度来提高解的可信度；而在另一些区域又是不定方程，存在严重的多解性。针对这类线性不适定性问题，Tikonov 等学者提出了正则化方法。方法的主要思想是：利用对解和数据误差的先验估计可以将问题的求解限定在某个较小范围内。通过对问题的适当改造，将原本不适定的问题转化为适定的最优化问题来求解。而且先验估计表明在一定精度下用正则化方法求得的解是合理的。

第三个，偏移成像：尽管波动方程的正问题是一个线性方程，它的探测反问题却是非线性的，而且线性化后的逆算子求解也很困难。长期以来，地球物理学家用计算波动方程的共轭算子来替代求解逆算子，这样可以得到稳定的构造成像。所谓"计算波动方程的共轭算子"就是像《大话西游》中的"月光宝盒"一样能让时光倒流，将地面接收的波场信号逆时间方向回传，从而找到产生反射的地下构造，显影造像。有趣的是，我们可以证明只要选择正确的求解域，对这种传统算法稍加修改，就可以得到有明确物理意义的稳定的反演解法。

第四个，衰减补偿：经典的波动方程假设声波在传播时能量是守恒的。但是在实际的传播过程中，一部分声波能量会转化成热能耗散掉，而且震动快（高频）的波比震动慢（低频）的波更容易被吸收。求解这类现象的反问题就更困难了。因为时间倒流时方程的能量会不断增大，一方面记录中混杂的噪音会被迅速放大，另一方面一些有效信号在正演时被衰减殆尽而无从恢复。这时的反问题违反了解的稳定性，连"月光宝盒"都失灵了，必须借助某种具有正则化性质的"月光宝盒"来近似恢复历史本来面目。

实际上，石油勘探的反问题经常存在着信息先天不足的缺陷。我们在医院做 B 超诊断时，探头可以围绕全身，这样就能够完整地接收超声波的各种反射和散射信息，有效地对病灶进行探测。但是对于地下构造进行勘探时，我们只能把爆炸源和接收器放置在地面或海面的有限范围内。很可能我们的声波达不到地下的一些构造位置；或者虽然声波能够达到，但是反射信号会传播到很远的地方，不能被接收器采集记录。这就造成了很多地下的成像盲区。另外，现有的偏移成像算法还不能完全地解决由于多解性所导致的假象问题，这些假的构造会误导地质解释人员做出误判。在实际生产中，我们需要通过试验和分析，对这些具体问题作出判断和解释。

用传统的眼光来看，存在性、唯一性和稳定性，三者之一不满足就称为不适定性问题，这样的问题是不值得研究的。但是反问题的研究开阔了人们的视野，认识到这样的问题是大量存在的，并且有着重要的研究和应用价值。反问

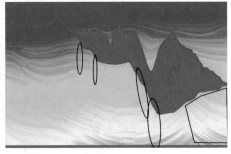

一个理论合成记录的偏移成像结果（左）和真实的速度模型（右）。曲线框标示的区域是由于观测方法限制所造成的偏移成像盲区，红色箭头所指是偏移成像算法得到的假象

题有着特殊的困难，它向我们提出了许多在认识论、方法论中富有挑战性的课题，深化了对客观现象的理解。因而反问题的研究确有它独立的价值。

数学有价？

回想 12 年前，笔者从事应用数学的博士后工作，当时困惑我的问题是如何将"应用"与"数学"这两件事统一起来。记得闲暇之余观看了一部香港电影《南海十三郎》，讲的是 20 世纪 30 年代的天才粤剧作家江誉镠，艺名南海十三郎。其中有一段关于唐涤生欲拜南海十三郎为师的情节，至今印象颇深。

南海十三郎："你为什么要拜我为师？"唐涤生："因为我要证明文章有价！"后来唐涤生成为一代巨匠，不仅缔造了粤剧史上的辉煌，而且其剧作浑然天成，辞藻清隽雅丽，成为传诵不衰的经典。虽然中年早逝，但他的一生很好地诠释了"文章有价"的信念。

那么数学有价吗？这是一直萦绕在我心中的问题。

进入勘探地球物理界以后，才发现生产上所提出的富有挑战性的数学问题俯拾皆是，我们几乎每天都在从事索隐探秘的研究活动，颇为引人入胜。

以偏移成像技术为例。早期的计算机内存小、速度慢，而勘探资料处理的数据量和计算量都很巨大。从 20 世纪 70 年代到 90 年代，资料处理人员不得不对数据进行简单的预处理，忍痛割爱，将辛辛苦苦采集来的五维地震数据压缩成三维，送入计算机进行反演成像。在当时，采用这种丢失大量原始信息的粗糙方法实在是迫不得已。

20 世纪 90 年代末，勘探界发展了积分法偏移技术，删繁就简，运用高频渐进分析的技巧，把成像步骤简化为常微分方程求解和积分求和两个部分，有效地节省了计算量，终于可以对全部采集数据作偏移处理。但是一阵兴奋过后，人们发现这种简化方法远不能满足墨西哥湾地区复杂地形勘探的要求。

　　进入新千年，由于采用了并行计算机群技术，更精确的微分法偏移被引入生产。受当时计算机的内存限制，生产上需要将波动方程变形为单程波方程，降维求解。单程波方程是物理学家在 20 世纪 70 年代发明的一种独门功夫，其道法心诀与发轫于 60 年代数学界的拟微分算子理论暗合。

　　一方面，一些公司立异标新，为积分法注入了新的功力，实现了升级版的射线束偏移，使得算法更灵活、更准确，成像效果令人耳目一新。

　　另一方面，数据采集方法也得到了很大改进。英国石油公司率先采用了宽方位角采集技术，利用大量的反射信息来有效地减少成像的盲区，也使得地震数据量猛增几倍到几十倍。

　　2005 年后，逆时偏移方法应运而生。这种方法直接求解声波方程，看似返璞归真，实际功能强大。不管是反射波、折射波、散射波，还是回转波、棱柱波，无论信号的来路多么怪异，逆时偏移都可以因势利导，让它们复原归位。这种方法能够对复杂的地下构造做出精确的成像，成为墨西哥湾地区独领风骚的生产技术。

　　下图的实例显示了不同时期、不同算法对地下构造成像质量的影响，一路走来，进展令人振奋。

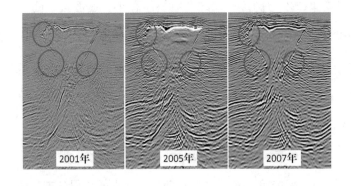

一个墨西哥湾地区的生产实例展示了不同偏移算法的成像效果。左：2001 年得到的积分法成像结果；中：2005 年得到的单程波偏移成像结果；右：2007 年得到的逆时偏移成像结果

墨西哥湾地区某油田附近的偏移成像效果对比。左：各向同性的逆时偏移成像结果；右：各向异性的逆时偏移成像结果

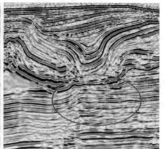

2008 年底，生产上实现了各向异性的逆时偏移算法，突破了传统偏移算法对速度所要求的各向同性假设。对于这种偏移，我们要假设声波沿着各个方向的传播速度均不相同，虽然计算成本和反问题的不确定性都大幅度增加，但使用起来招法更加灵活，在墨西哥湾地区得到了良好的效果（见上图）。

进入 2010 年，为了更准确地构建速度模型并进行岩性分析，生产要求逆时偏移对地下构造输出高维全息照片。如果我们考虑理想情况，这需要将五维的地震数据输入逆时偏移，经过六维的偏微分方程计算和七维的拟微分算子变换，再叠加输出五维的成像信息。这必然导致巨大的计算工作量和非常高的复杂度。产业的需求敦促成像方法更上一层境界，再一次挑战数学算法和软件开发的极限。

无论勘探计算中的数学方法多么精巧，我们始终都是在猜谜。谜底只有在实际钻井后才能揭晓。在两年前的一次感恩节晚会上，一位在石油公司工作的朋友姗姗来迟，神情疲倦。一问才知，公司刚刚打了一口干井，数千万美元的投资泡汤了。一大早他所属的部门临时召集会议，检讨决策失误原因，其中之一就是偏移处理的成像剖面在井位处模棱两可，难以准确判断地下的构造。这个经历使我感到我们的科研工作不是纸上谈兵，在应对挑战的同时我们还承担着重要的生产责任。

在过去的 10 多年间，石油勘探的计算方法发生了日新月异的变化，而且技术的更新有加速的趋势。这种生命力和创造力来自巨大的商业利益的驱动。在这里，每项数学技术的商业价值都是可以计算的。也正是由于勘探技术的不断进步，石油巨头在墨西哥湾深海区的石油开采屡创佳绩。

展望未来，地震勘探的反问题远没有解决。实际的地震波的传播比声波现象更复杂，需要用 21 个弹性参数来描述。各向异性的声波偏移只是向这个方向迈出的第一步。另外非弹性吸收效应在偏移中的补偿还刚刚起步。随着研究的深入和计算技术的提高，传统的偏移成像方法也面临新的技术挑战。直接求解非线性反问题得到高精度的速度模型成为当下的热门课题，很多理论、算法有待验证，许多实际困难有待克服。

1700 多年前，数学家刘徽在他的名著《九章算术注》的序文里指出，数学的功用可以达到"虽幽遐诡伏，靡所不入"。我们希望更好地运用数学物理方法来探索自然的奥秘，绘出更准确、更清晰的地下寻宝图。

致谢

本文作者感谢 BP 公司和 SMAART 课题组提供的理论合成数据。同时感谢 CGGVeritas 公司管理层长期以来对科研工作的重视与支持。

作者简介

张宇，中国科学院计算数学与科学工程计算研究所博士，法国 CGGVeritas 研发高管。

布拉格天文钟的数学原理

M. Krizek［捷克］　　　A. Solcova［捷克］　　　L. Somer［美国］

引言

欢迎来到捷克共和国的首都——布拉格。这个中欧城市不但拥有"千塔之城"的美誉，而且更被联合国教科文组织列入世界文化遗产。不少举世闻名的数学家、物理学家和天文学家都在这片土地上度过其光辉的岁月，留下许许多多永不磨灭的历史印记。其中的代表人物包括文艺复兴时期的意大利哲学家布鲁诺、丹麦天文学家第谷、德国天文学家开普勒、波希米亚数学家波尔查诺（Bernard Bolzano）、法国数学家柯西、挪威数学家阿贝尔、奥地利数学及物理学家多普勒、奥地利物理学及哲学家马赫（Ernst Mach）、相对论创立人德国理论物理学家爱因斯坦和他的大学同僚皮克（Georg Pick），而皮克还是教爱因斯坦张量微积分的数学家之一。

上述科学家在布拉格生活期间，建立了几个对后世影响深远的数学和物理学理论，并且从事相关研究工作。17 世纪初，开普勒根据第谷的观测结果，提出行星运动三大定律之第一定律、第二定律。19 世纪上半叶，波尔查诺给出了一个既有分形特征，又不可微分的连续函数，并且以"无限数集（infinite sets）"为主题撰写了《无穷的诡论》（*Paradoxes of Infinity*, 1851）。1842 年，布拉格理工大学数学教授多普勒在布拉格 Ovocnýtrh 的查理大学，首次就其创立的效应（后来称为"多普勒效应"）发表公开演讲。1911 年

355

至 1912 年，爱因斯坦在布拉格德国大学（Prague German University）担任理论物理学教授，醉心于广义相对论的研究工作。甚至著名捷克作家恰佩克（Karel Capek）也是在布拉格发明了"robot"这个词（捷克语 Robota，意谓劳役、苦工）。本文后面会简单介绍这些与布拉格息息相关的伟人纪念碑和雕塑。接下来，本文集中讨论布拉格旧城广场中心的一个著名建筑物，分析其中有趣的数学问题。

布拉格旧城区中心有一个古色古香的天文钟（捷克语 orloj，英语 horologe）。无论是一般游客，还是热爱数学的人，都会慕名而来一睹这个举世稀有的珍品。本文将揭示天文钟与三角形数之间鲜为人知的关系，探讨三角形数的特性，以及这些特性如何提升大钟的准确度。

旧城广场天文钟的位置

布拉格天文钟的数学模型设计来自简·安卓亚（Joannes Andreae，捷克语 Jan Ondrejuv，生于 1375 年，卒于 1456 年）。安卓亚又名辛蒂尔（Šindel），在国王查理四世于 1348 年所创办的布拉格大学任教。1410 年，辛蒂尔当上大学院长，天文钟的设计理念终于通过卡丹市（Kadaň）的钟匠密库拉斯（捷克语 Mikulás，即英语 Nicholas）得以实现。

布拉格天文钟设于旧城市政厅一座约 60 米高的钟楼内，而两个大钟盘则镶嵌在钟楼南面的外墙上。600 年来，天文钟经历过几次大型翻新，其中一次约在 1490 年，由克伦洛夫城的钟表工匠简恩（Jan，

布拉格天文钟

又名哈劳斯大师）带领进行。天文钟下钟盘的左方特别设置一面纪念碑，用来表彰这些钟匠们的付出和贡献。

布拉格天文钟的钟盘

天文钟的上钟盘是一个靠发条机制控制而运作的星盘，象征天球（celestial sphere）由其北极通过南极落在切平面上的球极平面投影（stereographic projection）。钟盘的中心点相当于天球的南极，南极四周的最小内圆代表南回归线，而外圆则代表北回归线，两者之间的同心圆相当于天球赤道。

球极平面投影有一基本性质（由古希腊天文学家托勒密提出）：球体上所有异于北极的圆，经过球极平面投影法，在平面上的投影也是一个圆。

因此，天球黄道的投影也是圆形，用刻有十二星座图案的镀金钟圈表示。虽然天球黄道的中心点并不是南极点，但是镀金钟圈却神奇地绕着南极点转动。此外，天文钟也指出了太阳在黄道上的大概位置、月球的运动和月相，以及日、月和十二星座各自的出、落和中天时间。

镀金太阳指针在罗马数字钟圈上转动，显示的是中欧时间（Central European Time，简称CET），值得留意的是，中欧时间和原来的布拉格当地时间相差只有138秒。旁边那支镀金星星指针所显示的是恒星时（sidereal time）。最外那个钟圈上有金制的阿拉伯数字1至24，标示从日落起计算的古捷克时间；而下方黑色的阿拉伯数字1至12，是用来标示早在巴比伦时代已经开始使用的行星时间（planetary hours）。行星时间则由日出开始算起，与古捷克时间的计算方法相反。

钟盘下方的黑色圆形部分代表天文曙暮光（astronomical night），即太阳处于地平线下18度的时段；外围的棕色部分象征黎明和黄昏（AVRORA和CREPVSCVLV标志着白昼和夜晚），而ORTVS和OCCASVS则代表日出和日落。

天文钟的主装置有三个同心大齿轮，每个直径为 116 厘米，最初由三个各有 24 齿的小齿轮驱动。第一个大齿轮有 365 齿，每个恒星日（即 23 小时 56 分 4 秒）推动星座钟圈转一周。第二个大齿轮有 366 齿，每一平太阳日（mean sun day）推动太阳指针转动一圈。由于地球环绕太阳的公转轨道是椭圆形而非圆形，因此太阳在天球上的运动速度不均一。现时，星座钟圈的位置每年要经人手调校两次。第三个大齿轮有 379 齿，推动月亮指针根据月球的视运动（mean apparent motion）而转动。因为月球轨道同样是椭圆形，所以月亮指针也需要不时以人手校准。月亮指针其实是个空心球体，内藏机关，可展示月相。这个指针设计于 17 世纪，转动的动力来自椭圆环圈的运动。

下面的钟盘是个月历钟，上面有十二幅由马内斯（Josef Mánes）绘的饼图画，每一年转一周，最上的钟针标示一年中的某一日，同时亦提供取名日（name days）等信息。

布拉格天文钟隐藏着怎样的数学原理？

下述例子诠释了 15 世纪钟表工匠的精湛技术。天文钟的机械组件里，有一个大齿轮，它的圆周上有 24 道齿槽，齿槽间的距离随圆周逐渐递增。这个装置使大钟每天重复地按时敲打 1 至 24 下。与大齿轮连着的一个辅助齿轮有 6 道齿槽，齿轮圆周按照"1：2：3：4：3：2"的比例分成六段。这 6 个数字合起来构成了一个循环周期，令齿轮不断地重复转动。这 6 个数字的和是 15。

每到整点，扣子便会升起，大小齿轮便会运转。耶稣十二门徒的小木偶会通过钟面两侧的小窗口列队绕行一圈，然后钟声徐徐响起。待扣子回落在齿槽时，两个齿轮就会停止转动。大钟每天敲打的次数是 1 + 2 + ... +

24 = 300（下）。由于 300 能被 15 整除，所以小齿轮每天同一时间的位置都是不变的。

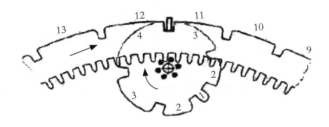

大齿轮外显示的数字表示大钟在整点时敲打的次数——"9、10、11、12、13……"。后面小齿轮的弧长比例为 1：2：3：4：3：2。上面的小长方形代表卡在两个齿轮之间的扣子。小齿轮转动时，通过其齿槽产生一个循环序列，其总和相等于整点时大钟敲打的次数——1，2，3，4，5=3+2，6=1+2+3，7=4+3，8=2+1+2+3，9=4+3+2，10=1+2+3+4，11=3+2+1+2+3，12=4+3+2+1+2，13=3+4+3+2+1，14=2+3+4+3+2，15=1+2+3+4+3+2……

大齿轮有 120 个内齿，啮合在一个针齿轮之中，针齿轮有六支围住小齿轮轴心的水平小横杆。大齿轮一天转一圈，而小齿轮则以高四倍左右的圆周速度一天转 20 圈。这么一来，就算大齿轮出现磨损的情况，小齿轮都可以保持天文钟按刻报时的准确度。与此同时，小齿轮能够有效地使大钟在每天凌晨一时，只敲打一次。从右图所见，大齿轮的第一、二个齿槽之间并没有轮齿，即便有，也会因为太小而容易断开，所以，扣子只能够接触到小齿轮弧长为一的轮齿。

上述的数列能够不断被建构出来，直至无限

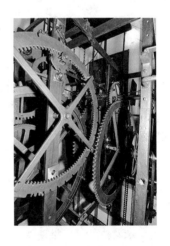

天文钟详图中小齿轮的位置。图中的扣子卡在大齿轮的 18 时与 19 时之间的齿距上

359

大。可是，并不是所有周期数列都拥有如此巧妙的总和特性。例如，我们可以很快便知道1，2，3，4，5，4，3，2不可用，因为 $6 < 4 + 3$；而1，2，3，2也不可用，因为 $2 + 1 < 4 < 2 + 1 + 2$。

布拉格天文钟很可能是世上现存少数装有如上所述零件的大钟当中最古老的一个。正因上述完美的总和特性，美国数学家斯洛恩把1，2，3，4，3，2，1，2，3，4……称为时钟数列（clock sequence）。

三角形数与周期数列的关系

本节简洁地论述三角形数：

$$T = 1+2+...+k, \ k = 0, 1, 2,...$$

与天文钟的关系，并找出所有跟时钟数列1，2，3，4，3，2拥有相同特性的周期数列，亦即可应用在小齿轮构造的周期数列。设 $N = \{1, 2, ...\}$，若对任意正整数 k，存在一个正整数 n 使得

$$T_k = a_1+...+a_n \tag{1}$$

成立，那么该周期数列 $\{a_i\}$ 会被称为辛蒂尔（Šindel）数列，其中等号左边的三角形数 T_k 等于大齿轮所有时刻的总和 $1+...+k$，而右边数字的总和则表示小齿轮相应的转动圈数。我们已经证明了，上述条件可被一个弱得多的条件所取代，只需要有限个 k，那就是，序列 $a_1+a_2+...+a_p$，$a_1+a_2+...$ 的周期长为 p，若存在正整数 n，使等式（1）对 $k = 1, 2...,$ $a_1+a_2+...+a_{p-1}$ 成立，那么该数列就是辛蒂尔数列。这样便可在有

每行上面的数代表了小齿轮的小节的长度；而下面的数表示第 k 个小时大钟敲打的次数

限的运算次数中，检查某一周期 $a_1, ..., a_p$ 能否得出辛蒂尔数列。

其他具有数学及科学意义的名胜

离天文钟几米远的地方，竖立着一个爱因斯坦纪念牌，纪念他在 1911 年至 1912 年间，在旧城广场十七号暂住的岁月。纪念牌旁边的哥德式教堂泰恩（Týn），安放了建于 1601 年的第谷的墓冢，供游人参观。沿旧城广场向前走，一直到契里特纳大街（Celetná Street）25 号，就会看见波尔查诺纪念碑。

旧城广场附近还有其他科学家的纪念碑及半身塑像，同样也值得参观。这些人物包括爱因斯坦（Vinicná 7 号、Lesnická 7 号）、多普勒（查理广场 20 号、

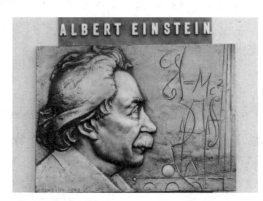

爱因斯坦纪念牌

多普勒纪念碑

波尔查诺纪念碑

开普勒与第谷的大型雕塑

Obecniho Dvora 7 号）、开普勒（查理大街 4 号、Ovocnýtrh 12/573 号），以及位于 Parlerova 街 2 号的开普勒和第谷的大型雕像，等等。

作为旅游热点，布拉格拥有不同历史风格的建筑物，罗马式、哥德式、文艺复兴、巴洛克等风格的建筑在市内比比皆是，因此被誉为最美、最浪漫的中欧城市之一。这里有宏伟的布拉格城堡、艺术家和巴洛克雕塑处处可见的查理大桥（Charles Bridge），还有泥巴妖怪勾勒姆（Golem）传说的发源地——犹太区。相传勾勒姆是由德高望重的犹太教师罗乌（Rabbi Loew）在 16 世纪末左右制造，用来帮助当时居住在布拉格的犹太人对抗迫害。此外，布拉格也是欧洲的文化重镇，拥有浓厚的音乐传统，历史上曾有多部著名作品在此公演。1787 年 10 月 29 日，享负盛名的莫扎特歌剧《唐璜》在查理大学附近的艾斯特歌剧院（Estate Theatre）首度公演。总括来说，不管你对数学是否感兴趣，布拉格都会给你带来无穷乐趣。

鸣谢

本论文由捷克科学院的院校研究计划（编号 AV0Z10190503）及研究基金（编号 IAA100190803）资助。感谢 Jakub Šolc 先生提供图像技术支持。

作者简介

M. Krizek，捷克科学院数学研究所高级研究员，布拉格查理大学数学教授。

A. Solcova，捷克理工大学信息技术学院副教授。

L. Somer，美国天主教大学数学教授。

Assertiones Meæ
De miranda Magnetica Virtute.

Experimentum unicum
quo dia falsa, haic de re, industria facile compescuntur,
& diligentius, Vis a fundamentis eruditur, ac describitur.

好书推荐

BOOK
RECOMMENDATIONS

《10000 个科学难题（数学卷）》

张智民

科学出版社的《10000 个科学难题（数学卷）》于 2009 年 5 月问世。由李大潜院士牵头的编委会由 47 位国内知名数学家组成。251 个数学问题用去了 551 页的篇幅。虽然在 10000 个科学问题中占的比例仅仅是 1/40 多一点点，但其内容涵盖数学领域的方方面面，从传统的数论、拓扑、几何、代数、分析、微分方程、集合论、数理逻辑、函数论、图论，到近代兴起的科学计算、随机过程、现代统计学、分形理论、计算复杂性理论、动力系统、弦理论、密码学，以及围绕相对论的数学理论，几乎无所不包。作者基本上由编委会邀请产生。其中有老一代德高望重的大师级人物如吴文俊（第 471 页），但更多的是 1977 年恢复高考之后进入大学的新一代数学家。除少数几个例外，作者几乎是清一色的中国人，包括在我国研究所或高校工作以及在海外就职的数学家。

本书的大部分问题由一位数学家提供，另有 44 个问题是两位作者供稿，只有一个问题有三个合作者（第 413 页）。

《10000 个科学难题（数学卷）》封面

供稿最多的个人是清华大学的冯克勤教授，独揽 5 项问题（分别是第 122 页、131 页、133 页、136 页、460 页）。另外兼有 5 项问题的作者都有合作者。

值得注意的六点：第一，作者大部分是"77 后"，他们是在改革开放以后进入大学的，说明了我国数学界的中坚力量已实现了历史转型，走出了"文革"造成的十年断代的阴影。第二，计算数学的很大一部分作者来自海外，从另一个方面提示这是一个新兴的学科。第三，与纯数学不同，计算数学很难提出几个像黎曼猜想（第 126 页）那样干净利落的问题，有的往往是一个新的领域。第四，有 3 个希尔伯特问题入选，它们是：第九（133 页）、第十二（136 页）和第十六问题（293 页）。第五，有几个千禧年百万美元问题入选，如 Navier-Stokes 问题（第 327 页）和量子杨－米尔斯问题（第 381 页）。第六，就风格而言，本书可谓百家争鸣。上百名作者，风格各异。各个问题的篇幅很不相同。

最长的一篇（第 114 页）包括参考文献共 8 页，俨然是一篇论文。而最短的不足 1 页。

有人说，庞加莱是最后一位数学通才，最后一个以全部数学，包括纯粹和应用数学作为研究领域的人。如今数学的分支是如此之多，可以肯定，没有哪一个人可以读懂本书的所有内容，因为大部分问题是面向专家的。除少数问题外，即使从事数学工作的专业人员，也只能完全明白与自己领域相关的那些问题。就领域而言，恐怕只有一个例外，那就是数论。很多数论问题，稍稍有些数学知识的读者就可以理解问题本身。这也许又一次印证了"数学是科学的皇后，而数论是数学的皇后"这一说法。

对于任何一个从事数学专业的人员，本书都是一本不可多得的参考书。即使对其他专业的科学工作者，它也具有相当的参考价值。人们可以在书中找到专家对一些著名世界数学难题的精确而又通俗的解读。比如围绕哥德巴赫猜想，自从 1978 年《人民文学》第一期徐迟的报告文学问世以来，存在着种种神话和误解。

读过中国科学院贾朝华研究员的注释（第101页），就会对这个著名猜想有一个全面的了解。

对于教育工作者回答学生关于数学难题的疑问，本书无疑具有相当高的价值。

数学领域的最新发展，将费马大定理以及庞加莱猜想从未解决的著名数学问题的名单中去掉了。出版这套书的意图之一就是唤起有志于献身数学研究的青年树立远大目标，争取以自己的辛勤工作甚至毕生精力让更多的题目从本书的再版中消失。

本书被列为"十一五"国家重点图书出版规划项目，16开本，装帧堪称一流，达到国际标准。清新的封面封底设计让人耳目一新，摆在书架上有一定的装饰效果。翻开书页，纸质厚实光洁，字迹醒目。最后要提一下定价：人民币118元。比起欧美同样产品价钱要便宜很多，而在质量上却毫不逊色。

作者简介

张智民，马里兰大学应用数学博士，北京计算科学研究中心教授，《数学文化》期刊编委。

卢丁和他的《数学分析原理》

——谨以本文纪念赵慈庚教授百年诞辰

蒋 迅

卢丁，著名数学教育家

卢丁（Walter Rudin），1921 年 5 月 2 日出生在维也纳的一个犹太家庭里。早年的卢丁有些不幸。1938 年德国吞并奥地利时全家逃到法国，1940 年法国投降时，卢丁又逃到了英国。在英国，他加入了皇家海军，直到二战结束。战后，他到了美国。1945 年秋季他到杜克大学攻读博士学位，1949 年 6 月获得了博士学位（《数学分析原理》封底处的作者简介介绍说 1953 年是不对的）。然后他在麻省理工学院、罗切斯特大学任教数年，这本《数学分析原理》就是他在麻省理工学院教书时写的。当时他获得博士学位才两年。之后他转到威斯康星大学的麦迪逊分校任教授直至退休。在杜克，他与另一位数学家玛丽·艾伦（Mary Ellen Estill）相遇，1953 年结婚，晚年一起居住在威斯康星州的麦迪逊。卢丁于 2010 年 5 月 20 日去世。

卢丁一共写过 7 本书：著名的分析学三部曲《数学分析原理》《实分析与复分析》《泛函分析》，以及《群上的傅里叶分析》《多圆盘上函数论》《单位球 C^n 上的函数论》和自传《我记忆中的路》（*The Way I Remember It*）。其中，《数学分析原理》和《实分析与复分析》常常分别被数学学生称作"小卢丁"（Baby Rudin）和"大卢丁"（Big Rudin）。而被称为"小卢丁"的那本就是我要介绍的《数学分析原理》（*Principles of Mathematical Analysis*）。

卢丁的《数学分析原理》是古典分析的经典教科书，在美国很受欢迎。即使像陶哲轩那样的著名教授，已经写了自己的《陶哲轩实分析》，也仍然使用这本书作为教材。它恐怕是数学教材中被引用最多的教材了。美国的数学系教程设计与中国有些不同。美国的理工科大学生在入学后不管是哪个系的都统统学微积分课。这样做对数学系学生的好处是：第一，数学系学生可以更多地接触到应该得到的感性认识和大量的广泛的应用；第二，万一发现自己不适合留在数学系的话，可以立即转系而不会有什么不适应（同样，其他系的学生转到数学系也相对容易）。当一个数学系学生决定自己要学这门课时，他应该已经学完了基本的微积分课，也通过线性代数、离散数学等课程得到了严格推理的基本训练。卢丁的书正是基于这个背景写的。因此，它的起点比较高，特别是字里行间有些有意识的"遗漏"。这对学生也许是一个挑战，但如果你真的喜爱数学的话，不正是因为数学富有挑战吗？所以，当你读这本书的时候，一定不能跳跃，而是要扎扎实实地读懂每一行、每一段，补上证明中"遗漏"的步子。

笔者看到有些人表示对此书的失望，很可能就是因为他们没有真正地做好了准备就匆忙开始阅读了。

本书由实数和复数的简单讨论开始（第一章），但这一章的最大亮点是在它的附录里：戴德金分割。它告诉你如何通过有理数来构造无理数。第二章是基本的拓扑知识，这些都是后面要用的。所以它们看似简单，但不能忽略。注意作者在这里讲的仅仅是拓扑空间的一个特例：距离空间。更广义的拓扑学需要专门的课程。这样的处理与中国不同。其原因还是因为它已经假定了读者有微积分的基础了。第三章中的数列和极限也是后面要用到的基本知识，这些对于中国的学生也许不太难。作者把极限的正式引入推迟到数列的收敛之后（第四章）显然符合循序渐进的原则，也是国内大多数教材的思路。

注意作者这时候已经不是在普通的实数空间里了，而是在一般的距离空间里讨论了。这样的高起点将在后面发挥作用。假如你已经学过初等微积分的话，第五章讲微分可能没有太多的挑战，读者应该注意洛必达法则的重要性，积分部分（第六章）关于黎曼－斯蒂尔吉斯积分的一章是作者在第三版花了较大功夫的部分。这是在初等微积分的基础上对积分概念（实值、复值和向量值）的严格化。注意有些定理是基于黎曼积分进行讨论的。其中的微积分基本定理、分部积分是极为重要的。函数序列与函数项级数（第七章）是第三章中数列与级数讨论的延伸。这可以说是本书最重要的部分了。本章要解决的是两个极限交换的问题，魏尔斯特拉斯一致逼近定理起了关键作用。有了第七章的准备，作者在下面的一章里讨论了一些特殊函数。指数函数是作为一个特殊的幂函数被定义的，对数函数和三角函数则从指数函数导出。傅立叶级数的内容很重要。

注意正如作者指出的，对傅立叶级数的许多讨论需要后面第十一章里的勒贝格积分。关于 Γ 函数的一段可能不太重要，不过，如果你将来想往概率统计方向发展，还是不应该放过的。第九章转到多元函数。作者首先介绍了线性代数的基本性质。但是线性代数不能仅仅被看成是学习多元微积分的工具。本章里的线性算子就是泛函分析中的更为抽象的巴拿赫（空间中的重要概念）。反函数定理是另一个重要的内容。第十章是微分几何导引，主要

369

是斯托克斯定理。笔者所在学校当年是单独作为一门课"流形上的微积分"来讲授的。

坦率地说，它有一定的难度。不过，对于想向微分几何或偏微分方程方向发展的同学，这是不能放弃的一章。第十一章讲的是勒贝格积分，这一章对于本书来说似乎有些超出了范围。笔者认为读者不必过于勉强。有许多其他的课本是专门讲这个课题的。

不用说，一本好的教材必须配有好的练习题，这本书也不例外。作者把许多重要的结果和重要的反例放在了习题中。许多习题都有提示。读者应该认真地尝试本书中的所有练习题（注意，习题的难易不一定是从易到难的）。除非你像陶哲轩那样聪明，不然很有可能有些题会难倒你。但是，你会发现受益匪浅。

如果你有更多的精力，或者你的老师推荐的话，不妨将本书和《陶哲轩实分析》一起阅读。

笔者还建议同学可以结合西尔维亚（Evelyn M. Silvia）教授写的辅助材料一起阅读，这样可能会相对容易一些。

当然这要求读者有一定的英文阅读能力。笔者曾经与西尔维亚教授在加州大学戴维斯分校共事。她是一位极其敬业又充满精力的好老师，长期致力于中小学数学教育。

可惜她在 2006 年 1 月因癌症去世，终年才 57 岁。

作者在前言中提到，本书"说到了美国数学月刊或数学杂志上出现的作品，以期学生逐步养成阅读期刊文献的习惯"。笔者认为这是一个很好的尝试。原书最后有一个"重要符号表"，在译本中放在了最前面。这样做很有意义。否则放在最后的话，同学们可能在读了许多章之后都不知道有这个表的存在。原书还有一个索引，可惜在译本里没有被收入进去，在重新印刷时最好能补上。

作者在一些叙述上有一点小的错误，比如实数和广义实数、实数和复数的陈述缺乏一点精确性，读者可能需要留心一点。

《数学分析原理》封面

《数学分析原理》（原书第3版）由北京师范大学的赵慈庚教授和蒋铎教授翻译，先由人民教育出版社出版，后由机械工业出版社重新出版。两位先生都已经作古，所以本书是他们献给同学们的最后礼物。今年是译者赵慈庚教授100周年诞辰。我们介绍他和蒋铎教授的译著以作为对他们的纪念。这本书的中英文版本在网上有电子版，但是作为一本数学分析的经典书，它是所有数学工作者的必备图书之一，很难想象会有人不舍得花二三十元人民币而让书架上缺少它。我相信，读过本书的人都会同意的。

写于 2010 年

我读《数学恩仇录》

——深刻领略了数学理性与感性的丰富乐章

蔡炳坤

我从小就喜欢数学。并不是对数学特别有天分，也不是碰到特别好的数学老师，而是因为只要上课听懂了（这句话很重要，数学的学习重在理解），就可以在大大小小的考试中得高分，不必像其他科目必须背诵许多东西，记得当年参加高中联考的时候，数学几乎考满分。印象中，从小学到初中，每次作文题目"我最喜欢的科目"，我都毫不犹豫地写"数学"。后来进了师专以后，注意力转移到了音乐方面，也就慢慢与数学疏远了。直到四年前，我的孩子高中毕业选择"数学系"当第一志愿，我才又开始接触与数学相关的议题或书籍。我的学校——建中，又是台湾高中数学学科中心学校，所以有机会经常与杰出的大学数学教授、优秀的高中数学老师讨论相关课题，多少也熏染了一些数学的专业氛围。

日前接到五南图书编辑部门邀我撰写《数学恩仇录》导读的讯息，的

《数学恩仇录》封面

确有所犹豫，我主修的领域是教育，而非数学，如何能够胜任这项专业的工作呢？但当开始试着阅读时，竟然流畅得停不下来，爱不释手于每个事件的情节中。总的来说，从本书颇具吸引力的译名开始，就注定了它的"成功"。主标题《数学恩仇录》（*Great Feuds in Mathematics*）使人不由得联想到著名作家大仲马所著的《基度山恩仇记》（*Le Comte de Monte-Cristo*，一部脍炙人口，描写善有善报、正义伸张的小说）；副标题《数学史上的十大争端》（*Ten of the Liveliest Disputes Ever*）则点名了本书描述的其实就是十个深富哲理与人情世故的有趣故事（篇篇读来畅快淋漓，让人废寝忘食），虽然当中有诸多难解的数学公式、深奥的解题方法和艰涩的专有名词，但并不影响故事情节高潮迭起的巧妙铺陈。书中内容更多的是对人性好恶的探索、对学术伦理与价值观冲突的描述以及激情过后的深刻省思等，趣味中带着泪水，科学中蕴含人文哲理。我虽自不量力，但非常乐意地带领年轻的莘莘学子，一起领略这篇充满数学理性与感性的华彩乐章。

作者哈尔·赫尔曼选择 16 年世纪中叶作为本书选材的起点，首先登场的便是塔尔塔利亚（Niccolo Tartaglia）和吉罗拉莫·卡尔达诺（Gerolamo Cardano），这两位意大利数学家谁才是求解三次和四次代数方程的原创者？又究竟卡尔达诺曾经对塔尔塔利亚做出什么样的承诺，自此一再遭受"背信弃义"的严重指控？凡此种种都在 1545 年《大技术》一书出版后被引爆开来，这本书，直到现在，仍被众多学者认为是文艺复兴时期的科学杰作之一，可与维萨里的《人体构造》、哥白尼的《天体运行论》相提并论。

令人惊讶的是，直到 1576 年，两人相继去世后的 30 余年间，"授权"与"剽窃"之争从未间断，公说公有理，婆说婆有理，虽未对簿公堂，但在数学界所掀起的轩然大波，果真是"罄竹难书"，对这两位数学家而言，或有"既生瑜，何生亮"的遗憾情结，但就整个数学界的发展来说，也未必全然是负面的，作者写下了这样的脚注："当塔尔塔利亚和卡尔达诺两人鹬蚌相争时，毫无疑问地，数学是那个得利的渔翁。"读过精彩的原创之争，想必您心有戚戚，在知识产权尚未充分彰显的那个年代，数学家不得不对自己的创见有所保留，在展现某些问题的解法时，对所用的方法保密，以免被他人据为己有。有人可以终其一生为捍卫原创而战斗，姑且不论真相如何（似已成为罗生门），但其维护自身权益、不计毁誉、奋战到底的意志，倒是值得仍多少存在抄袭现象的今之学界，引以为鉴。

接下来的这个故事更精彩了（第二章）。

众所周知"我思，故我在"出自法国哲学家勒内·笛卡尔的名言，他在1637年所发表的《方法论》中以"一种系统化的怀疑"的哲学思考方式写道："不能确知是对的事，不要接受。这就是说，在判断时谨慎地避免仓促和偏见，只接受那些截然清晰地印在脑中不容置疑的东西。"这本书是好几个学科领域的里程碑论著，涉及哲学、科学史以及数学思想。有人把它与牛顿的《自然哲学之数学原理》一书相媲美，并认为它为17世纪数学的伟大复兴作出了卓越贡献。人们多半因为这本书，普遍地把统一代数和几何，甚至是创立解析几何的荣誉归于笛卡尔。

的确，"笛卡尔坐标系统"就是以他的名字命名的。然而，笛卡尔在《方法论》三篇文章中的两篇（折射光学与几何），却成了与同是法国人的业余数学家皮埃尔·费马争论的焦点。"费马最后定理"（Format's Last Theorem），也是无人不知、无人不晓的重大发现。著名的数学史学家贝尔（E. T. Bell）在20世纪初所撰写的著作中，称费马为"业余数学家之王"（他具有法官和议员的全职工作）。贝尔深信，费马比他同时代的大多数专业数学家更有成就。

17世纪是杰出数学家活跃的世纪，而贝尔认为费马是17世纪数学家中最多产的明星。在近20年的数学争端中，贝尔如此形容："让脾气有些暴躁的笛卡尔和沉稳内敛的'Gascon'费马并驾齐驱，看来极不自然。在关于费马切线理论的争议中，这个好战的家伙（笛卡尔）经常烦躁易怒，出语刻薄，而这位不动声色的法官却表现得真诚、谦恭。"读过笛卡尔和费马在数学理论上的争辩，颇令人有文人相轻之慨，未到最后关头，胜负难分，但话说回来，所谓的"真理"愈辩愈明，亦随着时间的变化而被凸显出来，作者对此写下令人玩味的脚注："一场旷日持久的争斗诞生了一个明显的胜利者和失败者。但具讽刺意味的是，胜利者（指笛卡尔）从争斗中受益微薄，而失败者（指费马）却被争斗激发，提出了科学上一个重要的原理，为微积分的发展打下了重要的基础。"的确是如此，笛卡尔渐渐远离了数学，专注在哲学和形而上学的研究，在尊敬和赞誉声中结束了荣耀的一生。而费马则继续钻研数学，默默耕耘，并作出好几项重大贡献。

相较于前述两位意大利数学家"原创"之争、两位法国数学家"理论"之争，接下来要登场的是英德"微积分发明"之争，主角分别是伊萨克·牛顿与威尔海姆·莱布尼茨（第三章），两人从未谋面，但因为这两人的追随者富有侵略性的行为，这场争端狂热地持续了一个多世纪，难怪科学史家丹尼尔·布尔斯廷将他们的争端命名为"世纪景观"。牛顿的主要兴趣在于用数学方法解决自然科学问题，万有引力理论的提出就是明证，但莱布尼茨则像笛卡尔一样，希望在哲学上有重大创建，认为数学可以为他开路。前者在英国被奉为偶像，并受封为爵士，1703 年被推举为皇家学会的主席，并连年当选，直到 1727 年去世为止，且被授予国葬尊荣；后者的声望在欧洲大陆也是快速增长，1699 年法国科学院制作的外籍院士名单中，牛顿排名第七位，而莱布尼茨则排在第一位，他在符号逻辑和微积分，还有其他诸多领域，特别是宇宙论和地质学，都做了很重要的早期研究，只是到了晚年，微积分的争议事件给他蒙上了巨大的阴影，凡事皆不顺利，1716 年在汉诺威去世时，只有生前的一位助手参加葬礼，令人不胜唏嘘！究竟这两位杰出的天才，谁才是微积分的首创者呢？总的来说，在微积分发展上，牛顿约在 1665 年—

1666 年，而莱布尼茨则在 1673 年以后，是由牛顿领先；至于在微积分的发表上，莱布尼茨在 1684 年—1686 年，而牛顿则在 1704 年以后，却是由莱布尼茨领先。简单地说，牛顿先发展了微积分，但没有公诸于世，莱布尼茨先发表了微积分，而且他的方法更好用，也确实先投入运用。这项首创的荣誉应该归谁呢？他们各自的国家都诉说着完全不同的故事。这场争论并没有因为两人的去世而停歇，并导致了两个重要的结果：一是两派数学家之间的关系破裂了，一直持续到 19 世纪；二是在莱布尼茨微积分的基础上，欧洲大陆的数学家在 18 世纪取得了飞速的进步，大大地超越了英国的数学家。是以，作者写下了如此简短而有力的脚注："莱布尼茨输了那场战役，却赢得了整场战争。"您说，不是吗？哇！连着三大争端读下来，过瘾极了！在接下来的故事中，有兄弟阋墙者（第四章）、有观点不同者（第五章），前者便是瑞士的伯努利兄弟，哥哥雅各布透过自学钻研数学，33 岁已经成为巴塞尔大学的教授，莱布尼茨对他有相当高的评价。弟弟约翰原本学医，但与雅各布一样，心在数学，所以私底下跟着哥哥学习数学。他们两位是首先认识到微积分的重要性，并将其投入运用、向世界宣传它的意义的数学家。然而，他们之间却也为了谁的地位更崇高而发生了激烈的论争，最后爆发了一场彼此之间公开的数学挑战。而后者便是英国的托马斯·赫胥黎和詹姆斯·西尔维斯特，赫胥黎是一位有着崇高威望的科学家，在动物学、地质学和人类学领域都作出了重要的贡献，他对当时新提出并广为人所憎恨的"进化论"的捍卫，为他赢得了"达尔文的斗牛犬"的称号，他喜爱科学，在他的脑中，科学是生命的一部分，对于数学，他却敬而远之，他把数学看成一种游戏，但与科学无关，所以他说"数学对观察、实验、归纳和因果律一无所知"。简而言之，"它对实现科学的目的无用"。这话可把西尔维斯特给惹恼了，他是犹太人，是个桀骜不驯、饱经磨难的人，是一位才华横溢的数学家，也是一位斗士、一位出色的演说家。1869 年，时为英国协会（也称英国科学促进协会）数学和物理学分会主席的西尔维斯特，在他的讲话中，回应指出："数学分析不断地援引新原则、新观念和新方法，它不能用任何言语来定义，但它促使我们大脑里内在的能量和活力爆发出来，通过持续地审视内心世界，不断地激发我们观察和比较的能力。它最主要的手段是归纳，它需要经常求助于试验和确认，它给我们最大程度地发挥想象力和创造力，提供了无尽广阔的空间。"当斗牛犬遇上斗士，各自迥异的观点令人窒息，"但对于英国教育和美国教育系统来说，他们能够并肩作战，实是我们的幸运"。作者如是说。

欧几里得一个广为人知的"普遍观念"是：整体大于它的部分。这个观念在 19 世纪 70 年代早期，被一位不知名的数学家质疑，他主张：就对数和数论来说，整体不一定大于它的部分。

他就是创造了集合论，并将集合论和无穷这两个观念结合起来，提出了无穷集，为数学世界开创了一个广阔新领域的格奥尔格·康托尔。他大胆寻求突破的行动，对利奥波德·克罗内克这位保守的知名数学教授、曾经友好地支持过他的老师来说，就像是"数学的疯狂"，克罗内克毫不客气地批评康托尔是一个科学骗子、叛徒、青年的败坏者。对于这场长达数十年的康托尔与克罗内克的争端（第六章），两位社会学家柯林斯和瑞斯提沃提出了一个有趣的观点："克罗内克和康托尔之间的斗争，不是传统和创新的数学形式之间的冲突，而是新典范的竞争。克罗内克不是数学上的传统主义者，为了反对当时的无穷和无理数、超越数和超限数等观念，他被迫在一个激进的新基础上重建一门新数学，他的成果预示着20世纪直觉学派的诞生；正如康托尔成为形式主义运动的先驱一样。两个派别都希望数学变得更严密，但在如何达到这个要求上，他们有很深的分歧。"延续上一章的话题，竭力想创建新数学理论的康托尔，其理论相继受到严峻的挑战，1900 年，第二届国际数学家大会在巴黎召开，著名的德国数学家戴维·希尔伯特指出：康托尔的连续统假设还没有找到证据。1904 年，第三届国际数学家大会在海德堡举行，来自布达佩斯的著名数学家朱尔斯·柯尼希宣称：康托尔连续统的势不是任何阿列夫数。对此，来自哥廷根大学的年轻数学家恩斯特·策梅洛跳出来维护了康托尔，策梅洛不仅指出了柯尼希的错误，并认为证明康托尔的良序原理是完善集合论的首要工作，且进一步提供了证明良序原理所需要的关键步骤，此步骤的假定被称为"声名远播的公理"（因为在很多国家、很多数学家之间激起回响），有赞成的，当然，也有反对的。最主要的反对者是法国的数学家波莱尔，从根本上来说，波莱尔在直接挑战策梅洛"从每一个非空子集中，可以挑出或指定一个元素作为特殊元素，这样，我们就可以创建一个良序集合"的主张，也反对选择所谓的"公理"，因为它需要无穷次操作，这是难以想象的。波莱尔和策梅洛的"公理"之争（第七章），一直没有被完全地解决，《数学中的现实主义》一书作者佩尼洛普·马迪倒是作出这样的诠释："这整段历史插曲中最具讽刺意味的是，对这个公理最强烈的反对正是来自法国分析家小组——贝尔、波莱尔和勒贝格，而他们却在无意中非常频繁地用到它，他们的工作部分地说明了数学中不可缺少它。"1901 年的春天，数学家们都面临着伯特兰·罗素"悖论"的挑战（第八章）。这位由哲学家转变而成的英国著名数学家，提出了一个乍看之下很简单的问题："他假定一个由所有不是自身元素的集合所组成的集合，称这个集合为 R。然后他问：集合 R 是它自身的一个元素吗？如果是，那么它不符合这个集合元素的定义；如果不是，那么它是这个集合的一个元素。"这个悖论有着深刻的寓意，早期的集合论考虑过包容一切事物的泛集合的可能性，现在看来，这是不可能的，不是每种事物都能形成集合。它居然动摇了集合论和它所支撑的广阔数学领域的基础。由于它没有答案，所以是一个悖论，或者说是个矛盾。当罗素提出他的悖论时，也已经开始致力于他在逻辑主义上的努力，他坚信纯粹数学可以建立在少数基本的、合乎逻辑的观念基础上，所有的命题都可以从一小部分基本的、合乎逻辑的原理推导出来，他也希望能够解决这个悖论，《数学原理》便是在这样的努力下问世的。对此，备受推崇的法国数学家莱尔斯·庞加莱对罗素的逻辑主义发起了一个全面的批判。这位在数论、拓扑学、概率论和数学物理等领域都有建树的数学科学家，和罗素之间的一系列争论和反击从 1906 年持续到 1910 年，虽然两人彼此非常尊重，但攻击起对方来毫不犹豫。

就在罗素"逻辑主义"方兴未艾之际，数学界已经同时领会了戴维·希尔伯特的代表作《几何基础》，在他的观点中，有一个想让公理化体系更普遍的愿望，他想建立首尾一致的算术公理体系和从它们开始推导的步骤。他还认为，给罗素等人带来问题的悖论是由所用语言的语意内容造成的，也就是说，是由语句的模糊造成的。就这样，以希尔伯特为代表的形式主义学派诞生了。但是，就在这时，荷兰数学家布劳威尔持有一个针锋相对的立场，他相信人类存在着根深蒂固的关于数学基础的思考模式，大部分以数学方式提出来的东西只不过是装饰而已，他成为后来被称为直觉主义数学学派的旗手。在希尔伯特与布劳威尔的论战中（第九章），所有的分歧——包括参与者的国籍，都派上了用场。当论战扩大到欲拉拢彼此的支持者时，选择保持中立的爱因斯坦形容它就像是一场"青蛙和老鼠的战争"。

最后，作者回顾了一个很多年来令数学家苦恼并着迷的问题：数学的进步是发明还是发现？虽然它本身相当有趣，但也引发了一场论战（第十章）。绝对主义或柏拉图主义的拥护者，把数学看作是客观和精确的，他们运用数学非凡的能力来描述自然和技术中的运动和形态，并主张：真正的数学知识是完美和永恒的（所以说：数学的进步是发现）。持相反意见的是易误论者与建构主义者，他们把数学看成是一个不断进步的活动，甚至主张：某些数学进展被接受是建立在数学家的权威基础上（所以说：数学的进步是发明）。您认为呢？全书到这里告一段落，您是否也有意犹未尽的感觉？作者留下了这样一段话："但我可以期待，或至少可以希望，每一次危机之后，数学界将会从以前所发生的事中学到某些东西，从而变得更强大、更聪明。"作者是否为下一部著作预留了伏笔？值得进一步期待。

作者简介

蔡炳坤，台湾政治大学教育学博士，曾任台北一中校长。

为天地立心

——读《一代学人钱宝琮》

李伟元

积人积智几番新，算术流传世界真。

微数无名前进路，明源活法后来薪。

存真去伪重评价，博古通今孰主宾。

合志共谋疑义析，衰年未许作闲人。

——钱宝琮《〈中国数学史〉定稿》

　　在中国数学史研究领域，曾流传着"南钱北李"的说法："北李"李俨先生与"南钱"钱宝琮先生的研究工作并驾齐驱，是数学史界公认的缔造者、奠基者。著名科学史家李约瑟博士（Dr. Joseph Needham, 1900—1995）评价："在中国的数学史家中，李俨与钱宝琮是特别突出的。钱宝琮的著作虽然比李俨少，但质量旗鼓相当。"著名数学家华罗庚院士说："我们今天得以弄清中国古代数学的面貌，主要是依靠李俨先生和钱宝琮先生的著作。"吴文俊院士说："李俨、钱宝琮二老在废墟上挖掘残卷，并将传统内容详作评介，使有志者有书可读、有迹可循。以我个人而言，我对传统数学的基本认识，首先得于二老的著作。使传统数学在西算的狂风巨浪冲击下不致从此沉沦无踪，二老之功不在王梅（清初天算家王锡阐、梅文鼎）之下。"作为一名科学技术史（数学史）专业的学生，自初窥门庭便闻李钱二老大名，高山仰

止，心向往之。近日有幸拜读钱宝琮先生
之孙钱永红先生著作《一代学人钱宝琮》
（浙江大学出版社 2008 年第 1 版），对钱宝
琮先生的治学之道、处世之德有了更深的
认识，如张载之言："为天地立心，为生民
立命，为往圣继绝学，为万世开太平。"

钱宝琮（1892—1974），字琢如，浙
江嘉兴人。1907 年，考入苏州省立铁路学
堂土木科；1908 年，考取官费留学生，就
读于英国伯明翰大学土木工程系；1911 年，
获理科学士学位。1912 年回国后，曾先后

《一代学人钱宝琮》封面

在江苏省立第二工业学校、南开大学、南京第四中山大学、浙江大学等多所
院校任教，培养出陈省身、吴大任、江泽涵、申又枨、张素诚、程民德等一
大批中国当代著名的数学家，华罗庚亦以师长称之；同时业余从事中国数学
史与中国天文学史研究，成为这两学科的奠基人。中华人民共和国成立后，
钱宝琮先生于 1956 年奉调中国科学院历史研究所任一级研究员，1957 年与
李俨先生共同组建了中国自然科学史研究室，开始了科学史研究的职业生
涯，任中国自然科学史委员会委员、《科学史集刊》主编。

1958 年，钱宝琮先生虽年近古稀，仍发宏愿编撰"一套为中学数学教师
服务的浅近世界数学史丛书，主要说明中学数学教科书（包括算术、代数、
几何三角、解析几何）中诸多内容的来源"，并撰写《算术史》部分。遗憾
的是因各种原因未能出版，书稿也在"文革"中散失。

钱宝琮先生的晚年，虽已缠绵病榻，但他仍念念不忘数学史研究之愿，
向自然科学史研究室的军宣队提出请求："我还有些志愿，如：1. 想费些功
夫修改我原来写得不好的《中国数学史》；2. 研究印度数学史来考证印度中

古时代数学家究竟于中国古代数学有多少影响；3．中国古代数学和印度、阿拉伯数学与现在工农兵所学数学有关，究竟有所发展，有所进步，我们既然为人民服务，应该写一本现代的数学发展史，以及我国古代的物理学史，如《墨经》和《考工记》中的自然科学等。"其心拳拳，其情殷殷，令人思之潸然泪下。

中国史学传统源远流长，历代史书里都有与科学史相关的史料记载，到了清代已经出现了专门记述数学家、天文学家的传记专著《畴人传》（阮元等撰），但"略具其雏形，可为史之一部，而不足以概全"，并且"各传记将天文家、算学家合称畴人，著在一篇，于各家的生死年月和著作年代，都未深考；往往序文凡例连篇记人，而制作此序文的年月，反漏列不记。即各书精华、学派流传和社会的背景，亦全没有顾到"（李俨语）。

李钱二位前辈筚路蓝缕，承五四新文化运动精神，首次系统、全面地考察、研究中国数学的发展历史，并且构建了中国数学史学科的基本框架、内容和方法；考察了中国古代数学典籍的成书年代、作者、版本嬗递、内容、数学成就，以及在中国及世界数学史上的地位；研究了刘徽、祖冲之、贾宪、秦九韶、李冶、杨辉、朱世杰等中国古代数学家的身世、思想和取得的成就；站在现代数学的高度，系统研究了中国古代分数理论、盈不足术、开方术与高次方程解法、方程术、天元术、四元术、高阶等差级数及内插法等数学成就；首次进行了中国与朝鲜、日本、印度、阿拉伯地区数学的交流与比较研究，得出了从《九章算术》（约 1 世纪前后）到元朱世杰（14 世纪初）中国数学领先于世界数坛的基本看法，初步探讨了中国数学到明代落后的原因。他们卓越的工作堪称数学史界开天辟地之举，对数学史界、天文学史界、历史学界乃至数学界均有所裨益。

北师大数学系（今数学科学学院）与李钱二位前辈渊源颇深。1955 年 11 月数学系傅种孙教授（时任北师大副校长）特邀钱宝琮先生为北师大数学系大三、大四学生和中青年教师开设中国数学史课程，令师生受益匪浅；傅先生并为时任数学系讲师的白尚恕老师布置任务，让他拜李俨先生为师学习中国数学史，北师大数学史研究与教育之途自此发端，薪火相传。钱宝琮先生曾言："中学教师需要教学法，要教好学生，应该知道数学史，了解一个新的概念产生的客观条件是如何从实践中来的。我们的方向是面向国际，还要为中学编出好的参考书。"先师之言对于今天的师范生培养，仍然有着重要的参考意义，是值得学习的。

"文章千古事，风雨百年人。"捧读钱永红先生的作品，不仅敬服于钱宝琮先生其人其事，亦感动于钱永红先生的至孝之心。抚卷沉思，试和题首钱宝琮先生原玉，以拙抒怀：

> 开天辟地创路新，穷经发微但求真。
>
> 不羡黄鹄逐炎燏，愿作精卫衔积薪。
>
> 千古文章传后世，一生清誉感众宾。
>
> 绝学有继泉下慰，永留至道济后人。

作者简介

李伟元，北京师范大学科学技术史硕士，中国科普作家协会会员，现从事科技管理相关工作。

乌拉姆自传

——《一个数学家的经历》

丁　玖

乌拉姆（1909—1984），杰出的美籍波兰数学家

2009 年是杰出的美籍波兰数学家斯塔尼斯拉夫·乌拉姆（Stanislaw Ulam）100 周年诞辰，也是他去世 25 周年。在其生前身后的几十年，乌拉姆，这位不到 20 岁就以证明无穷集合重要定理而留名数学史的神童、极具原创力的几大科学领域的先驱、鲜为人知的"氢弹之父"，他的思想、文章，以及那闻名于世的 150 页《数学问题集》（*A Collection of Mathematical Problems*, 1960），始终不断地给一代代科学爱好者、研究者以启迪与动力。

乌拉姆去世前不久，在他法国太太弗兰科斯·乌拉姆（Francoise Ulam）帮助下撰写的自传《一个数学家的经历》（*Adventures of a Mathematician*,

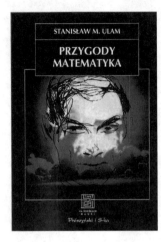

《一个数学家的经历》
波兰文版 / 英文版

1976），是我读过的英文版科学家传记中的最爱。在这本客观、幽默、机智、耐看的自传中，乌拉姆不光忠实记载了自己的一生经历和科学生涯，也妙笔生花地详细描绘了其他数学巨人、物理奇才的有趣个性和逸事逸闻，如别具一格的"控制论之父"维纳。更有价值的是，乌拉姆不时地将他的科学哲学与数学思想穿插于往事娓娓动听的叙述中，最后一章干脆就是"关于数学与科学的随想"。在这里我们聆听着一位"科学先哲"关于数学对现代物理、生物科学新应用的真知灼见。辉煌过去的回忆伴随着更辉煌未来的设想，不正是最好的回忆录所必须具有的吗？我读过美国杰出的物理学家费恩曼英文传记的优秀中译本《迷人的科学风采——费恩曼传》[1]，但还未欣赏过中文版的《一个数学家的经历》。这本书告诉我们：真正的创造性数学研究，不是奥林匹克数学竞赛，而是会创造"黑板或草稿纸上的一些乱涂但会改变人类事态的道路"之奇迹，这连乌拉姆自己也惊奇不止。

---

[1] 约翰·格里宾、玛丽·格里宾：《迷人的科学风采——费恩曼传》，江向东译，上海科技教育出版社，2005。

中国读者，尤其是年轻的一代，可能更知道美籍匈牙利数学家、"电子计算机之父"冯·诺伊曼，而不太清楚乌拉姆的生平和工作。岂不知，年龄相差6岁的他们既是同一个重量级的大纯粹数学家和应用数学家，也是互不嫉妒、心有灵犀的真正亲密战友。哈佛大学数学系丘成桐教授曾说过，与其让中学生上"奥数班"，不如让他们读读伟大科学家的传记。乌拉姆的这本自传，无疑会让求知欲旺盛的读者爱不释手！乌拉姆是犹太人，生于波兰加利西亚省首府Lwow市一个律师之家，很早就有强烈的数学好奇心，4岁就对家中东方地毯上的复杂图形着迷。11岁前，当他目视父亲书房内一本伟大的瑞士数学家欧拉的《代数》时，那"神秘的感觉"油然而生。20世纪上半叶，以谢尔宾斯基（Waclaw Sierpinski）、斯坦豪斯（Hugo Steinhaus）、库拉托乌斯基（Kazimir Kuratowsk）等为代表的波兰数学学派之兴起与壮大，给他提供了让其数学天才得以巨大发展的土壤。从1927年进入Lwow工学院求学起到1936年应冯·诺伊曼之邀访问美国普林斯顿高等研究院止，影响他至深的老师之一便是著名的波兰数学家、现代数学分支"泛函分析"之集大成者巴拿赫（Stefan Banach）。在那个至少在数学界现已名闻遐迩的"苏格兰咖啡店"，不停地提出、讨论，甚至争执于数学问题，在大理石桌面上匆匆记下"思想的火花"，是乌拉姆和他的师友们推动现代数学前进的神圣事业。巴拿赫专门放在"苏格兰咖啡店"内供大家使用的大笔记本记录了这批非同寻常的头脑催生的数学问题和集体思维结果，现已成为著名的"苏格兰笔记"。交谈再交谈，而不是关门死读书，是他一贯倡导的数学研究法。

纳粹德国1939年对波兰的侵略，大批犹太人的被杀，也让身在哈佛的乌拉姆不得不继续留在美国。除了和他一起来到美国读大学的弟弟亚当·乌拉姆（Adam Ulam）外，他在祖国的亲属只剩下两个表弟兄幸免于难。残酷无比的第二次世界大战，使波兰数学界失去了一代骄子，死的死，逃的逃，从此失去了昔日的辉煌。一些后来在美国数学界如雷贯耳的名字，如艾伦伯格（Samuel

Eilenberg)、胡尔维茨（Witold Hurewicz）、卡茨（Mark Kac）、塔斯基（Alfred Tarski）和泽格蒙德（Antoni Zygmund），都是来自波兰的难民数学家。

我第一次听到乌拉姆的大名是在美国选修我的博士论文导师李天岩教授开设的高等研究生课程"[0, 1] 上的遍历理论"时。李教授 30 岁前的三大数学贡献之一是他证明了一类区间映射的"乌拉姆猜想"。讲到导致这个著名猜想的"乌拉姆方法"时，他顺带提及乌拉姆是"氢弹之父"，这让我感到既新鲜又好奇。我早就知道曾任普林斯顿高等研究院院长的美国物理学家奥本海默被公认为"原子弹之父"，也听说过杨振宁教授芝加哥大学博士论文导师、美籍匈牙利物理学家特勒被广称为"氢弹之父"，但从未听说过乌拉姆和氢弹的关系。不久，我的博士论文的灵感居然来自《数学问题集》中的"乌拉姆方法"。几年后，中科院计算数学研究所的周爱辉和我共同解决了一类多维映射的"乌拉姆猜想"。从此，"乌拉姆"在我们的心中扎了根。

工作之后，在任教的大学图书馆，我发现了乌拉姆的自传《一个数学家的经历》，便如饥似渴地读完了它，其第十一章简述了他和特勒的氢弹研究。2001 年美国"9·11"悲剧发生的同一月月底，我在俄亥俄州立大学召开的一个美国数学会会议上，见到曾为乌拉姆合作者的美国数学家莫尔丁（Dan Mauldin）教授，问他乌拉姆是不是"氢弹之父"。他回答我："是的。特勒有很多想法，但大都是错的，而乌拉姆的想法是对的。"1991 年版的乌拉姆自传书中马修斯（William G. Mathews）和赫希（Daniel O. Hirsch）撰写的新版前言，2005 年麦克米伦（Priscilla J. McMillan）出版的书《罗伯特·奥本海默的毁灭和现代军备竞赛的起源》（*The Ruin of J. Robert Oppenheimer and the Birth of the Modern Arms Race*），都告诉我们氢弹发展史上的一些真实故事。

在 1945 年日本广岛、长崎饱受原子弹之难后，绝大多数参与原子弹研究"曼哈顿工程"的科学家，包括李政道教授芝加哥大学博士论文导师、卓越的美籍意大利物理学家费米在内，出于"科学家的良心"，反对继续研制可能毁灭人类的核武器。但是从"曼哈顿工程"始，特勒就全身心地投入氢弹研制，矢志不渝，原因之一是他患上了"冷战思维"的慢性病。但是，特勒原始氢弹模型有"重氢引爆"和"核聚变维持"两大不确定性。乌拉姆和美国数学家埃弗雷特（Cornelius Everett）的计算尺手算以及冯·诺伊曼的计算机复算，加上乌拉姆和费米的大力合作都证实了特勒原始氢弹模型两个基本假设的不可行性。约半年后，一个利用"压缩波传播"的新颖想法出现在乌拉姆的大脑中，这一关键的建议足以解决"重氢引爆"和"核聚变维持"两大困难。1991 年版的乌拉姆自传后记中，他的太太回忆了令她牢记在心的一件事："1951 年 1 月 23 日那一天中午，我发现他正在家中起居室表情奇怪地凝望着窗外的花园，说道：'我找到一个让它工作的途径。''什么工作？'我问。'氢弹。'他回答道，'这是一个全然不同的方案，它将改变历史的进程。'"

对科学思想毫无保留的乌拉姆很快就告诉了特勒这一新方法，后者马上领悟到它的价值。作为物理学家的特勒很自然地将乌拉姆原先设想的导致"压缩波传播"的"机械冲击"改善为"辐射爆聚"。由此产生的"特勒－乌拉姆装置"成为名叫"迈克"的第一枚氢弹 1952 年 11 月 1 日成功爆炸的基础，日后并固定为热核炸弹的标准特征。由于乌拉姆生前从不为名声所累，他的自传对其在氢弹研究中的决定性作用也低调处理，加上氢弹研究报告最后大都由"热核武器鼓吹者"特勒执笔，在媒体报道中、在不知内情的公众眼里，"氢弹之父"的桂冠戴到了物理学家特勒的头上，而数学家乌拉姆基本上成了无名英雄。也许，谁是"氢弹之父"取决于不同的定义，但是特勒在乌拉姆离世 15 年之后的 1999 年，作为 91 岁高龄的老人，面对《科学美国人》杂志的采访者宣称："是我，而不是乌拉姆，对氢弹有贡献。"（I contributed; Ulam did not）最公平的说法可能出自 1967 年诺贝尔物理学奖获得者贝特的妙论："氢弹被造后，记者开始称特勒为氢弹之父。为了历史准确起见，我认为这

389

样说更精确：乌拉姆是父亲，因他提供了种子；特勒是母亲，因他'十月怀胎'。至于我，我猜我则是助产士。"

1943年之前，乌拉姆是"纯粹数学家"，是如与他合作50年的匈牙利传奇数学家埃尔德什所云的"把咖啡转变成定理的机器"，在现代数学重要分支集合论、测度论、遍历理论、拓扑学等留下了开拓者的足迹。作为波兰人出于对纳粹的憎恨，作为美国公民出于对美国的热爱，他被终生朋友冯·诺伊曼邀请到"曼哈顿工程"所在地的洛斯阿拉莫斯国家实验室与物理学家们为伍。二战后，他介入氢弹研究完全出于对未知世界的好奇心，而不像特勒那样把科学与政治相结合。对科学探索的极端热爱让他无意之中竟成了实际上的氢弹之父。同时，作为最早接触现代计算机的数学家之一，他在李天岩及其博士论文导师约克（James Yorke）1975年发表《周期三则混沌》著名论文前的20世纪40年代，就和费米等人成了"非线性分析"这一集数学、物理、计算机学科于一身的科学领域的开创者。1947年他就和冯·诺伊曼找到现已成为"混沌学"最有名的映射之一的"逻辑斯蒂模型"$S(x) = 4x(1-x)$的不变密度函数。他是科学计算中十分有用的"蒙特卡罗法"的提出者之一。他的两本文集《集合、数及宇宙万象》（Sets, Numbers, Universes）和《科学、计算机及故友》（Science, Computers, and People），充满了令人称奇的数学智慧和超越时代的科学思想。他无愧于去世后，世人慷慨赠与他的"贤者"（Sage）这一崇高称号。

就像美国数学家贝尔1936年出版的《数

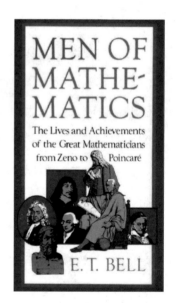

贝尔的《数学精英》曾经影响了20世纪众多数学家早期对数学的喜爱。此书有中文译本，商务印书馆1991年出版

学精英》（*Men of Mathematics*）对 20 世纪一代代数学家少年时代成长的巨大影响那样，《一个数学家的经历》以其引人入胜的笔调告诉我们 20 世纪的一位数学巨匠是怎样成长的，这对 21 世纪中国新一代数学家的生长土壤具有催肥的功能。

2010 年 8 月 11 日于美国哈蒂斯堡市

作者简介

丁玖，美国密歇根州立大学数学博士，南密西西比大学数学系教授，《数学文化》期刊编委。